PYTH🐍N
DATA SCIENCE
BIBLE
資料科學自學聖經

關於文淵閣工作室

常常聽到很多讀者跟我們說：我就是看你們的書學會用電腦的。是的！這就是我們寫書的出發點和原動力，想讓每個讀者都能看我們的書跟上軟體的腳步，讓軟體不只是軟體，而是提升個人效率的工具。

文淵閣工作室是一個致力於資訊圖書創作三十餘載的工作團隊，擅長用循序漸進、圖文並茂的寫法，介紹難懂的 IT 技術，並以範例帶領讀者學習程式開發的大小事。我們不賣弄深奧的專有名辭，奮力堅持吸收新知的態度，誠懇地與讀者分享在學習路上的點點滴滴，讓軟體成為每個人改善生活應用、提升工作效率的工具。舉凡應用軟體、網頁互動、雲端運算、程式語法、App 開發，都是我們專注的重點，衷心期待能盡我們的心力，幫助每一位讀者燃燒心中的小宇宙，用學習的成果在自己的領域裡發光發熱！我們期待自己能在每一本創作中注入快快樂樂的心情來分享，也期待讀者能在這樣的氛圍下快快樂樂的學習。

文淵閣工作室讀者服務資訊

如果你在閱讀本書時有任何的問題，或是有心得想與我們一起討論、共享，歡迎光臨文淵閣工作室網站，或者使用電子郵件與我們聯絡。

文淵閣工作室網站 **http://www.e-happy.com.tw**

服務電子信箱 **e-happy@e-happy.com.tw**

Facebook 粉絲團 **http://www.facebook.com/ehappytw**

總 監 製	**鄧文淵**	責任編輯	**鄭挺穗**
監 督	**李淑玲**	執行編輯	**鄭挺穗・邱文諒・黃信溢**
行銷企劃	**David・Cynthia**	企劃編輯	**黃信溢**

前言

隨著 AI 人工智慧帶來的科技革命，資料科學的應用正在改變你我的生活。如何由龐大的資料數據中擷取爬梳出有價值的資訊，協助人類進行判斷決策，甚至能預測趨勢，掌握契機，是資料科學為現代社會帶來的新視野。

資料科學的學習是一門跨領域的知識，它包含了許多不同面向的理論和技術，為了要能快速而正確的處理眾多的資料內容，學習範圍就涵蓋了數學、統計與程式設計等不一樣的重點。也因為應用層面的寬廣，產生許多過去沒有的新職種，像資料科學家、資料工程師、資料數據分析師等職缺，都能感受到市場對於資料科學相關人才需求的急迫性。甚至不少大型企業都積極投入大量的資源進行培訓，希望能藉由公司人員的增能，佈局市場先機，開闢全新的戰場。

在資料科學自學的道路上，如何標示錨定學習起點，深入理解資料科學的內涵以避免認知的偏差，並選擇適當的學習範圍、掌握正確的學習步驟就十分重要。

本書也在這樣的期待之下，希望能讓探索資料科學領域的新手，找到屬於自己的學習起點，除了對資料科學的認識與了解、技術應用的領域與發展方向，並能掌握開發平台與學習重點，讓每個艱澀觀念都能在範例實作的引導下，有更清楚的輪廓。

你想有系統的進入資料科學的領域，不想迷失在網路上東拼西湊的資訊洪流中，歡迎你與我們一起循序漸進的學習，一探資料科學迷人的樣貌。

文淵閣工作室

學習資源說明

本書範例檔案下載

為了確保您使用本書學習的完整效果，並能快速練習或觀看範例效果，本書在範例檔案中提供了許多相關的學習配套供讀者練習與參考，請讀者線上下載。

1. **本書範例**：將各章範例的完成檔依章節名稱放置各資料夾中。

2. **教學影片**：在應用程式開發過程中的許多學習重點，有時經由教學影片的導引，會勝過閱讀大量的說明文字。作者特別針對書本中較為繁瑣但是在操作上十分重要的地方，錄製成教學影片。讀者可以依照影片裡的操作，搭配書本中的說明進行學習，相信會有加乘的效果。

   提供教學影片的章節，在目錄會有一個 🖰 影片圖示，讀者可以對照使用。

相關檔案可以在碁峰資訊網站免費下載，網址為：

http://books.gotop.com.tw/download/ACL065700

檔案為 ZIP 格式，讀者自行解壓縮即可運用。檔案內容是提供給讀者自我練習，以及學校、補教機構於教學時練習之用，版權分屬於文淵閣工作室與提供原始程式檔案的各公司所有，請勿複製做其他用途。

專屬網站資源

為了加強讀者服務，並持續更新書上相關的資訊內容，我們特地提供了本系列叢書的相關網站資源，你可以由文章列表中取得書本中的勘誤、更新或相關資訊消息，更歡迎你加入我們的粉絲團，讓所有資訊一次到位不漏接。

◎ 藏經閣專欄　**http://blog.e-happy.com.tw/?tag=程式特訓班**
◎ 程式特訓班粉絲團　**https://www.facebook.com/eHappyTT**

目錄

資料科學工具篇

Chapter

03

資料收集：檔案存取與網路爬蟲

Chapter 04

資訊圖表化：Matplotlib 與 Seaborn

資料預處理篇

Chapter
05

資料預處理：資料清洗及圖片增量

Chapter

06

資料預處理：標準化、資料轉換與特徵選擇

機器學習篇

Chapter

07

機器學習：非監督式學習

Chapter

08

機器學習：監督式學習分類演算法

Chapter 09　機器學習：監督式學習迴歸演算法

深度學習篇

Chapter

10

深度學習：深度神經網路 (DNN)

Chapter

11

深度學習：卷積神經網路 (CNN)

Chapter
12

深度學習：循環神經網路 (RNN)

模型訓練進化篇

Chapter
13

預訓練模型及遷移學習

Chapter

14

深度學習參數調校

01

CHAPTER

進入資料科學的學習殿堂

1.1　認識資料科學

西元 2012 年，哈佛商業評論將 **資料科學家** (Data Scientist) 評選為「最性感、最搶手、最賺錢的職業」。英國求職徵才平臺 Joblift 最近幾年研究發現，資料科學家職缺不斷攀升，薪資也大幅提升，到目前為止此趨勢尚未停止。這些現象造成越來越多人對資料科學的重視，資料科學已成為 21 世紀的「顯學」了！

1.1.1　什麼是資料科學？

西元 1974 年，丹麥哥本哈根大學的彼得諾爾 (Peter Naur)，在他的「Concise Survey of Computer Methods」書中首次提出資料科學 (Data Science) 一詞。西元 2001 年，威廉克利夫蘭 (William S. Cleveland) 正式將資料科學認定成一門學科。往後數年，世界各知名大學就陸續設立資料科學學系及研究所。

人們從生活中無數的細節，不斷地接受資訊、儲存記憶、從經驗中學習知識等行為模式，衍生出資料科學。更結構化且深入的處理資料，接收資料、儲存資料、再將資料轉換成規則及數學模型，以便人們能從複雜的資料中，找出規則。

這是個資訊爆炸的年代，每個領域都擁有大量的資料，據估計，全球有 90% 的資料是在過去兩年中創造出來的。例如 Facebook 的使用者每小時會上傳 1000 萬張照片。如何利用這些由技術收集和儲存的大量資料，進行有效的判讀甚至是拿來使用，這就是資料科學出現的原因。

簡單來說，資料科學就是「透過科學化的方式，對資料進行分析的一門學問，而資料科學存在的目的，在於解決問題」。這裡的「科學化方式」特別強調「資訊科技」與「統計」等跨學科領域的應用。舉例來說，像是 Google 公司透過大數據分析，就能藉由使用者查詢感冒症狀的資料，比美國疾病管理局更早掌握流行性感冒疫情發生的情報。

而資料科學的存在就是要讓人類利用資料去看到趨勢，並創造更多創新產品和服務。更重要的是，資料科學可以藉由程式去訓練出模型，利用大量的資料進行學習，進而得到更好的預測答案，進行更好的判斷與決策。

1.1.2 資料科學流程

資料 (Data) 經過處理後稱為 **資訊** (Information)，從這些資訊中分析出有用的訊息，就稱為 **知識** (Knowledge)，知識經過不斷的驗證與修正，最後形成 **智慧** (Wisdom)。資料科學流程就是由資料形成智慧的過程。

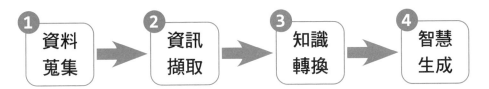

資料科學流程的實作過程為：

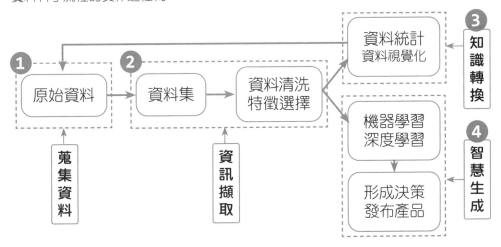

資料蒐集

資料的型態大致可以分為結構化資料及非結構化資料。結構化資料可以簡單定義為能夠透過表單系統如 Google 試算表、微軟 Excel 等呈現出來的資料，也就是資料可以透過行列式表格呈現出來。每一行 (column) 代表一種特殊的屬性 (特徵)，而每一列 (row) 為與該屬性相關的資料。行與列組成了表格，因而可以輕鬆引用。不同的表格可以互相連結，意即兩個表格之間同一列的資料可以互相關聯。

所有不是結構化資料的資料都屬於非結構化資料。非結構化資料通常是零亂的、沒有規律性的、持續產生的，因此這類資料具有不可預測性。一般使用者蒐集的「原始資料」多為非結構化資料。

資料蒐集的方式有企業或工廠運作產生的資料、由網路爬蟲爬取的網頁資料等。

資訊擷取

蒐集的非結構化資料需經過整理、過濾等程序才能成為結構化資料,此結構化資料稱為「資料集」。將原始資料製作為資料集需耗費大量金錢及時間,於是許多網站會將製作及蒐集的資料集提供給需要者使用,例如 Kaggle 競賽網站、UCI 機器學習資料網站、政府公開資料平台等。初學者如果沒有自行製作的資料集,可以下載這些整理好的資料集進行資料科學實例練習。

取得的資料集內的資料可能有某些缺漏,例如可能含有缺失值、異常值、重複資料等,必須先進行「資料清洗」處理這些有缺漏的資料,否則在後續的資料視覺化或模型訓練時會得到錯誤的結果。

如果資料集包含的屬性 (特徵) 太多,或包含與結果無關的屬性,可以透過「特徵選擇」相關演算法計算個別屬性與結果屬性的關聯性,移除部分對結果影響較少的屬性,這樣不但可以加快模型的訓練速度,也可提昇模型的準確率。

知識轉換

要了解資料集中各屬性的特性,取得各種「統計」數值是不錯的方法,包括平均、加總、標準差等。資料統計還可以進行分類統計,分別對各類別取得各項統計數值,就可以比較各類別不同之處。

如果認為各項統計數值艱澀難以理解,繪製各式統計圖形的「資料視覺化」是個不錯的選擇,大多數人對於統計圖形都可以一目瞭然。常用的統計圖形有折線圖、散點圖、箱型圖、直方圖等。

智慧生成

當確認資料完整無誤後,就可用機器學習或深度學習建立模型,再使用模型進行預測,操作過程為:

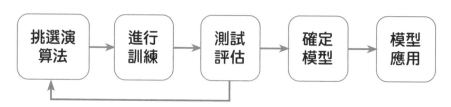

挑選演算法 → 進行訓練 → 測試評估 → 確定模型 → 模型應用

1.1.3 資料科學應用

資料科學的目的是透過大數據分析來解決問題，資料科學流程方法適用於政府、企業以至於各領域的發展。下面列舉部分目前資料科學實際運作的應用，藉由這些應用可思考資料科學進一步的擴展。

- **推薦系統**：「推薦系統」是一般使用者最有感的資料科學應用。例如在瀏覽器搜尋某一商品後，後續就不斷出現類似商品的推薦廣告；在臉書閱讀某篇文章後，之後臉書就會不斷顯示相同性質的文章，讓使用者處身於同溫層而不自知等，都是推薦系統的效果。

- **交通運輸**：例如改善公車系統，進行公車路線最佳化，動態調整尖、離峰發車時間等；整合各種停車資訊，提供車主即時精準的停車訊息；藉由 Google 地圖行車資訊，提供即時路況、最佳行車路線等。

- **智慧城市**：例如此台北自來水管理處在管線加上了壓力感測器，能夠即時掌握各地水管的狀態和漏水處；藉由自行車共享系統資料通盤了解都市的自行車使用狀況，調整共享單車據點設置及單車數量等。

- **醫療保健**：例如預測子宮頸癌、大腸癌存活情形，可幫助醫生了解癌症病患罹癌後的處理方式及心理輔導；建立病情惡化的早期預警系統 (Early Warning System)，讓醫療人員協助病患做早期的預防決策。

- **環境保護**：例如研究城市中綠色 (植被) 與藍色 (水) 所占區域比例，與城市內熱島效應的關係，做為政府設置公園的參考；環保署大量布建環境感測點，蒐集環境感測資料，發展出許多智慧化的應用如追蹤高污染傳輸路徑，分析掌握污染熱區，研擬後續改善措施等。

- **教育體系**：例如根據社會經濟統計資料，找出兒童教育資源貧乏的區域，讓非營利組織前往協助；幫助公立學校改良影響學生學習進展的「預警指標」，期能盡早發現需要特別幫助的學生等。

- **社會福利**：例如分析城市內的遊民如何使用政府或民間組織提供的社福資源，找出政策改善的關鍵要素；英國某慈善機構藉由資料科學方法，將食物募集站與社會福利資料進行交叉分析，找出糧食募集與發放的真空地帶等。

1.2　Google Colab：雲端的開發平台

Colaboratory 簡稱 Colab，是一個在雲端運行的程式開發平台，不需要安裝設定，並且能夠免費使用。

▌1.2.1　Colab 的介紹

Colab 的開發方式

Colab 無須下載、安裝或執行任何程式，即可以透過瀏覽器撰寫並執行 Python 程式，並且完全免費，尤其適合機器學習、資料分析和教育等領域。

Colab 的開發模式是提供雲端版的 Jupyter Notebook 服務，開發者無須設定即可使用，還能免費存取 GPU 等運算資源。Colab 預設安裝了一些做機器學習常用的模組，像是 TensorFlow、scikit-learn、pandas 等，在使用與學習時可直接應用！

在 Colab 中撰寫的程式是以筆記本的方式產生，預設是儲存在使用者的 Google 雲端硬碟中，執行時由虛擬機器提供強大的運算能力，不會用到本機的資源。

Colab 的使用限制

Colab 雖然提供免費資源，但為了讓所有人能公平地使用，系統會視情況進行動態的配置，所以 Google 並不保證一定的資源分配，也不提供無限的資源。這表示虛擬機器的磁碟容量與記憶體、允許的閒置時間與生命週期以及可用的 GPU 類型及其他因素，都會隨著時間、主機用量變動。

Colab 的筆記本要連線到虛擬機器才能執行，最長生命週期可達 12 小時。閒置太久之後，筆記本與虛擬機器的連線就會中斷，此時只需再重新連接即可。但重新連接時，Colab 等於是新開一個虛擬機器，因此原先儲存於 Colab 虛擬機器的資料將會消失，要記得將重要檔案備份到 Google 雲端硬碟，避免訓練許久的成果付諸流水。

1.2.2 Colab 建立筆記本

登入 Colab

在瀏覽器用「Colab」關鍵字搜尋，或開啟「https://colab.research.google.com」網頁進入 Colab。在首次開啟時需要輸入 Google 帳號進行登入，完成後畫面會顯示筆記本管理頁面。 預設是 **最近** 分頁，顯示最近有開啟的筆記本。**範例** 分頁是官方提供的範例程式，**Google 雲端硬碟** 分頁會顯示存在你 Google 雲端硬碟中的筆記本，**Git** 分頁可以載入存在 GitHub 中的筆記本，**上傳** 分頁面可以上傳本機的筆記本檔案。

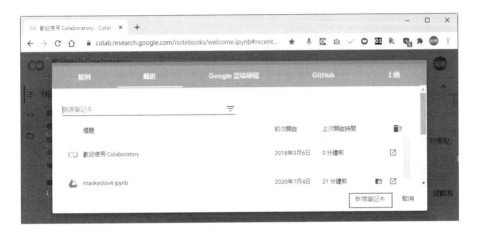

新增筆記本

Colab 檔案是以「筆記本」方式儲存。在筆記本管理頁面按右下角 **新增筆記本** 就可新增一個筆記本檔案，筆記本名稱預設為 **Untitled0.ipynb**：

Colab 編輯環境是一個線上版的 Jupyter Notebook，操作方式與單機版 Jupyter Notebook 大同小異。點按 **Untitled0** 可修改筆記本名稱，例如此處改為「firstlab.ipynb」。

Colab 預設檔案儲存位置

Colab 檔案可存於 Google 雲端硬碟，也可存於 Github。預設是存於登入者 Google 雲端硬碟的 <Colab Notebooks> 資料夾中。

開啟 Google 雲端硬碟，系統已經自動建立 <Colab Notebooks> 資料夾，開啟資料夾就可見到剛建立的「firstlab.ipynb」筆記本。

1.2.3 Colab 筆記本基本操作

程式碼儲存格的使用

在 Colab 筆記本中，無論是程式或是筆記都是放置在儲存格之中。預設會顯示程式碼儲存格，按 **+ 程式碼** 即可新增程式碼儲存格，按 **+ 文字** 即可新增文字儲存格。在儲存格的右上方會有儲存格工具列，可以進行儲存格上下位置調整、建立連結、新增留言、內容設定、儲存鏡像與刪除等動作。

首次執行程式前，虛擬機器並未連線。使用者可在程式儲存格中撰寫程式，按程式儲存格左方的 ▶ 圖示或按 **Ctrl + Enter** 執行程式，並將結果顯示於下方，此時系統也會自動連線虛擬機器並完成配置。按執行結果區左方的 ↦ 圖示會清除執行結果。

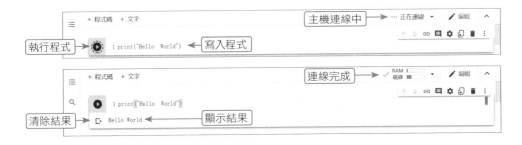

側邊欄的使用

在左方側邊欄有四個功能按鈕：**目錄**、**尋找與取代**、**程式碼片段**、**檔案**，點選即可開啟，再按一次或右上角的 × 圖示即可關閉。

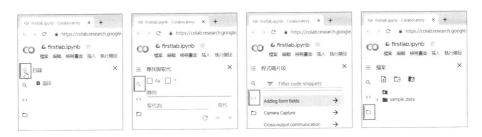

側邊欄的重要功能，將在以下相關的單元中詳細說明。

使用 GPU 模式

Colab 最為人稱道的就是提供 GPU 執行模式，可大幅減少機器學習程式運行時間。新增筆記本時，預設並未開啟 GPU 模式，可依以下操作變更為 GPU 模式：執行 **編輯 / 筆記本設定**。

在 **硬體加速器** 欄位的下拉式選單點選 **GPU**，然後按 **儲存**。

虛擬機器的啟停與重整

開啟 Colab 筆記本時，預設沒有連接虛擬機器。按 **連線** 鈕連接虛擬機器。

有時虛擬機器執行一段時間後，其內容會變得十分混亂，使用者希望開啟全新的虛擬機器進行測試。按 **RAM/ 磁碟** 右方下拉式選單，再點選 **管理工作階段**。

於 **執行中的工作階段** 對話方塊按 **終止** 鈕，再按一次 **終止** 鈕，就會關閉執行中的虛擬機器。

此時 **連線** 鈕變為 **重新連線** 鈕，按 **重新連線** 鈕就會連接新的虛擬機器。

▌1.2.4 Colab 虛擬機器的檔案管理

Colab 筆記本的程式運行時，常會使用到其他相關的檔案，例如：用來讀取資料的文件檔，用來辨識的圖片檔，或是訓練後產生的模型檔，而這些檔案預設都可以放置在虛擬機器連線後的預設資料夾。

虛擬機器的預設資料夾

當 Colab 筆記本成功連接虛擬機器後，在側邊欄的 **檔案** 即可看到機器的預設資料夾，已自動產生了一個 <sample_data> 資料夾，其中放置了機器學習與深度學習中常用來練習的幾個資料集。

Colab 連線的虛擬機器使用的是 Linux 系統，當按下 ⬆ **上一層** 按鈕即可切換到主機的系統根目錄下。其中顯示了主機根目錄下所有的資料夾，其中「/content」即是 Colab 的預設資料夾。

上傳檔案到虛擬機器

如果要將檔案上傳到虛擬機器中使用，可以按下 ⬆ **上傳** 按鈕開啟視窗，選取要上傳的檔案。若是一次要上傳多個檔案，可以在選取時按著 **Ctrl** 鍵不放，選取所有要上傳的檔案，最後按下 **開啟** 鈕即可進行上傳。

因為虛擬機器若是重啟，所有執行階段上傳或生成的檔案都會刪除還原，所以會顯示詢息告知。按 **確定** 鈕後完成上傳，即可以看到該檔案。

虛擬機器檔案的管理功能

如果要針對上傳的檔案進行管理，可以按下檔名旁的 ⋮ 開啟選單，接著再選取要執行的動作。

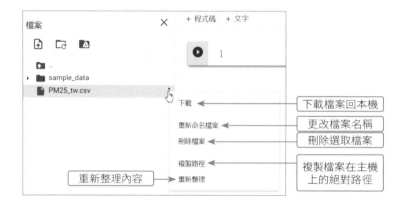

虛擬機器檔案的瀏覽功能

Colab 還提供多種檔案的瀏覽功能：如果是文字內容的檔案，如 txt、json 等，在檔名點擊二下即可開啟一旁的瀏覽視窗，甚至可以進行編輯的動作，系統會自動存檔。

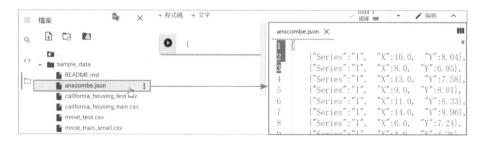

如果是 csv 資料型的檔案，在點擊後會以表格顯示，可以使用下方的功能列或連結進行資料的翻頁，或是上方的 **篩選** 鈕來尋找資料，十分方便。

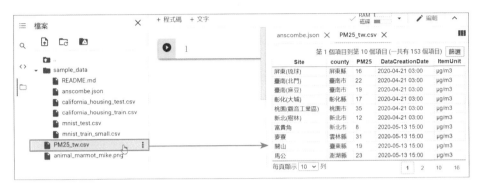

如果是圖片影像檔，在點擊後也可以在瀏覽視窗中預覽。

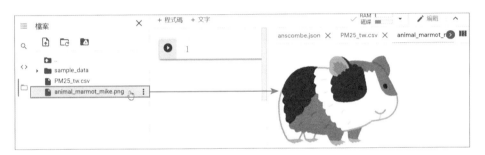

瀏覽視窗預設是用分頁以水平分割的方式進行檢視，若要關閉可以點選分頁上的 ×
關閉 鈕，若要切換檢視模式可以按 **III** **變更配置** 鈕，選取不同的檢視方法。

▌1.2.5 Colab 掛接 Google 雲端硬碟

Colab 除了可以使用虛擬機器上主機資料夾的檔案外,也可以將 Google 雲端硬碟掛接後進行使用。但因為權限的問題,在連接時可能會有不同的過程,以下分別說明。

自行新增的 Colab 筆記本連接 Google 雲端硬碟

若 Colab 筆記本是由使用者自行新增時,掛接 Google 雲端硬碟的步驟就很單純。

1. 請按下側邊欄 **檔案** 分頁的 🌠 **掛接雲端硬碟** 鈕。

2. 請按 **連線至 Google 雲端硬碟** 鈕。

3. 掛接成功後會出現一個 \<drive\> 資料夾,其中的 \<MyDrive\> 資料夾,展開後即可看到目前登入帳號的 Google 雲端硬碟的內容。

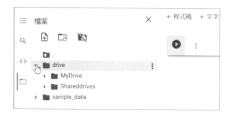

使用上傳的筆記本連接 Google 雲端硬碟

如果上傳的筆記本檔案、開啟官方的範例為副本，或是匯入 Github 上筆記本的檔案為副本，要連接 Google 雲端硬碟就可能要多一些步驟。

1. 按下側邊欄 **檔案** 的 🔼 **掛接雲端硬碟** 鈕，此時會自動產生程式儲存格內容如下：

```
from google.colab import drive
drive.mount('/content/drive')
```

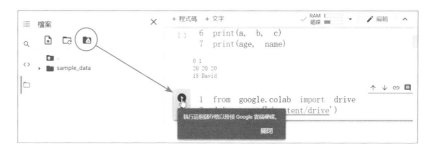

2. 執行後會產生一個驗證網址及輸入授權碼的文字欄，請點選連結進行驗證。

3. 首先選擇要使用的帳號，按 **登入** 鈕後即會產生一組授權碼，複製後回到 Colab 頁面將授權碼填入文字欄，最後按 **Enter** 鍵進行掛接。

4. 如此即完成 Google 雲端硬碟的掛接。

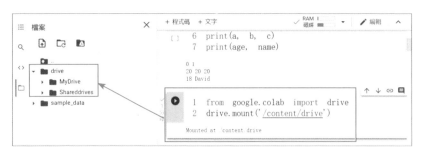

Colab 使用 Google 雲端硬碟檔案

因為 Colab 筆記本運行時必須連線虛擬機器，當連線中斷或重新啟動時，儲存在其中的檔案或資料都會被刪除清空。所以如何將重要的檔案、文件與資料儲存到 Google 雲端硬碟裡，或是取用 Google 雲端硬碟裡的檔案就非常的重要。

在 Google 雲端硬碟中切換到 <Colab Notebooks> 資料夾，按左上方 **新增** 鈕，再點選 **檔案上傳**，於 **開啟** 對話方塊選擇要上傳的檔案就可將該檔案上傳到雲端硬碟的 <Colab Notebooks> 資料夾，上傳後可在 Google 雲端硬碟看到該檔案。

以原始格式上傳

上傳檔案到 Google 雲端硬碟時，需確保是以原始格式上傳，否則在 Colab 使用該檔案時會產生錯誤。按右上角 ⚙ 圖示，點選 **設定** 項目，於 **設定** 對話方塊取消核選 **將已上傳的檔案轉換為 Google 文件編輯器格式** 項目。

Google 雲端硬碟檔案的絕對路徑位於：

```
/content/drive/My Drive/Colab Notebooks/檔案名稱
```

例如前面上傳的檔案為：

```
/content/drive/My Drive/Colab Notebooks/PM25_tw.csv
```

其實 Google 雲端硬碟中 Colab 能取用的檔案，不是只能放在 <Colab Notebooks> 中，而是所有能夠看到的檔案都能使用，只要能取得路徑即可。

如果不確定檔案的路徑，可以開啟 Colab 側邊欄的 **檔案** 分頁，掛接 Google 雲端硬碟後，再依路徑找到檔案，按右鍵後選 **複製路徑** 即可取得絕對路徑。

1.2.6 執行 Shell 命令：「!」

Colab 允許使用者執行 Shell 命令與系統互動，只要在「!」後加入命令語法，格式為：

```
!shell 指令
```

其中用於管理 Python 模組的命令：「pip」就是一個相當重要的命令。例如要安裝用於下載 Youtube 影片的 pytube 模組的命令為：

```
!pip install pytube
```

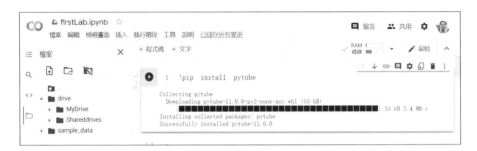

如果想要查看系統中已安裝的模組，可以使用：

```
!pip list
```

如下圖可見到 Colab 已預先安裝了非常多的常用模組：

除此之外，還可以使用 Shell 命令來進行檔案或是系統的操作，例如以「pwd」命令查看現在目錄：

```
!pwd
```

以下是 Colab 中常用來操作系統的 Shell 命令：

命令	說明
ls [-l]	顯示檔案或目錄內容結構 -l：詳細檔案系統結構
pwd	顯示當前目錄
cat [-n] 檔名	顯示檔案內容 -n：顯示行號
mkdir 目錄名稱	建立新目錄
rmdir 目錄名稱	移除目錄，目錄必須是空的
rm [-i] [-rf] 檔案或目錄名稱	移除檔案或目錄。 -i：刪除前需確認 -rf：刪除目錄，其中目錄不必是空的。
mv 檔案或目錄名稱 目的目錄	移動檔案或目錄到目的目錄。
cp [-r] 檔案或目錄名稱 目的目錄	複製檔案或目錄到目的目錄。 -r：複製目錄
ln -s 目錄名稱 虛擬目錄名稱	將目錄名稱設為虛擬名稱，常用於簡化 Google 雲端硬碟目錄。
unzip 壓縮檔名	將壓縮檔解壓縮。
sed -i 's/ 搜尋字串 / 取代字串 /g' 檔案名稱	將檔案中所有「搜尋字串」取代為「取代字串」。
wget [-o 自訂檔名] 遠端檔案網址	下載遠端檔案回到本機。 -O：可自訂檔名。

▌1.2.7 魔術指令：「%」

Colab 提供魔術指令 (Magic Command) 供使用者擴充 Colab 功能，分為兩大類：

1. **行魔術指令 (Line Magic)** 以「%」開頭，適用於單行命令。

2. **儲存格魔術指令 (Cell Magic)** 以「%%」開頭，適用於多行命令。

%lsmagic

「%lsmagic」功能是顯示所有可用的魔術指令，可進行指令的查詢。

```
Q  [icons]                          1 %lsmagic
<>  ▶ sample_data      ▶  Available line magics:
                          %alias  %alias_magic  %autocall  %automagic  %autosave  %bookmark  %cat  %cd  %clear  %

                          Available cell magics:
                          %%!  %%HTML  %%SVG  %%bash  %%bigquery  %%capture  %%debug  %%file  %%html  %%javascrip

                          Automagic is ON, % prefix IS NOT needed for line magics.
```

%cd

「%cd」功能是切換目錄，語法為：

> **%cd** 目錄名稱

◎ **注意**：「!cd 目錄名稱」不會切換目錄，需使用「%cd 目錄名稱」才會切換目錄。

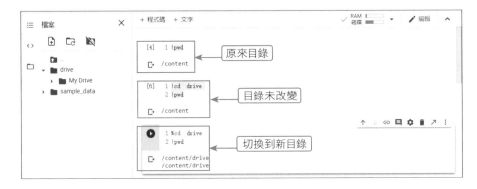

%timeit 及 %%timeit

這兩個指令都會計算程式執行的時間：「%timeit」用於單列程式，「%%timeit」用於整個程式儲存格。

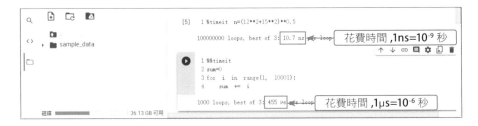

%%writefile

「%%writefile」功能是新增內容為文字檔，語法為：

```
%%writefile 檔案名稱
檔案內容
……
```

%run

「%run」功能是執行檔案，語法為：

```
%run 檔案名稱
```

例如，用「%%writefile」新增 <hello.py>，再利用「%run」執行。

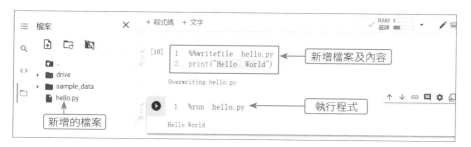

%whos

「%whos」功能是查看目前存在的所有變數、類型等。

▍1.2.8 Colab 筆記本檔案的下載與上傳

Colab 筆記本檔案可以下載到本機儲存，也可以取得別人的筆記本檔案上傳進行編輯。因為 Colab 是使用 Jupyter Notebook 服務，所以下載的格式是 <.ipynb>。

下載筆記本檔案

請選取功能表 **檔案 / 下載 / 下載 .ipynb**，即可將檔案下載到本機儲存。

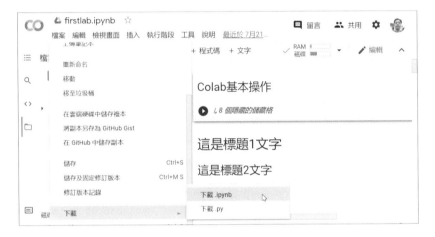

上傳筆記本檔案

請選取功能表 / **檔案 上傳筆記本** 開啟對話視窗，點選 **上傳** 功能，再點選 **選擇檔案** 鈕，於 **開啟** 對話方塊選取要上傳的 <.ipynb> 檔即可。

1.3　Colab 的筆記功能

在 Colab 中預設是利用程式儲存格進行程式開發,但讓人愛不釋手的另一個功能,就是能利用文字儲存格為筆記本加入教學文件或說明。

請在功能表按 **插入 \ 文字儲存格**,或按 **+ 文字** 鈕新增一個文字儲存格。文字儲存格使用 markdown 語法建立具有格式的文字 (Rich Text),可在右方看到呈現的文字預覽,系統並提供簡易的 markdown 工具列,讓使用者能快速建立格式化文字。

1.3.1　Markdown 語法

Markdown 是約翰·格魯伯 (John Gruber) 所發明,是一種輕量級標記式語言。 它有純文字標記的特性,可提高編寫的可讀性,這是在以前很多電子郵件中就已經有的寫法,目前也有許多網站使用 Markdown 來撰寫說明文件,也有很多論壇以 Markdown 發表文章與發送訊息。

Markdown 就顯示的結構上可區分為兩大類:**區塊元素** 及 **行內元素**。

- **區塊元素**:此類別會讓內容獨立形成一個區塊,區塊內的全部文字都是套用同樣的格式。

- **行內元素**:套用此類別的內容可插入於區塊內。

1.3.2　區塊元素

區塊元素會讓內容獨立形成一個區塊,區塊內的全部文字都是套用同樣的格式,例如標題、段落、清單等。

標題文字

標題文字分為六個層級，是在標題文字前方加上 1 到 6 個「#」符號，「#」數量越少則標題文字越大。

○ **注意**：「#」與標題文字間需有一個空白字元。

經實測，標題 5 及標題 6 的文字大小相同。

段落文字

當沒有加上任何標示符號時，該區塊的文字就是文字段落區塊，段落與段落之間則是以空白列分開。

引用文字

引用文字是在文字前方加上「>」符號，功能是文字樣式類似於 Email 回覆時原文呈現的樣式。

清單

清單可分為 **項目符號清單** 及 **編號清單**。

1. **項目符號清單** 是在文字前方加上「-」或「+」或「*」符號及一個空白字元,功能是建立清單項目。

   清單可包含多個層級,方法是加上一個縮排或兩個空格就可以新增一個層級。

2. **編號清單** 是以數字加上「.」及一個空白字元做為開頭的文字,功能是建立包含數字編號的清單項目。

   編號清單也可以包含多個層級,方法是加上一個縮排或兩個空格就可以新增一個層級。

◉ **注意**:如果一般文字需要以數字加「.」作為開頭,必須改為數字加「\.」。

分隔線

分隔線是連續 3 個「*」或「_」符號，功能是建立一條橫線以分隔文字。

區塊程式碼

Markdown 說明中常需要顯示程式碼，其語法為：

```
` ` `

    程式碼
    ......
` ` `
```

○ **注意**：「`」符號是反引號，位於鍵盤 **Tab** 鍵的上方。

▌1.3.3 行內元素

行內元素則是在區塊的文字上做修飾，如粗體、斜體、連結等。

斜體文字

若文字被「_」或「*」符號包圍，該文字就會以斜體文字顯示。

粗體文字

若文字被「__」或「**」符號包圍，該文字就會以粗體文字顯示。

超連結

建立超連結文字有兩種方法：HTML 語法或 Markdown 語法。

HTML 語法：

```
<a href=" 網址 "> 顯示文字 </a>
```

Markdown 語法：

```
[ 顯示文字 ]( 網址 )
```

行內程式碼

行內程式碼是在一般文字中顯示程式碼，其語法是將程式碼以反引號「`」包圍起來即可。

圖片

建立圖片有兩種方法：HTML 語法或 Markdown 語法。

HTML 語法：

<img src=" 圖片網址 " alt=" 替代文字 " />

Markdown 語法：

![替代文字](圖片網址)

02

CHAPTER

資料科學神器：Numpy 與 Pandas

2.1 Numpy：高速運算的解決方案

Numpy 的出現為 Python 解決了大量資料運算的效能問題，除了可支援多重維度陣列與矩陣的運算，也提供了相關運算的數學函式庫。因此，在 Python 上與資料科學相關的重要模組，如 Pandas、SciPy、Matplotlib、Scikit-learn 等，都是以 Numpy 為基礎來擴展。如果想要為學習打好堅實的基礎，Numpy 是不能忽略的重點！

2.1.1 安裝 Numpy 與載入模組

可以使用下列指令在 Python 中安裝 Numpy：

```
!pip install numpy
```

○ **注意**：在 Colab 中預設已經安裝好 Numpy，不用再自行安裝。

使用前請先載入 Numpy 模組，一般為了能在使用時更加方便，會設定別名 np：

```
import numpy as np
```

2.1.2 認識 Numpy 陣列

Numpy 使用 ndarray (N-dimensional array) 陣列來取代 Python 的串列資料，這是一個可以裝載**相同類型資料**的多維容器，其中的維度、大小及資料類型分別由 ndim、shape 及 dtype 屬性來定義。

> **Numpy 的陣列與 Python 的串列的差異**
>
> 許多人認為 Python 的串列在資料型式上與 Numpy 的陣列很相似，但其中最大的差異在於：Python 串列可以包含不同的資料類型，而 NumPy 陣列元素的資料型態必須相同，如此一來不僅佔用資源少，在執行數學運算時將會更快、更緊湊，更有效率。

在 Numpy 陣列中，一維陣列為 **向量 (vector)**，二維陣列為 **矩陣 (matrix)**，而陣列是以各 **軸向 (axis)** 的數量來代表陣列的 **形狀 (shape)**。

以下圖為例分別說明：

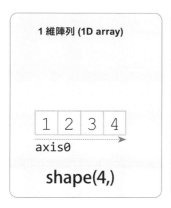

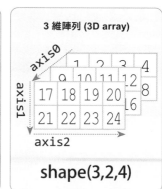

- **1 維陣列**：因為只有一軸，所以只需要一個軸向的數量，也就是 col 的數量。在上圖中有 4 個 col，所以形狀就是 shape(4,)。

- **2 維陣列**：有 row 跟 col 二軸，其軸向順序就為 row 數量→ col 數量。在上圖中有 2 個 row、4 個 col，所以形狀就是 shape(2,4)。

- **3 維陣列**：是由多個用 row 跟 col 形成的矩陣組合起來，其軸向順序即為矩陣數量→ row 數量→ col 數量。在上圖中有 3 個矩陣、2 個 row、4 個 col，所以形狀就是 shape(3,2,4)。

中文的「行列」之亂

在陣列的矩陣之中，到底哪邊是行，哪邊是列呢？在中文的世界中對於行列的翻譯方式眾多，無論是直行橫列或直列橫行都有人使用，甚至是跟原來的認知相反！

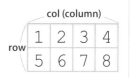

為了方便說明，本書會直接使用英文，橫為 row，直為 col 或 column。

2.2　Numpy 陣列建立

▌2.2.1　建立基本陣列

建立陣列：**np.array()**

可以使用 np.array() 函式，利用串列 (List) 或是元組 (Tuple) 來建立陣列，語法如下：

> **np.array(** 串列或元組 **, dtype=** 資料格式 **)**

○ **注意**：dtype 參數可以設定資料的格式，預設值為 int64。

例如，要使用串列及元組各產生一個一維陣列：

```
[ ]   1  import numpy as np
      2  np1 = np.array([1,2,3,4])    #使用list
      3  np2 = np.array((5,6,7,8))    #使用tuple
      4  print(np1)
      5  print(np2)
      6  print(type(np1), type(np2))

     [1 2 3 4]
     [5 6 7 8]
     <class 'numpy.ndarray'> <class 'numpy.ndarray'>
```

完成了陣列建立後，可以看到 Numpy 將傳入的資料都化為了 ndarray 資料型態。

建立有序整數陣列：**np.arange()**

np.arange() 函式與 range() 函式的方法相似，可以建立等距的整數陣列，語法如下：

> **np.arange([** 起始值 **,]** 終止值 **[,** 間隔值 **])**

○ **注意**：使用 np.arange() 函式設定範圍，預設起始值是 0，間隔值是 1，終止值是指到終止值前，不包含終止值喔！

例如，要取得由 0~30 之間的偶數做為陣列：

```
[ ]    1  import numpy as np
       2  na = np.arange(0, 31, 2)
       3  print(na)
```

```
[ 0  2  4  6  8 10 12 14 16 18 20 22 24 26 28 30]
```

建立等距陣列：np.linspace()

np.linspace() 函式可以設定一個範圍的等距陣列，語法如下：

> **np.linspace(** 起始值 ， 終止值 ， 元素個數 **)**

● **注意**：np.linspace() 函式返回值陣列的元素的資料型別是 float，設定的範圍有包含起始值及終止值。

例如，要由 1~15 之間等距的 3 個元素所組成的陣列：

```
[ ]    1  import numpy as np
       2  na = np.linspace(1, 15, 3)
       3  print(na)
```

```
[ 1.  8. 15.]
```

建立同值為 0 的陣列：np.zeros()

np.zeros() 函式可以根據設定的形狀建立全部都是 0 的陣列，語法為：

> **np.zeros(** 陣列形狀 **)**

例如：

```
[ ]    1  import numpy as np
       2  a = np.zeros((5,))
       3  print(a)
```

```
[0. 0. 0. 0. 0.]
```

建立同值為 1 的陣列：np.ones()

np.ones() 函式可以根據設定的形狀建立全部都是 1 的陣列，語法為：

np.ones(陣列形狀)

例如：

```
[ ]   1   import numpy as np
      2   b = np.ones((5,))
      3   print(b)

      [1. 1. 1. 1. 1.]
```

2.2.2 建立多維陣列

可以使用 np.array() 函式將多維的串列建立成多維的陣列，屬性 ndim 顯示陣列的維度，shape 顯示陣列的維度形狀，size 顯示陣列內所有的元素數量。

例如：用多維串列建立一個 2 x 5 (2 row 5 col) 的陣列：

```
[ ]   1   import numpy as np
      2   listdata = [[1,2,3,4,5],
      3              [6,7,8,9,10]]
      4   na = np.array(listdata)
      5   print(na)
      6   print('維度', na.ndim)
      7   print('形狀', na.shape)
      8   print('數量', na.size)

      [[ 1  2  3  4  5]
       [ 6  7  8  9 10]]
      維度 2
      形狀 (2, 5)
      數量 10
```

▌2.2.3 改變陣列形狀：reshape()

另一種快速建立多維陣列的方式，可以在建立一維陣列後利用 reshape() 函式改變陣列的形狀。例如，用 np.arange() 函式建立一個 1 x 16 一維陣列，再利用 reshape() 函式改變成 4 x 4 的二維陣列：

```
[ ]  1  import numpy as np
     2  adata = np.arange(1,17)
     3  print(adata)
     4  bdata = adata.reshape(4,4)
     5  print(bdata)
```

```
[ 1  2  3  4  5  6  7  8  9 10 11 12 13 14 15 16]
[[ 1  2  3  4]
 [ 5  6  7  8]
 [ 9 10 11 12]
 [13 14 15 16]]
```

2.3 Numpy 陣列取值

2.3.1 一維陣列取值

一維陣列中元素排列的順序就是取值的方式，而這個順序就是索引，語法為：

> 一維陣列變數 [索引]

也能用起始及終止索引來取得一個範圍的值，語法為：

> 一維陣列變數 [起始索引：終止索引 [：間隔值]]

例如：

```
[ ]    1  import numpy as np
       2  na = np.arange(0,6)
       3  print(na)
       4  print(na[0])
       5  print(na[5])
       6  print(na[1:5])
       7  print(na[1:5:2])
       8  print(na[5:1:-1])
       9  print(na[:])
      10  print(na[:3])
      11  print(na[3:])

    [0 1 2 3 4 5]
    0
    5
    [1 2 3 4]
    [1 3]
    [5 4 3 2]
    [0 1 2 3 4 5]
    [0 1 2]
    [3 4 5]
```

程式說明

- **1-2** 載入 Numpy 模組，設定一個由 0 到 5 的整數陣列：na。
- **4-5** 取得 na 陣列中索引為 0 及 5 的值。
- **6** 取得 na 陣列中索引由 1 到 5，但不包含 5 的範圍值。

■ 7   在 na 陣列裡索引由 1 到 5 (不包含 5) 範圍裡，每 2 個取一次值。

■ 8   取得 na 陣列中索引由 5 到 1 (不包含 1) 範圍值。間隔值為負數時代表由右至左取值。

■ 9   取得 na 陣列所有值，當起始及終止值為空時代表從頭到尾取值。

■ 10   取得 na 陣列中索引由頭到 3 (不包含 3) 的範圍值。

■ 11   取得 na 陣列中索引由 3 到尾的範圍值。

▌2.3.2 多維陣列取值

多維陣列取值時的狀況較為複雜，會以 row 及 col 中的索引或索引範圍取值。

例如，這裡定義一個 4 x 4 的陣列：

```
[21]  1  import numpy as np
      2  na = np.arange(1, 17).reshape(4, 4)
      3  na

array([[ 1,  2,  3,  4],
       [ 5,  6,  7,  8],
       [ 9, 10, 11, 12],
       [13, 14, 15, 16]])
```

1. 可以用座標的方式來取得值，如 row 索引 2，col 索引 3 的值：

```
[22]  1  na[2, 3]

12
```

2. 也可以用 row 及 col 的索引範圍來取值：

```
[26]  1  print(na[1, 1:3])      #[6,7]
      2  print(na[1:3, 2])      #[7,11]
      3  print(na[1:3, 1:3])    #[[6,7],[7,11]]
      4  print(na[::2, ::2])    #[[1,3],[9,11]]
      5  print(na[:, 2])        #[3,7,11,15]
      6  print(na[1, :])        #[5,6,7,8]
      7  print(na[:, :])        #矩陣全部
```

2.3.3 產生隨機資料 :np.ramdom()

np.ramdom 模組提供了很多方式來生成隨機的資料,以下是常用的函式:

名稱	功能
rand(d0,d1...dn)	依設定維度形狀,返回 0~1 之間的隨機浮點數資料。
randn(d0,d1...dn)	依設定維度形狀,返回標準常態分佈的隨機浮點數資料。
randint(最低 [, 最高 , size])	依設定值範圍 (包含最低,不含最高) 返回隨機整數資料,size 可設定返回資料的維度形狀。
random(size) random_sample(size) sample(size)	依設定的維度形狀 size 返回隨機資料,返回 0~1 之間的隨機浮點數資料。
choice(陣列 , size [, replace])	在指定的陣列中取值,依設定的維度形狀 size 返回隨機資料;陣列若是整數時,結果為 arange (整數) 設定陣列;replace=False 會返回不重複的資料。

⊙ **注意**:size 的設定即為陣列的形狀,其格式可以為串列或是元組。

```
[ ]  1  import numpy as np
     2  print('1.產生2x3 0~1之間的隨機浮點數\n',
     3        np.random.rand(2,3))
     4  print('2.產生2x3常態分佈的隨機浮點數\n',
     5        np.random.randn(2,3))
     6  print('3.產生0~4(不含5)隨機整數\n',
     7        np.random.randint(5))
     8  print('4.產生2~4(不含5)5個隨機整數\n',
     9        np.random.randint(2,5,[5]))
    10  print('5.產生3個 0~1之間的隨機浮點數\n',
    11        np.random.random(3),'\n',
    12        np.random.random_sample(3),'\n',
    13        np.random.sample(3))
```

```
1.產生2x3 0~1之間的隨機浮點數
 [[0.28009672 0.30725541 0.3743276 ]
 [0.79082728 0.68123259 0.67947343]]
2.產生2x3常態分佈的隨機浮點數
 [[-0.20538273 -0.91683342  0.83274148]
 [ 0.40361194  0.78238244  1.9745335 ]]
3.產生0~4(不含5)隨機整數
 1
4.產生2~4(不含5)5個隨機整數
 [4 4 4 4 4]
5.產生3個 0~1之間的隨機浮點數
 [0.30106461 0.85812068 0.23161047]
 [0.71893836 0.22032245 0.47749648]
 [0.25736293 0.2574376  0.09470808]
```

2.3.4 Numpy 讀取 CSV 檔案

在實務中，使用者常將大量的資料儲存在檔案之中，最常見的就是 csv 檔。Numpy 可以使用 np.genformtxt() 函式讀取檔案，將內容轉化為陣列。語法如下：

> np.genfromtxt(檔案名稱 , **delimiter**= 分隔符號 , **skip_header**= 略過列數)

例如，在 <scores.csv> 中有本班 30 位同學的國文、英文、數學三科的成績，以下將利用 Numpy 讀入，並展示其陣列的形狀。

◎ 注意：若在 Colab 執行程式時，必須先將 CSV 檔案上傳到虛擬主機資料夾。

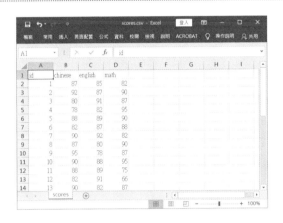

```
[29]  1  import numpy as np
      2  na = np.genfromtxt('scores.csv', delimiter=',', skip_header=1)
      3  print(na.shape)

      (30, 4)
```

結果顯示取得的資料陣列的形狀是 30 row、4 col，也就是有 30 個同學的資料。每個同學記錄了座號 (id)、國文 (chinese)、英文 (english)、數學 (math) 4 個欄位資料。Numpy 的陣列元素只能使用數值資料，**因為資料第一列是表頭，設定「skip_header=1」就是要略過這一列，才能正確的再往下讀取。**

2.4 │ Numpy 的陣列運算功能

Numpy 除了在處理多重維度陣列與矩陣的運算功力有目共睹，Numpy 也提供了許多實用的數學函式，對於資料的計算有很大的幫助。

▌2.4.1 Numpy 陣列運算

Python 串列中的元素如果要進行運算，就必須要使用迴圈將元素值取出，再一一進行處理。Numpy 能對於陣列中的元素同時進行運算，簡化重覆的動作。像是對於陣列中所有元素進行加減乘除、加上判斷，甚至將二個陣列進行交互運算。

例如，這裡定義二個 3 x 3 的陣列 a 與 b：

```
[ ]   1   import numpy as np
      2   a = np.arange(1,10).reshape(3,3)
      3   b = np.arange(10,19).reshape(3,3)
      4   print('a 陣列內容：\n', a)
      5   print('b 陣列內容：\n', b)
```

```
a 陣列內容：
[[1 2 3]
 [4 5 6]
 [7 8 9]]
b 陣列內容：
[[10 11 12]
 [13 14 15]
 [16 17 18]]
```

對單一陣列進行運算

1. 將 a 陣列中所有元素都加上一個值：

```
[ ]   1   print('a 陣列元素都加值：\n', a + 1)
```

```
a 陣列元素都加值：
[[ 2  3  4]
 [ 5  6  7]
 [ 8  9 10]]
```

2. 將 a 陣列中所有元素都轉為平方數值：

```
[ ]   1  print('a 陣列元素都平方：\n', a ** 2)
```

```
a 陣列元素都平方：
[[ 1  4  9]
 [16 25 36]
 [49 64 81]]
```

3. 將 a 陣列中所有元素都加上判斷式，會返回為布林值：

```
[ ]   1  print('a 陣列元素加判斷：\n', a < 5)
```

```
a 陣列元素加判斷：
[[ True  True  True]
 [ True False False]
 [False False False]]
```

取出指定陣列的元素進行運算

運算除了可以對於全部元素進行，也可以取出指定陣列中的元素再進行。

例如將 a 陣列中第一個 row 或第一個 col 加上值：

```
[ ]   1  print('a 陣列取出第一個row都加1：\n', a[0,:] + 1)
      2  print('a 陣列取出第一個col都加1：\n', a[:,0] + 1)
```

```
a 陣列取出第一個row都加1：
 [2 3 4]
a 陣列取出第一個col都加1：
 [2 5 8]
```

對多個陣列進行運算

1. 將 a、b 陣列中對應元素相加、相乘，要注意陣列的形狀要相同：

```
[ ]   1  print('a b 陣列對應元素相加：\n', a + b)
      2  print('a b 陣列對應元素相乘：\n', a * b)
```

```
a b 陣列對應元素相加：
 [[11 13 15]
 [17 19 21]
 [23 25 27]]
a b 陣列對應元素相乘：
 [[ 10  22  36]
 [ 52  70  90]
 [112 136 162]]
```

以二個陣列相加為例，如圖可以看到運算的方式即是將對應的元素相加即可。

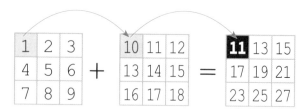

2. 將 a、b 陣列進行內積計算，要使用 np.dot() 函式：

```
[ ]   1  print('a b 陣列內積計算：\n', np.dot(a,b))
```

```
a b 陣列內積計算：
[[ 84  90  96]
 [201 216 231]
 [318 342 366]]
```

陣列的內積計算是第一個陣列的 row 與第二個陣列的 col 交疊之處，是以該 row 及 col 的相對索引數字二二相乘之和。以下以內積結果第一個 row 三個數為例，分別是由第一個陣列第一個 row，分別與第二個陣列的三個 col 二二相乘的和。

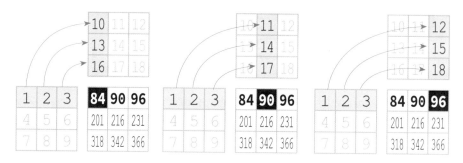

● **注意**：第一個陣列的 col 與第二個陣列的 row 必須相等才能計算內積，例如第一個陣列為 2x3，第二個陣列為 3x4。

2.4.2 Numpy 常用的計算及統計函式

下表是常用的 Numpy 計算及統計函式：

名稱	說明
sum	加總
prod	乘積
mean	平均值
min	最小值
max	最大值
std	標準差
var	變異數

名稱	說明
median	中位數
argmin	最小元素值索引
argmax	最大元素值索引
cumsum	陣列元素累加
cumprod	陣列元素累積
percentile	以百分比顯示陣列中的指定值
ptp	最大值與最小值的差

若函式中沒有設定 axis 軸向的方向，運算時無論是形狀為何，都是以所有的元素值內容進行統計，如果有設定 axis 軸向時，則以該軸向進行運算。

```
[ ]   1  import numpy as np
      2  a = np.arange(1,10).reshape(3,3)
      3  print('陣列的內容：\n', a)
      4  print('1.最小值與最大值：\n',
      5        np.min(a), np.max(a))
      6  print('2.每一直行最小值與最大值：\n',
      7        np.min(a, axis=0), np.max(a, axis=0))
      8  print('3.每一橫列最小值與最大值：\n',
      9        np.min(a, axis=1), np.max(a, axis=1))
     10  print('4.加總、乘積及平均值：\n',
     11        np.sum(a), np.prod(a), np.mean(a))
     12  print('5.每一直行加總、乘積與平均值：\n',
     13        np.sum(a, axis=0), np.prod(a, axis=0), np.mean(a, axis
     14  print('6.每一橫列加總、乘積與平均值：\n',
     15        np.sum(a, axis=1), np.prod(a, axis=1), np.mean(a, axis
```

```
陣列的內容：
 [[1 2 3]
 [4 5 6]
 [7 8 9]]
1.最小值與最大值：
 1 9
2.每一直行最小值與最大值：
 [1 2 3] [7 8 9]
3.每一橫列最小值與最大值：
 [1 4 7] [3 6 9]
4.加總、乘積及平均值：
 45 362880 5.0
5.每一直行加總、乘積與平均值：
 [12 15 18] [ 28  80 162] [4. 5. 6.]
6.每一橫列加總、乘積與平均值：
 [ 6 15 24] [  6 120 504] [2. 5. 8.]
```

其他更專業的統計函式，如 np.std() 標準差、np.var() 變異數、np.median() 中位數、np.percentile() 百分比值、np.ptp() 最大最小差值使用方法也很方便：

```
1  import numpy as np
2  a = np.random.randint(100,size=50)
3  print('陣列的內容：', a)
4  print('1.標準差：', np.std(a))
5  print('2.變異數：', np.var(a))
6  print('3.中位數：', np.median(a))
7  print('4.百分比值：', np.percentile(a, 80))
8  print('5.最大最小差值：', np.ptp(a))
```

```
陣列的內容： [ 1 66 43  1 47 78 14 63 69  0 52 16 64 16 28 57 34 38 42 31 87 25  1 74
 29 42  5 61  9 42 97 98 38 11 74 25 78 63  2  1 61 47 69 25 84 17 23 95
 27 58]
1.標準差： 28.43952179626092
2.變異數： 808.8063999999999
3.中位數： 42.0
4.百分比值： 69.0
5.最大最小差值： 98
```

2.4.3 Numpy 的排序

Numpy 可以使用 np.sort() 及 np.argsort() 函式進行元素的數值及索引的排序。

一維陣列的排序

1. **np.sort()**：可以對陣列中的值進行排序並將結果返回。

2. **np.argsort()**：可以對陣列中的值進行排序並將索引返回。

例如：

```
1  import numpy as np
2  a = np.random.choice(50, size=10, replace=False)
3  print('排序前的陣列：', a)
4  print('排序後的陣列：', np.sort(a))
5  print('排序後的索引：', np.argsort(a))
6  #用索引到陣列取值
7  for i in np.argsort(a):
8      print(a[i], end=',')
```

```
排序前的陣列： [33 29  9  1 12 10 48 35 15 45]
排序後的陣列： [ 1  9 10 12 15 29 33 35 45 48]
排序後的索引： [3 2 5 4 8 1 0 7 9 6]
1,9,10,12,15,29,33,35,45,48,
```

程式說明

■ 1-2　　載入 Numpy 模組，新增一個有 10 個不重複元素的陣列，其元素值都小
　　　　　於 50。

■ 3　　　顯示陣列內容。

■ 4　　　使用 sort 函式將陣列排序回傳。

■ 5　　　使用 argsort 函式將陣列排序值的索引回傳。

■ 7-8　　利用排序後的元素值索引，由陣列中將值一一取出。

多維陣列的排序

多維陣列的排序方式，可以利用 axis 軸向來設定，例如：

```
[ ]   1  import numpy as np
      2  a = np.random.randint(0,10,(3,5))
      3  print('原陣列內容：')
      4  print(a)
      5  print('將每一直行進行排序：')
      6  print(np.sort(a, axis=0))
      7  print('將每一橫列進行排序：')
      8  print(np.sort(a, axis=1))
```

```
原陣列內容：
[[6 0 4 1 4]
 [8 4 1 8 1]
 [9 3 5 4 1]]
將每一直行進行排序：
[[6 0 1 1 1]
 [8 3 4 4 1]
 [9 4 5 8 4]]
將每一橫列進行排序：
[[0 1 4 4 6]
 [1 1 4 8 8]
 [1 3 4 5 9]]
```

程式說明

■ 1-2　　載入 Numpy 模組，新增 3 x 5 形狀的二維陣列，其元素值都是
　　　　　0 10(不含 10) 的隨機整數。

■ 3-4　　顯示原陣列內容。

■ 5-6　　將 axis=0，也就是每一直行進行排序。

■ 7-8　　將 axis=1，也就是每一橫列進行排序。

2.5　Pandas：資料處理分析的強大工具

認識 Pandas

Pandas 是用來進行資料處理及分析的強大工具，許多人都將它視為是一套 Python 版的 Excel 試算表工具，除了在搭配 Jupyter Notebook 或 Colab 開發時可以用表格方式呈現資料外，使用者還可以透過 Python 程式碼執行試算表的功能，相當方便。

Pandas 的特色如下：

1. Pandas 提供兩種主要的資料結構，Series 與 DataFrame。Series 是用來處理序列相關的資料，主要會建立具有索引的一維陣列。DataFrame 則是用來處理結構化的資料，主要是建立具有索引與標籤的二維資料表格。

2. Pandas 簡化了資料的讀取與儲存，無論是由檔案、網頁甚至是資料庫進行資料載入，或是將處理完的資料回存到其他的資源，都提供了方便簡單的方法，讓分析人員更容易處理。

3. 因為整合了 Numpy 及 Matplotlib 等重要模組，Pandas 在將載入的資料結構化為物件後，即可透過物件所提供的方法進行資料的處理、運算及分析，甚至進一步將資訊進行視覺化的呈現。

安裝 Pandas 與載入模組

可以使用下列指令在 Python 中安裝 Pandas：

```
!pip install pandas
```

○ **注意**：在 Colab 中預設已經安裝好 Pandas，不用再自行安裝。

使用前請先載入 Pandas 模組，一般為了能在使用時更加方便，會設定別名 pd：

```
import pandas as pd
```

2.6 Series 的使用

2.6.1 建立 Series

使用串列建立 Series 物件

Pandas 的 Series 是一維的資料陣列，新增的語法為：

```
pd.Series( 資料 [,index = 索引 ])
```

資料可用串列 (List)、元組 (Tuple)、字典 (Dictionary) 或 Numpy 的陣列，其中 index 參數非必填，如果沒有填寫，預設會自動填入由 0 開始的整數串列。

```
[ ]  1  import pandas as pd
     2  se = pd.Series([1,2,3,4,5])
     3  print(se)            #顯示Series
     4  print(se.values)     #顯示值
     5  print(se.index)      #顯示索引

0    1
1    2
2    3
3    4
4    5
dtype: int64
[1 2 3 4 5]
RangeIndex(start=0, stop=5, step=1)
```

完成了陣列建立後，可以看到 Series 物件輸出時除了看到定義的值與資料型態之外，Pandas 還自動為每個值加上了索引。如果加上 values 屬性會顯示 Series 物件的陣列值，加上 index 屬性會顯示目前索引狀態。

使用字典建立 Series 物件

如果使用字典來建立 Series，字典的鍵 (Key) 就會轉換為 Series 的索引，而字典的值 (Value) 就會成為 Series 的資料。

```
[ ]  1  import pandas as pd
     2  dict1 = {'Taipei': '台北', 'Taichung': '台中', 'Kaohsiung':
     3  se = pd.Series(dict1)
     4  print(se)              #顯示Series
     5  print(se.values)       #顯示值
     6  print(se.index)        #顯示索引
     7  print(se['Taipei'])    #用索引取值
```

```
Taipei        台北
Taichung      台中
Kaohsiung     高雄
dtype: object
['台北' '台中' '高雄']
Index(['Taipei', 'Taichung', 'Kaohsiung'], dtype='object')
台北
```

取出 Series 的值時，直接用字典的鍵即可取出相對的值，也可以用二個鍵的範圍取出相關的資料，例如：

```
[32]  1  print(se['Taichung':'Kaohsiung'])
```

```
Taichung      台中
Kaohsiung     高雄
dtype: object
```

2.6.2 Series 資料取值

1. **以索引取值**：跟 Numpy 一樣，Series 可以使用相關索引來顯示值，例如：

```
[69]  1  import pandas as pd
      2  se = pd.Series([1,2,3,4,5])
      3  se[2]

      3
```

2. **自訂索引及取值**：設定時可以用 index 參數自訂為其他的類型資料。例如：

```
[68]  1  import pandas as pd
      2  se = pd.Series([1,2,3,4,5], index=['a','b','c','d','e'])
      3  se['b']

      2
```

2.7 DataFrame 的建立

Pandas 的 DataFrame 是二維的資料陣列，與 Excel 的工作表相同，是使用索引列與欄位組合起來的資料內容。

2.7.1 建立 DataFrame

新增 DataFrame 物件

Pandas 的 DataFrame 新增的語法為：

> **pd.DataFrame(** 資料 **[,index = 索引 , columns = 欄位])**

資料可用串列 (List)、元組 (Tuple)、字典 (Dictionary)、Numpy 陣列，或是組合 Series 物件成為資料來源。index 索引是工作表橫向的列號，columns 是直向的欄位名稱。如果沒有設定 index 或 columns，預設會自動填入由 0 開始的整數串列。

例如，建立一個 4 位學生，每人有 5 科成績的 DataFrame：

```
[34]    1   import pandas as pd
        2   df = pd.DataFrame([[65,92,78,83,70],
        3                      [90,72,76,93,56],
        4                      [81,85,91,89,77],
        5                      [79,53,47,94,80]])
        6   df
```

	0	1	2	3	4
0	65	92	78	83	70
1	90	72	76	93	56
2	81	85	91	89	77
3	79	53	47	94	80

設定 index 與 columns

index 與 columns 可以在新增 DataFrame 時依照需求自行設定，例如在剛才的範例中，想要設定學生的姓名為 index，而各科的科目為 columns：

```
[35]  1  import pandas as pd
      2  df = pd.DataFrame([[65,92,78,83,70],
      3                     [90,72,76,93,56],
      4                     [81,85,91,89,77],
      5                     [79,53,47,94,80]],
      6                    index=['王小明','李小美','陳大同','林小玉'],
      7                    columns=['國文','英文','數學','自然','社會'])
      8  df
```

	國文	英文	數學	自然	社會
王小明	65	92	78	83	70
李小美	90	72	76	93	56
陳大同	81	85	91	89	77
林小玉	79	53	47	94	80

2.7.2 利用字典建立 DataFrame

以字典建立 DataFrame 也是常用的方式，以剛才的範例來說，改寫成以字典資料格式來新增 DataFrame 的方法如下，執行結果與原範例相同：

```
[6]  1  import pandas as pd
     2  scores = {'國文':{'王小明':65,'李小美':90,'陳大同':81,'林小玉':79},
     3           '英文':{'王小明':92,'李小美':72,'陳大同':85,'林小玉':53},
     4           '數學':{'王小明':78,'李小美':76,'陳大同':91,'林小玉':47},
     5           '自然':{'王小明':83,'李小美':93,'陳大同':89,'林小玉':94},
     6           '社會':{'王小明':70,'李小美':56,'陳大同':94,'林小玉':80}}
     7  df = pd.DataFrame(scores)
     8  df
```

	國文	英文	數學	自然	社會
王小明	65	92	78	83	70
李小美	90	72	76	93	56
陳大同	81	85	91	89	94
林小玉	79	53	47	94	80

結果中字典的鍵會自動成為 DataFrame 的 columns 欄名。

2.7.3 利用 Series 建立 DataFrame

DataFrame 物件其實就是 Series 物件的集合，若有多個 Series 物件可以利用以下方式建立 DataFrame：

利用 Series 物件組合成字典

DataFrame 可以由 Series 組成的字典資料來新增，例如：

```
[7]    1  import pandas as pd
       2  se1 = pd.Series({'王小明':65,'李小美':90,'陳大同':81,'林小玉':79})
       3  se2 = pd.Series({'王小明':92,'李小美':72,'陳大同':85,'林小玉':53})
       4  se3 = pd.Series({'王小明':78,'李小美':76,'陳大同':91,'林小玉':47})
       5  se4 = pd.Series({'王小明':83,'李小美':93,'陳大同':89,'林小玉':94})
       6  se5 = pd.Series({'王小明':70,'李小美':56,'陳大同':94,'林小玉':80})
       7  df = pd.DataFrame({ '國文':se1,'英文':se2,'數學':se3,
       8                      '自然':se4,'社會':se5} )
       9  df
```

	國文	英文	數學	自然	社會
王小明	65	92	78	83	70
李小美	90	72	76	93	56
陳大同	81	85	91	89	94
林小玉	79	53	47	94	80

使用 pd.concat() 函式合併 Series 物件

可以使用 pd.concat() 函式將多個 Series 合併成 DataFrame，例如：

```
[13]   1  import pandas as pd
       2  se1 = pd.Series({'王小明':65,'李小美':90,'陳大同':81,'林小玉':79})
       3  se2 = pd.Series({'王小明':92,'李小美':72,'陳大同':85,'林小玉':53})
       4  se3 = pd.Series({'王小明':78,'李小美':76,'陳大同':91,'林小玉':47})
       5  se4 - pd.Series({'王小明':83,'李小美':93,'陳大同':89,'林小玉':94})
       6  se5 = pd.Series({'王小明':70,'李小美':56,'陳大同':94,'林小玉':80})
       7  df = pd.concat([se1,se2,se3,se4,se5], axis=1)
       8  df.columns=['國文','英文','數學','自然','社會']
       9  df
```

	國文	英文	數學	自然	社會
王小明	65	92	78	83	70
李小美	90	72	76	93	56
陳大同	81	85	91	89	94
林小玉	79	53	47	94	80

使用 pd.concat() 函式合併時預設 axis = 0，會將二個 Series 上下合併，這並不是我們想要的結果。這裡設定 axis = 1，Series 會以相同的鍵進行左右合併。

另外，因為合併後並沒有設定 columns，所以再將科目以串列格式設定到 columns 屬性中。

2.8 Pandas DataFrame 資料取值

2.8.1 DataFrame 基本取值

延續剛才學生的成績 DataFrame 為例：

	國文	英文	數學	自然	社會
王小明	65	92	78	83	70
李小美	90	72	76	93	56
陳大同	81	85	91	89	94
林小玉	79	53	47	94	80

指定欄位名稱取值

可以利用 DataFrame 的欄位名稱取得該欄的值，語法如下：

> **df[** 欄位名稱 **]**

例如，取得所有學生自然科成績，回傳值是一個 Series：

```
[14]   1  df["自然"]

王小明    83
李小美    93
陳大同    89
林小玉    94
Name: 自然, dtype: int64
```

指定多個欄位名稱取值

若要取得 2 個以上欄位資料，則需將欄位名稱化為串列，語法為：

> **df[[** 欄位名稱 **1,** 欄位名稱 **2, ...]]**

例如，取得所有學生的國文、數學及自然科成績：

```
[15]   1   df[["國文", "數學", "自然"]]
```

	國文	數學	自然
王小明	65	78	83
李小美	90	76	93
陳大同	81	91	89
林小玉	79	47	94

指定欄位以條件式進行判斷取值

也可以將欄位進行條件式判斷後根據回傳的布林值 (為 True 時) 來取得資料,語法為:

df[欄位判斷式 **]**

例如,取得國文科成績 80 分以上 (含) 的所有學生成績:

```
[16]   1   df[df["國文"] >= 80]
```

	國文	英文	數學	自然	社會
李小美	90	72	76	93	56
陳大同	81	85	91	89	94

○ **注意**:如果有多個條件式,可以使用邏輯運算子,如 and、or 或 not 進行合併。

以 values 屬性取得資料

DataFrame 的 values 屬性可取得全部資料,返回是一個二維串列,語法為:

df.values

1. 可以直接用 values 屬性以二維串列的格式取得所有的值,以剛才的範例來看:

```
[17]   1   df.values
```

```
array([[65, 92, 78, 83, 70],
       [90, 72, 76, 93, 56],
       [81, 85, 91, 89, 94],
       [79, 53, 47, 94, 80]])
```

2. 由返回的二維串列取值時可以用索引值。例如，要取得第 2 位學生成績：

```
[18]    1  df.values[1]
```
    array([90, 72, 76, 93, 56])

3. 取得第 2 位學生的英文成績 (第 3 個科目) 的語法為：

```
[19]    1  df.values[1][2]
```
    76

2.8.2 以索引及欄位名稱取得資料：df.loc()

df.loc() 函式可直接以索引及欄位名稱取得資料，很容易理解，使用上也較為方便，語法為：

> **df.loc[** 索引名稱 ， 欄位名稱 **]**

1. 例如，要取得 **林小玉** 的 **社會** 科目成績：

```
[36]    1  df.loc["林小玉", "社會"]
```
    80

2. 若要取得多個索引名稱或欄位名稱項目的資料，必須將多個項目名稱組合成串列。例如，取得學生 **王小明** 的 **國文** 及 **社會** 科目所有成績：

```
[37]    1  df.loc["王小明", ["國文","社會"]]
```
    國文   65
    社會   70
    Name: 王小明, dtype: int64

例如，取得學生 **王小明**、**李小美** 的 **數學**、**自然** 科目成績：

```
[39]    1  df.loc[["王小明", "李小美"], ["數學", "自然"]]
```

	數學	自然
王小明	78	83
李小美	76	93

3. 若是想取得二個索引名稱或欄位名稱之間的項目資料，則需在項目名稱間以冒號「:」加以連結；若是要取得所有索引或所有欄位，則直接以冒號「:」表示。

例如，取得學生 **王小明** 到 **陳大同** 的 **數學** 到 **社會** 科目成績：

```
[40]  1  df.loc["王小明":"陳大同", "數學":"社會"]
```

	數學	自然	社會
王小明	78	83	70
李小美	76	93	56
陳大同	91	89	77

例如，取得學生 **陳大同** 的 **所有** 成績：

```
[41]  1  df.loc["陳大同", :]
```

```
國文    81
英文    85
數學    91
自然    89
社會    77
Name: 陳大同, dtype: int64
```

例如，取得 **到李小美之前** 的學生，他們的 **數學** 到 **社會** 科目成績：

```
[42]  1  df.loc[:"李小美", "數學":"社會"]
```

	數學	自然	社會
王小明	78	83	70
李小美	76	93	56

例如，取得 **李小美到最後** 的學生，他們的 **數學** 到 **社會** 科目成績：

```
[43]  1  df.loc["李小美":, "數學":"社會"]
```

	數學	自然	社會
李小美	76	93	56
陳大同	91	89	77
林小玉	47	94	80

▎2.8.3 以索引及欄位編號取得資料：df.iloc()

iloc 可直接以索引及欄位的索引編號 (由 0 開始) 取得資料，使用的語法為：

> **df.iloc[** 索引編號， 欄位編號 **]**

iloc 的使用方式與 loc 大致相同，只要將索引及欄位的「名稱」改為「編號」即可。

1. 例如，要取得 **林小玉** 的 **社會** 科目成績：

```
[44]  1  df.iloc[3, 4]
```
```
80
```

2. 例如，取得學生 **王小明** 的 **國文** 及 **社會** 科目所有成績：

```
[45]  1  df.iloc[0, [0, 4]]
```
```
國文    65
社會    70
Name: 王小明, dtype: int64
```

3. 例如，取得學生 **王小明**、**李小美** 的 **數學**、**自然** 科目成績：

```
[46]  1  df.iloc[[0, 1], [2, 3]]
```

	數學	自然
王小明	78	83
李小美	76	93

若是要取得二個索引編號或欄位編號之間的範圍資料，是用「啟始編號：終止編號」
來表示，因為是不包含終止編號所代表的項目，所以設定時終止編號要加 1。

1. 例如，取得學生 **王小明** 到 **陳大同** 的 **數學** 到 **社會** 科目成績：

```
[47]  1  df.iloc[0:3, 2:5]
```

	數學	自然	社會
王小明	78	83	70
李小美	76	93	56
陳大同	91	89	77

2. 例如，取得學生 **陳大同** 的 **所有** 成績：

```
[48]  1  df.iloc[2, :]
```

```
國文      81
英文      85
數學      91
自然      89
社會      77
Name: 陳大同, dtype: int64
```

3. 例如，取得 **到李小美之前** 的學生，他們的 **數學** 到 **社會** 科目成績：

```
[49]  1  df.iloc[:2, 2:5]
```

	數學	自然	社會
王小明	78	83	70
李小美	76	93	56

4. 例如，取得 **李小美到最後** 的學生，他們的 **數學** 到 **社會** 科目成績：

```
[50]  1  df.iloc[1:, 2:5]
```

	數學	自然	社會
李小美	76	93	56
陳大同	91	89	77
林小玉	47	94	80

2.8.4 取得最前或最後幾列資料

取得最前幾列的資料：**df.head()**

如果要取得最前面幾列資料，可使用 df.head() 方法，語法為：

```
df.head([n])
```

參數 n 非必填，表示取得最前面 n 列資料，若省略預設會取得 5 筆資料。

例如，取得最前面 2 個學生成績：

[51]　　1　df.head(2)

	國文	英文	數學	自然	社會
王小明	65	92	78	83	70
李小美	90	72	76	93	56

取得後幾列的資料：**df.tail()**

若要取得最後面幾列資料，則使用 df.tail() 方法，語法為：

```
df.tail([n])
```

使用方法與 head 相同。例如取得最後面 2 個學生成績：

[52]　　1　df.tail(2)

	國文	英文	數學	自然	社會
陳大同	81	85	91	89	77
林小天	79	53	47	94	80

2.9 DataFrame 資料操作

2.9.1 DataFrame 資料排序

DataFrame 資料可以依值或是索引進行排序。

依值排序：**df.sort_values()**

首先根據 DataFrame 資料數值排序，語法為：

```
df.sort_values(by = 欄位 [, ascending = 布林值 ])
```

- **by**：做為排序值的欄位名稱。

- **ascending**：可省略，True 表示遞增排序 (預設值)，False 表示遞減排序。

例如，以數學成績做遞減排序：

```
[53]   1  df.sort_values(by="數學", ascending=False)
```

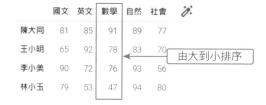

依索引排序：**df.sort_index()**

接著是根據軸向 (橫列或直欄) 排序，語法為：

```
df.sort_index(axis= 軸向編號 [, ascending= 布林值 ])
```

- **axis**：軸向編號，0 表示依索引名稱 (橫列) 排序，1 表示依欄位名稱 (直欄) 排序。

例如，按照直欄遞增排序：

```
[54]    1  df.sort_index(axis=0)
```

	國文	英文	數學	自然	社會	✦
李小美	90	72	76	93	56	
林小玉	79	53	47	94	80	
王小明	65	92	78	83	70	
陳大同	81	85	91	89	77	

2.9.2 DataFrame 資料修改

要修改 DataFrame 的資料非常簡單，只要先指定資料項目所在位置，再設定指定值即可。

例如，修改 **王小明** 的 **數學** 成績為 90：

```
[56]    1  df.loc["王小明"]["數學"] = 90
        2  df
```

	國文	英文	數學	自然	社會	✦
王小明	65	92	90	83	70	
李小美	90	72	76	93	56	
陳大同	81	85	91	89	77	
林小玉	79	53	47	94	80	

或修改 **王小明** 的 **全部** 成績皆為 80：

```
[57]    1  df.loc["王小明", :] = 80
        2  df
```

	國文	英文	數學	自然	社會	✦
王小明	80	80	80	80	80	
李小美	90	72	76	93	56	
陳大同	81	85	91	89	77	
林小玉	79	53	47	94	80	

▌2.9.3 刪除 DataFrame 資料

DataFrame 可以使用 drop 方法來刪除資料，語法為：

> 資料變數 = **df.drop(** 索引或欄位名稱 **[, axis=** 軸向編號 **])**

- **axis**：軸向編號，0 表示依索引名稱 (橫列) 刪除，1 表示依欄位名稱 (直欄) 刪除。若沒有填寫，預設值為 0。

刪除橫列的資料

例如，刪除 **王小明** 的成績：

```
[58]   1  df.drop("王小明")
```

	國文	英文	數學	自然	社會
李小美	90	72	76	93	56
陳大同	81	85	91	89	77
林小玉	79	53	47	94	80

刪除直欄的資料

例如，刪除所有人的 **數學** 成績：

```
[59]   1  df.drop("數學", axis=1)
```

	國文	英文	自然	社會
王小明	80	80	80	80
李小美	90	72	93	56
陳大同	81	85	89	77
林小玉	79	53	94	80

若刪除的行或列超過 1 個，需以串列做為參數。例如，刪除 **數學** 及 **自然** 成績：

```
[60]   1  df.drop(["數學", "自然"], axis=1)
```

	國文	英文	社會
王小明	80	80	80
李小美	90	72	56
陳大同	81	85	77
林小玉	79	53	80

刪除連續橫列範圍的資料

若要刪除連續多列的資料，可使用刪除「範圍」方式處理，語法為：

df.drop(df.index[啟始編號：終止編號 **][, axis=** 軸向編號 **])**

指定二個索引編號之間的範圍資料，是用「啟始編號：終止編號」來表示，因為是不包含終止編號所代表的項目，所以設定時終止編號要加 1。

例如，要刪除 2 ~ 4 位的成績：

```
[61]    1  df.drop(df.index[1:4])
```

	國文	英文	數學	自然	社會
王小明	80	80	80	80	80

刪除連續直欄範圍的資料

刪除連續直欄的語法為：

df.drop(df.columns[啟始編號：終止編號 **][, axis=** 軸向編號 **])**

例如，刪除 **英文、數學、自然** 的成績：

```
[62]    1  df.drop(df.columns[1:4], axis=1)
```

	國文	社會
王小明	80	80
李小美	90	56
陳大同	81	77
林小玉	74	80

03
CHAPTER

資料收集：檔案存取與網路爬蟲

3.1　資料來源的取得

學習資料科學及機器學習，最重要的事就是資料的收集。但是資料的收集可是一項浩大的工程，如果想要將資料收集完整才要進行研究學習，可能大部份的人的學習熱忱都已經被消磨殆盡了！其實在網路上已經有很多人提供了免費又經過整理的資料集，對於練習實作來說都是很重要的材料。以下將介紹幾個在資料科學學習的道路上常用的資料來源，讓你可以快速無痛跨入資料科學的大門。

3.1.1　開放資料

開放資料(Open Data)是一種可以允許任何人自由存取、使用、修改以及分享的資料。在過去網際網路尚未盛行的年代，科學界已經將許多的研究資料公開給其他研究者進行後續的研究。時至今日，因為網路科技的普及，降低了資料取得的成本與難度，開放資料的應用也就更為蓬勃。

在開放資料的領域中，可經常看到許多研究單位、政府機關、非營利組織都陸續在網路上公開各種資料，其中又以政府機關最為重要。因為擁有公權力、法律與預算經費的支持，無論是資料收集所涵蓋的範圍、數量以及品質，或是研究、學習及應用時，政府機關的開放資料是很好的資料來源。

在 **政府資料開放平臺** (https://data.gov.tw) 中就收集維護了豐富而龐大的資料，並明確以部門單位、主題用途、服務方式以及資料格式進行分類，讓使用者可以簡單方便的取得以進行相關的應用。

▲ 政府資料開放平臺 (https://data.gov.tw)

3.1.2 資料集網站

除了各國政府開放資料的平台之外，網路上也有許多資源可以利用，以下介紹二個常用的資料集網站，你可以在學習研究時多加利用：

UCI 機器學習資料庫

UCI 機器學習資料庫 (http://archive.ics.uci.edu/ml/index.php) 是加州大學歐文分校 (University of CaliforniaIrvine) 提出可用於機器學習的資料庫。這個資料庫是在 1987 年，由 David Aha 和他的學生以 ftp 檔案的形式建置了這個網站。從那時開始，全世界的學生、教育工作者和研究人員就將其當作機器學習資料庫的主要來源。

▲ UCI 機器學習資料庫 (http://archive.ics.uci.edu/ml/index.php)

UCI 機器學習資料庫目前提供超過 600 個資料集，每個資料集都提供了資料來源、特色及資料屬性欄位等相關詳細資訊。除此之外，UCI 機器學習資料庫還會根據每個資料集的預設任務、屬性類型進行分類，用來研究或是練習，十分受用。

Kaggle 資料庫

Kaggle (https://www.kaggle.com) 是一個資料建模和數據分析的競賽平台。企業和研究者可在平台上發佈提供資料,讓來自全球的統計學者和或是資料科學家在平台上進行競賽以產生最好的模型。

Kaggle 資料庫 (https://www.kaggle.com/datasets) 的資料集內容五花八門,十分豐富。即使不參加競賽,這些資料集對於學習或是研究仍然具有相當的參考價值。

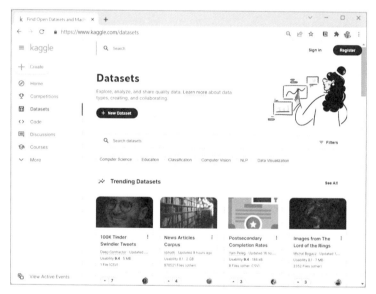

▲ Kaggle 資料庫 (https://www.kaggle.com/datasets)

3.1.3 自行收集資料的技術

很多人學習資料科學的最終目的,還是想要應用在自己的資料上,這些資料就不能由外部提供,而是要靠自己進行收集與整理。所以對於資料收集技術的學習是相當重要的,無論是由資料庫伺服器、API 串接,或是直接由網站頁面執行網路爬蟲程式進行資料收集,都是學習的重點。

在接下來的內容中,將把重點放在如何讀取不同格式的資料,包括了 CSV、JSON、Excel 試算表及網頁表格,或是進一步的利用網路爬蟲的程式進行資料收集並下載回本機儲存,千萬不要錯過。

3.2 CSV 檔案的讀取

CSV 檔案是許多資料編輯、讀取及儲存時很喜歡的格式，因為是純文字檔案，操作方便而且輕量。Pandas 可以使用 pd.read_csv() 函式讀取 CSV 檔案的內容。

3.2.1 認識 CSV

CSV (Comma Separated Values) 是一種以逗號分隔值的資料格式並以純文字的方式儲存為檔案，編輯時可以直接使用文字編輯器，如 Windows 內建的記事本，但是在閱讀上有時會較為不方便。以下是政府公開資料：「COVID-19 各國家地區累積病例數與死亡數」(https://data.gov.tw/dataset/120449) 為例，這份資料提供了國家地區中文名、英文名、累積病例數與死亡數，請下載它的 CSV 檔案後用記事本開啟：

Excel 可以開啟 CSV 檔案，在顯示時會以欄列的方式顯示資料內容，不僅在閱讀上較為方便，還能直接編輯與存檔，因此許多人都會利用 Excel 來操作 CSV 檔案。

	A	B	C	D	E
1	country_ch	country_en	cases	deaths	
2	美國	United States	76,407,539	923,087	
3	印度	India	42,272,014	502,874	
4	巴西	Brazil	26,599,593	632,621	
5	法國	France	20,804,372	132,923	
6	英國	United Kingdom	17,866,632	158,363	
7	俄羅斯	Russia	12,982,023	336,023	
8	土耳其	Turkey	12,335,015	88,970	
9	義大利	Italy	11,663,338	149,097	
10	德國	Germany	11,117,857	118,766	
11	西班牙	Spain	10,395,471	94,570	
12	阿根廷	Argentina	8,615,285	122,943	

○ **備註**：如果不下載，也可以使用範例資料夾中的 <covid19.csv>。

3.2.2 載入 CSV 檔案

Pandas 的 pd.read_csv() 函式可以載入 CSV 檔案,語法為:

> **pd.read_csv(** 檔案來源 **, header=** 欄位列 **, index_col=** 索引欄 **,**
> **encoding=** 編碼 **, sep=** 分隔符號 **)**

■ **檔案來源**:可以是檔案路徑,也可以是 URL 的檔案網址字串。所以讀取的檔案不一定必須在本機,也可以指定儲存在網路上的檔案網址。

■ **header**:設定做為表頭欄位的列,預設會以資料的第一列為表頭。

■ **index_col**:設定做為索引的欄,預設為 None。

■ **encoding**:設定文件編碼方式,預設為 None。

■ **sep**:設定分隔符號,預設為「,」。

例如,在範例檔案 <covid19.csv> 中有 COVID-19 各國家地區累積病例數與死亡數,以下將利用 read_csv() 讀入再顯示資料內容:

○ **注意**:若在 Colab 執行程式時,必須先將 CSV 檔案上傳到虛擬主機資料夾。以此類推,接下來的範例資料檔在讀取前也要先上傳。

```
[2]  1  import pandas as pd
     2  df = pd.read_csv('covid19.csv')
     3  df
```

	country_ch	country_en	cases	deaths
0	美國	United States	76,407,539	923,087
1	印度	India	42,272,014	502,874
2	巴西	Brazil	26,599,593	632,621
3	法國	France	20,804,372	132,923
4	英國	United Kingdom	17,866,632	158,363
...	...	...	...	...
193	東加	Tonga	8	0
194	萬那杜	Vanuatu	7	1
195	馬紹爾群島	Marshall Islands	7	0
196	密克羅尼西亞聯邦	Micronesia	1	0
197	庫克群島	Cook Islands	1	0

198 rows × 4 columns

3.3 JSON 資料的讀取

JSON 是一個很流行的資料格式，不僅相容性高，JSON 結構清楚又操作方便，深受許多開發者的喜愛。Pandas 可以使用 pd.read_json() 函式讀取 JSON 檔案的內容。

3.3.1 認識 JSON

JSON (JavaScript Object Notation) 是一個以文字為基礎、輕量級的資料格式。json 的格式十分容易閱讀及理解，所以廣泛的被應用在其他的程式語言中，甚至有越來越多程式都使用它來取代過去常用的可延伸標記式語言：XML。

JSON 是利用**資料物件 (object)** 及**清單陣列 (Array)** 的方式來描述資料結構與內容：

1. **資料物件**：是用來描述單筆資料，內容是使用「{ ... }」符號包含起來。一個物件中包含一系列非排序的鍵 (名稱) / 值對，鍵和值之間使用「：」隔開，多個鍵 / 值對之間使用「,」分割。

2. **清單陣列**：是用來描述多筆資料，內容是使用「[...]」符號包含起來。每筆資料之間使用「,」區隔。

以下利用一個範例來說明，這是一個班級成績表，一旁同時以 JSON 格式來對照：

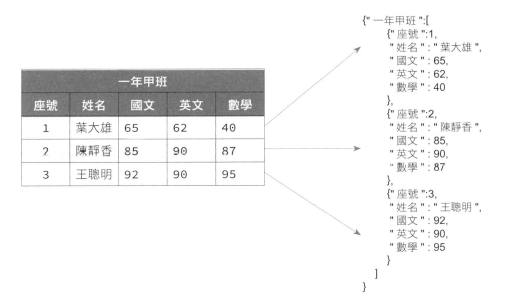

3.3.2 載入 JSON 檔案

Pandas 的 pd.read_json() 函式可以載入 JSON 檔案,語法為:

> **pd.read_json(檔案來源)**

■ **檔案來源**:可以是檔案路徑,也可以是 URL 的檔案網址字串。

例如,在範例資料夾 <covid19.json> 中有 COVID-19 各國家地區累積病例數與死亡數,以下將利用 read_json() 讀入再顯示資料內容:

```
covid19.json - 記事本                              —  □  ×
檔案(F)  編輯(E)  格式(O)  檢視(V)  說明(H)
[
  {
    "country_ch": "美國",
    "country_en": "United States",
    "cases": "34,516,883",
    "deaths": "622,158"
  },
  {
    "country_ch": "印度",
    "country_en": "India",
    "cases": "31,371,901",
    "deaths": "420,551"
  },
```

```
[5]   1  import pandas as pd
      2  df = pd.read_json('covid19.json')
      3  df
```

	country_ch	country_en	cases	deaths
0	美國	United States	34,516,883	622,158
1	印度	India	31,371,901	420,551
2	巴西	Brazil	19,688,663	549,924
3	俄羅斯	Russia	6,126,541	153,874
4	法國	France	5,993,937	111,644
...	...	...	...	...
190	萬那杜	Vanuatu	4	1
191	馬紹爾群島	Marshall Islands	4	0
192	帛琉	Palau	2	0
193	薩摩亞	Samoa	1	0
194	密克羅尼西亞聯邦	Micronesia	1	0

195 rows × 4 columns

3.4 Excel 試算表檔案的讀取

Excel 試算表的檔案副檔名為 .xlsx，舊版的是 .xls，這是許多使用者非常熟悉，也常用的資料檔案格式。除了可以使用 Microsoft Excel 開啟編輯之外，也可以相容於 Apple 電腦的 Numbers，LibreOffice 的 Calc，甚至是雲端的 Google 試算表。

Pandas 可以使用 pd.read_excel() 函式讀取 Excel 試算表 .xlsx 的檔案內容，語法為：

pd.read_excel(檔案來源 **)**

■ **檔案來源**：可以是檔案路徑，也可以是 URL 的檔案網址字串。

例如，在範例資料夾 <covid19.xslx> 中有 COVID-19 各國家地區累積病例數與死亡數，以下將利用 read_xlsx() 讀入再顯示資料內容：

```
[11]  1  import pandas as pd
      2  df = pd.read_excel('covid19.xlsx')
      3  df
```

	country_ch	country_en	cases	deaths
0	美國	United States	76407539	923087
1	印度	India	42272014	502874
2	巴西	Brazil	26599593	632621
3	法國	France	20804372	132923
4	英國	United Kingdom	17866632	158363
...	...	...	...	...
193	東加	Tonga	8	0
194	萬那杜	Vanuatu	7	1
195	馬紹爾群島	Marshall Islands	7	0
196	密克羅尼西亞聯邦	Micronesia	1	0
197	庫克群島	Cook Islands	1	0

198 rows × 4 columns

3.5 HTML 網頁資料讀取

在 HTML 的網頁上資料的呈現，最結構化的就是表格。Pandas 可以使用 pd.read_html() 函式來讀取網頁中的表格，返回值會是**串列**，語法為：

```
pd.read_html( 網址 , header= 欄位列 , index_col= 索引欄 ,
              encoding= 編碼 , keep_default_na= 布林值 )
```

■ **keep_default_na**：非必填，值為布林值，設定是否去除空值 (NaN)。

例如，想讀取 TIOBE 網站程式語言排行榜 (https://www.tiobe.com/tiobe-index)，然後顯示前十名的程式語言：

```
[18]  1  import pandas as pd
      2  url = 'https://www.tiobe.com/tiobe-index/'
      3  tables = pd.read_html(url, keep_default_na=False)
      4  tables[0].head(10)
```

	Feb 2022	Feb 2021	Change	Programming Language	Programming Language.1	Ratings	Change.1
0	1	3			Python	15.33%	+4.47%
1	2	1			C	14.08%	-2.26%
2	3	2			Java	12.13%	+0.84%
3	4	4			C++	8.01%	+1.13%
4	5	5			C#	5.37%	+0.93%
5	6	6			Visual Basic	5.23%	+0.90%
6	7	7			JavaScript	1.83%	-0.45%
7	8	8			PHP	1.79%	+0.04%
8	9	10			Assembly language	1.60%	-0.06%
9	10	9			SQL	1.55%	-0.18%

3.6 儲存資料為檔案

Pandas 的 DataFrame 可以將資料儲存在檔案中，它的資料儲存方法如下：

方法	說明
to_csv()	將資料儲存為表格式文字資料（*.csv）。
to_excel()	將資料儲存為 Microsoft Excel 資料（*.xlsx）。
to_json()	將資料儲存為 Json 格式文字資料（*.json）。
to_html()	將資料儲存為網頁中表格資料（*.html）。

因為操作方式很相似，這裡以 pd.to_csv() 函式為例，要將 DataFrame 的資料儲存成檔案，語法為：

> **pd.to_csv(** 檔案名稱 **[, header=** 布林值 **, index=** 布林值 **,**
> **, encoding=** 編碼 **, sep=** 分隔符號 **])**

參數 header 及 index 的設定值，預設是 True，代表是否要保留欄位列或索引欄。

例如，建立 DataFrame 資料後將資料儲存在 <scores.csv> 檔：

```
1  import pandas as pd
2
3  scores = {'國文':{'王小明':65,'李小美':90,'陳大同':81,'林小玉':79},
4            '英文':{'王小明':92,'李小美':72,'陳大同':85,'林小玉':53},
5            '數學':{'王小明':78,'李小美':76,'陳大同':91,'林小玉':47},
6            '自然':{'王小明':83,'李小美':93,'陳大同':89,'林小玉':94},
7            '社會':{'王小明':70,'李小美':56,'陳大同':94,'林小玉':80}}
8  df = pd.DataFrame(scores)
9  df.to_csv('scores.csv')
```

3.7 認識網路爬蟲

為什麼需要網路爬蟲？

網路爬蟲 (Web Crawler) 是一個透過程式自動抓取網站資料的過程。網路是目前資料收集的最大來源，如果透過人工的方式來收集網站資料，不但效率低也很耗時。

如果透過網路爬蟲擷取資料，使用者只要制定收集資料的規則，程式就能自動進行資料擷取並整理成所需格式的動作，大量節省了收集資料的成本並增進工作的效率。

網路資料爬取的原理

使用者要在電腦上瀏覽網頁，基本流程是開啟瀏覽器輸入網址送出後，電腦會透過網路對網址所指定的伺服器發出**要求** (Request)，伺服器再根據要求透過網路**回應** (Response) 資料給原來的電腦，顯示在瀏覽器上。

電腦對伺服器發出 Request 要求的方式常見的有二種：GET 與 POST。GET 在提出需求時，如果要傳遞資料會化為參數直接加在網址的後方，而 POST 在提出需求時，傳遞的資料是放在 message body 中，網址並不會改變。

而伺服器接收到需求後 Response 回應的內容常見的是 HTML、CSV、json... 等文字型檔案或是圖片、影片、壓縮檔 ... 等二進位檔案。

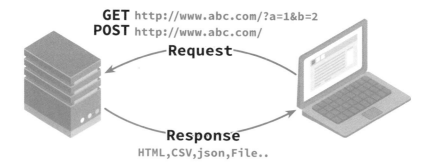

網路資料爬取簡單來說就是利用程式發向伺服器發出要求後，接收回應的內容進行儲存、分析與其他應用。

3.8 requests 模組：讀取網站檔案

想要從網路有系統的自動化收集資訊，首先必須將網站上的網頁內容或是檔案擷取下來進行處理。Python 中提供了這個強大模組：requests，使用者可以利用精簡易讀的語法對網站進行要求，並取得回應的內容。

3.8.1 安裝 requests 模組

可以使用下列指令在 Python 中安裝 requests 模組：

```
!pip install requests
```

○ **注意**：在 Colab 中預設已經安裝好 requests，不用再自行安裝。

使用前請先載入 requests 模組：

```
import requests
```

3.8.2 發送 GET 請求

基本語法

當打開瀏覽器後輸入網址送出，指定的網站伺服器接收到要求後回應內容，你即可在瀏覽器中看到網頁的呈現，這個請求的方式稱為 GET。

requests 模組可以不透過瀏覽器就能完成 GET 的請求，其語法如下：

```
Response 物件 = requests.get( 網址 )
```

Response 物件可利用以下屬性取得不同的回應內容：

- ■ text：取得網頁原始碼資料。
- ■ content：取得網站二進位檔案資料。

讀取網頁原始碼

例如：讀取網頁的原始碼。

```
[20]  1  import requests
      2  url = 'http://www.ehappy.tw/demo.htm'
      3  r = requests.get(url)
      4  print(r.text)

<!doctype html>
<html>
  <head>
    <meta charset="UTF-8">
    <title>Hello</title>
  </head>
  <body>
    <p>Hello World!</p>
  </body>
</html>
```

requests 模組必須先 import，接著利用 requests.get() 函式以 GET 方法對指定網址送出請求，當伺服器接到後就會回應，最後以 text 屬性顯示回傳的的原始碼內容。

加上 URL 查詢參數

GET 請求除了指定網址外，還能在其後加上 URL 參數，讓互動程式接收後導出不同的回應內容。例如對 www.test.com 發出 GET 需求時帶上 x 及 y 二個查詢參數及測試值，其格式如下：

```
http://www.test.com/?x=value1&y=value2
```

URL 參數與網址之間要用「?」串接，參數及值之間要加「=」，多個參數要用「&」。

在 requests 模組中，URL 參數要用字典資料型態進行定義，接著用 GET 請求時必須將 URL 參數內容設定為 params 參數，即可完成。

```
[21]  1  import requests
      2  # 將查詢參數定義為字典資料加入GET請求中
      3  payload = {'key1': 'value1', 'key2': 'value2'}
      4  r = requests.get("http://httpbin.org/get", params=payload)
      5  print(r.text)
```

```
{
  "args": {
    "key1": "value1",
    "key2": "value2"
  },
  "headers": {
    "Accept": "*/*",
    "Accept-Encoding": "gzip, deflate",
    "Host": "httpbin.org",
    "User-Agent": "python-requests/2.23.0",
    "X-Amzn-Trace-Id": "Root=1-6203982c-011d569f3be97bfa789f5494"
  },
  "origin": "104.199.123.139",
  "url": "http://httpbin.org/get?key1=value1&key2=value2"
}
```

這裡利用了 httpbin.org 的服務來測試 HTTP 的傳送及回應值，可以看到範例中的 GET 請求傳送了二個 URL 參數 (args)，因此最後呈現的網址即是將 URL 參數及值用「?」及「&」符號合併在網址後。

3.8.3 發送 POST 請求

POST 請求是一種常用的 HTTP 請求，只要是網頁中有讓使用者填入資料的表單，都會使用 POST 請求來進行傳送。

在 requests 模組中，POST 傳遞的參數要定義成字典資料型態，接著用 POST 請求時必須將傳遞的參數內容設定為 data 參數，即可完成。

```
[22]  1  import requests
      2  # 將查詢參數加入POST請求中
      3  payload = {'key1': 'value1', 'key2': 'value2'}
      4  r = requests.post("http://httpbin.org/post", data=payload)
      5  print(r.text)
```

```
{
  "args": {},
  "data": "",
  "files": {},
  "form": {
    "key1": "value1",
    "key2": "value2"
  },
  "headers": {
    "Accept": "*/*",
    "Accept-Encoding": "gzip, deflate",
    "Content-Length": "23",
    "Content-Type": "application/x-www-form-urlencoded",
    "Host": "httpbin.org",
    "User-Agent": "python-requests/2.23.0",
    "X-Amzn-Trace-Id": "Root=1-62039928-330ede5b7a48562338374184"
  },
  "json": null,
  "origin": "104.199.123.139",
  "url": "http://httpbin.org/post"
}
```

3.9 BeautifulSoup 模組：網頁解析

取得網頁的原始檔之後，面對複雜的結構，該如何取出需要的內容並且進行後續的整理儲存分析呢？以下要介紹的是強大的網頁解析模組：BeautifulSoup，可以快速而準確地對頁面中特定的目標加以分析和擷取。

3.9.1 安裝 Beautifulsoup 模組

BeautifuleSoup 模組可以快速地由 HTML 中提取內容，只要對於網頁結構有基本的了解，即可透過一定的邏輯取出複雜頁面中指定的資料。

可以使用下列指令在 Python 中安裝 BeautifuleSoup：

```
!pip install beautifulsoup4
```

○ **注意**：在 Colab 中預設已經安裝好 BeautifulSoup，不用再自行安裝。

3.9.2 認識網頁的結構

網頁的內容其實是純文字，一般都會儲存為 .htm 或 .html 的檔案。網頁是使用 HTML (Hypertext Markup Language) 語法利用標籤 (tag) 建構內容，讓瀏覽器在讀取後能根據其敘述呈現網頁。以下的範例網頁 (http://ehappy.tw/bsdemo1.htm)，是個結構單純的頁面：

```
<!doctype html>
<html>
  <head>
    <meta charset="UTF-8">
    <title> 我是網頁標題 </title>
  </head>
  <body>
    <h1 class="large"> 我是標題 </h1>
    <div>
```

```
        <p> 我是段落 </p>
        <img src="https://www.w3.org/html/logo/
        downloads/HTML5_Logo_256.png" alt=" 我是圖片 ">
        <a href="http://www.e-happy.com.tw"> 我是超連結 </a>
      </div>
    </body>
</html>
```

HTML 提供了一個文件結構化的表示法：DOM(Document Object Model，文件物件模型)。所有的標籤指令都是由「<...>」包含，大部份都會有起始與結束標籤，如 <h1> 標題 </h1>，<h1> 是要標註標題的區域，起始與結束標籤之間即是內容物件。因為標籤指令的不同，可將 HTML 中區分成不同的內容，如文件段落 (p)、圖片 (img)、超連結 (a) ... 等。HTML 用標籤所組合的內容物件，最終會形成如樹狀的結構，方便程式進行存取甚至改變。

回到剛才的範例頁面中，最上層的節點是 <html>，在以下分成二個部份：<head> 及 <body>，<head> 之中有 <meta> 及 <title>，而 <body> 中又有 <h1> 與 <div>，最後在 <div> 之下又有 <p>、<img> 及 <a>。

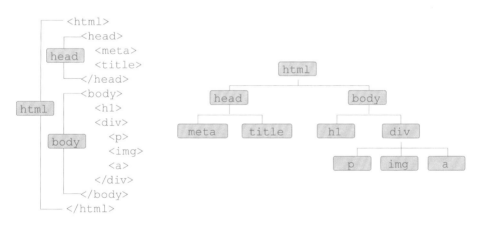

BeautifulSoup 模組的功能即是將讀取的網頁原始碼解析為一個個結構化的物件，讓程式能夠快速取得其中的內容。

3.9.3 BeautifulSoup 的使用

載入 BeautifulSoup 後,同時利用 requests 模組取得網頁的原始碼,就可以使用
Python 內建的 html.parser 解析原始碼,建立 BeautifulSoup 物件後再進行解析,語
法範例如下:

```
from bs4 import BeautifulSoup
BeautifulSoup 物件 = BeautifulSoup( 原始碼 , 'html.parser')
```

BeautifulSoup 物件很重要,因為經過解析後,在 HTML 的每個標籤都是 DOM 結構
中的節點,接著就可以其中找尋並取出指定的內容。

3.9.4 BeautifulSoup 常用的屬性

BeautifulSoup 常用的屬性如下:

屬性	說明
標籤名稱	傳回指定標籤內容,例如:sp.title 傳回 <title> 的標籤內容。
text	傳回去除所有 HTML 標籤後的網頁文字內容。

例如:建立 BeautifulSoup 物件 sp,解析「http://www.ehappy.tw/bsdemo1.htm」網
頁原始碼。接著用標籤名稱與 text 二個屬性,取出指定的內容。

```
[23]  1  import requests
      2  from bs4 import BeautifulSoup
      3  url = 'http://www.ehappy.tw/bsdemo1.htm'
      4  html = requests.get(url)
      5  html.encoding = 'UTF-8'
      6  sp = BeautifulSoup(html.text, 'html.parser')
      7  print(sp.title)
      8  print(sp.title.text)
      9  print(sp.h1)
```

```
<title>我是網頁標題</title>
我是網頁標題
<h1 class="large">我是標題</h1>
```

在 HTML 中每個標籤都為 DOM 結構中的節點,使用 **BeautifulSoup 物件 . 標籤名
稱** 即可取得該節點中的內容 (包含 HTML 標籤)。為取得的內容加上 text 的屬性,
可去除 HTML 標籤,取得標籤區域內的文字。

3.9.5 BeautifulSoup 常用的方法

BeautifulSoup 常用的方法如下：

方法	說明
find()	尋找第一個符合條件的標籤，以字串回傳。例如： sp.find("a")。
find_all()	尋找所有符合條件的標籤，以串列回傳。例如： sp.find_all("a")。
select()	尋找指定 CSS 選擇器如 id 或 class 的內容，以串列回傳。 例如：以 id 讀取 sp.select("#id")、以 class 讀取 sp.select(".classname")。

3.9.6 找尋指定標籤的內容：find()、find_all()

find

find() 方法會尋找第一個符合指定標籤的內容，找到時會將結果以字串回傳，如果找不到則傳回 None。語法：

> **BeautifulSoup** 物件 **.find(** 標籤名稱 **)**

例如，讀取第一個 <a> 標籤內容：

```
data = sp.find("a")
```

find_all

find_all() 方法會尋找所有符合指定標籤的內容，找到時會將結果組合成串列回傳，如果找不到則回傳空的串列。語法：

> **BeautifulSoup** 物件 **.find_all(** 標籤名稱 **)**

例如，讀取所有的 <a> 的標籤內容：

```
datas = sp.find_all("a")
```

加入標籤屬性為搜尋條件

在尋找指定標籤的動作時，可以加入屬性做為條件來縮小範圍，有二種方式：

1. 將屬性值做為 find() 或 find_all() 方法的參數，語法：

> **BeautifulSoup 物件 .find 或 find_all(** 標籤名稱 , 屬性名稱 = 屬性內容 **)**

例如：讀取所有的 \<img\> 標籤中屬性 width = 20 的內容。

```
datas = sp.find_all("img", width = 20)
```

如果要設定多個屬性條件，就直接再加到後方的參數即可。另外若要設定的屬性是 class 類別時，因為是保留字，所以要設為 class_：

```
datas = sp.find_all("p", class_ = 'red')
```

2. 將屬性值化為字典資料，做為 find() 或 find_all() 方法的參數，語法：

> **BeautifulSoup 物件 .find 或 find_all(** 標籤名稱 ,{ 屬性名稱:屬性內容 **})**

例如，讀取所有的 \<img\> 標籤中屬性 width = 20 的內容：

```
datas = sp.find_all("img", {"width":"20"})
```

如果要設定多個屬性做為條件，只要將屬性值設為後方字典資料的元素即可。

```
[1]  1   from bs4 import BeautifulSoup
     2   html = '''
     3   <html>
     4     <head><meta charset="UTF-8"><title>我是網頁標題</title></head>
     5     <body>
     6        <p id="p1">我是段落一</p>
     7        <p id="p2" class='red'>我是段落二</p>
     8     </body>
     9   </html>
    10   '''
    11   sp = BeautifulSoup(html, 'html.parser')
    12   print(sp.find('p'))
    13   print(sp.find_all('p'))
    14   print(sp.find('p', {'id':'p2', 'class':'red'}))
    15   print(sp.find('p', id='p2', class_= 'red'))
```

```
<p id="p1">我是段落一</p>
[<p id="p1">我是段落一</p>, <p class="red" id="p2">我是段落二</p>]
<p class="red" id="p2">我是段落二</p>
<p class="red" id="p2">我是段落二</p>
```

程式說明

- ■ 1　　　　載入 BeautifulSoup 模組。
- ■ 2-10　　定義變數：html，其內容為一個網頁原始碼。
- ■ 11　　　利用 BeautifulSoup 模組將 html 的內容解析為 sp 物件。
- ■ 12　　　用 find() 方式找尋第一個 p 標籤的內容回傳，值是字串。
- ■ 13　　　用 find_all() 方式找尋所有 p 標籤的內容回傳，值是串列。
- ■ 14　　　用 find() 方式找尋 p 標籤，以字典資料方式設定 id 及 class 屬性。
- ■ 15　　　用 find() 方式找尋 p 標籤，直接設定 id 及 class 屬性。

3.9.7　利用 CSS 選擇器找尋內容：select()

在網頁開發中，**CSS 選擇器** 可以利用樣式表的設定來規格化網頁中各個標籤、元素的顯示，也因此 CSS 選擇器可以很精準的選擇網頁標籤與元素。BeautifulSoup 模組就是利用這個特性，以 select() 方法來找尋網頁中的資料，它的回傳值是 **串列**。

選取標籤、id 及 class 類別

1. **選取標籤**：直接設定標籤是最常用的方式，例如：讀取 <title> 標籤：

```
datas = sp.select("title")
```

2. **選取 id 編號**：因為標籤中的 id 屬性不能重複，會是唯一的值，選取時最明確。
   例如，讀取 id 為 firstdiv 的標籤內容，請記得 id 前必須加上「#」符號：

```
datas = sp.select("#firstdiv")
```

3. **選取 css 類別名稱**：類別名稱前必須加上「.」符號。例如，讀取類別 title 的內容：

```
datas = sp.select(".title")
```

4. **複合選取**：當有多層標籤、id 或類別嵌套時，也可以使用 select 方法逐層尋找。
   例如，要找尋標籤結構 html >head>title 下的內容：

```
datas = sp.select("html head title")
```

○ **注意**：select() 的回傳即使只有一個值，它還是會以串列表示。

```
[2]   1   from bs4 import BeautifulSoup
      2   html = '''
      3   <html>
      4     <head><meta charset="UTF-8"><title>我是網頁標題</title></head>
      5     <body>
      6         <p id="p1">我是段落一</p>
      7         <p id="p2" class='red'>我是段落二</p>
      8     </body>
      9   </html>
     10   '''
     11   sp = BeautifulSoup(html, 'html.parser')
     12   print(sp.select('title'))
     13   print(sp.select('p'))
     14   print(sp.select('#p1'))
     15   print(sp.select('.red'))
```

```
[<title>我是網頁標題</title>]
[<p id="p1">我是段落一</p>, <p class="red" id="p2">我是段落二</p>]
[<p id="p1">我是段落一</p>]
[<p class="red" id="p2">我是段落二</p>]
```

程式說明

■ **1**　　　載入 BeautifulSoup 模組。

■ **2-10**　　定義變數：html，其內容為一個網頁原始碼。

■ **11**　　　利用 BeautifulSoup 模組將 html 的內容解析為 sp 物件。

■ **12**　　　用 select() 方式找尋 <title> 標籤回傳，值是串列。

■ **13**　　　用 select() 方式找尋 p 標籤的內容回傳，值是串列。

■ **14**　　　用 select() 方式找尋 id = p1 的標籤回傳，值是串列。

■ **15**　　　用 select() 方式找尋類別 class = red 的標籤回傳，值是串列。

3.9.8 取得標籤的屬性內容

無論是用 find()、find_all()，或是用 select() 所取得的內容都是整個 HTML 的節點物件內容，例如取得了一個超連結 <a> 的標籤內容後，想要再取出其中連結網址的屬性值 (href)，該如何處理呢？

如果要取得回傳值中屬性的內容，可以使用 get() 方法方式取值，語法為：

> 回傳值 **.get("屬性名稱")**

或是以屬性名稱為標籤取值，語法為：

> 回傳值 **["屬性名稱"]**

```
[6]   1   html = '''
      2   <html>
      3     <head><meta charset="UTF-8"><title>我是網頁標題</title></head>
      4     <body>
      5         <img src="http://www.ehappy.tw/python.png">
      6         <a href="http://www.e-happy.com.tw">超連結</a>
      7     </body>
      8   </html>
      9   '''
     10   sp = BeautifulSoup(html, 'html.parser')
     11   # 用 回傳值.get(屬性名稱) 取得圖片及超連結的網址
     12   print(sp.find('img').get('src'))
     13   print(sp.find('a').get('href'))
     14   # 用 回傳值[屬性名稱] 取得圖片及超連結的網址
     15   print(sp.find('img')['src'])
     16   print(sp.find('a')['href'])
```

```
http://www.ehappy.tw/python.png
http://www.e-happy.com.tw
http://www.ehappy.tw/python.png
http://www.e-happy.com.tw
```

程式說明

■ 12-13　用 find() 取得圖片 (img) 及超連結 (a) 標籤內容後，用 get() 方法分別取得 src 及 href 的屬性值。

■ 14-15　用 find() 取得圖片 (img) 及超連結 (a) 標籤內容後，用屬性名稱為標籤取值的方法分別取得 src 及 href 的屬性值。

使用 Chrome 的開發人員工具檢查網頁結構

許多的網頁在結構上十分複雜，無法快速地找到欲爬取的內容在 HTML 原始碼中的位置，此時可以使用 Chrome 的開發人員工具來協助。

由瀏覽器右上角的 **⋮ / 更多工具 / 開發人員工具**，或是按 **F12** 鍵進入 **開發人員工具**，在 **Elements** 頁籤下可以看到原始碼內容。按右上角的 **⋮** 可設定開發人員工具在瀏覽器的位置。

當選取原始碼中的標籤時，網頁內容會立即標示所在位置，並顯示相關的訊息。

也可以直接在網頁上找尋內容在原始碼的位置，如下想要知道圖片在原始碼中的位置，可以在其上按下右鍵，選取 **檢查**，右側即會標示相對的原始碼位置。

另外一個方式是按下畫面左上角的 ⬚ 選取工具後進入選取模式，當滑鼠移到網頁上的內容時會自動標示，右方也會自動標示原始碼的位置。

3.10 文字及檔案資料的收集

資料的收集不見得全部都是結構性的資料，還包含了非結構性的文字資料，甚至是二進位的檔案、圖片及影片等。

▌3.10.1 檔案的建立與寫入

使用內建的函式 open 可以開啟指定的檔案，包括文字檔案和二進位檔案，以便進行檔案內容的讀取與寫入。

open() 函式的使用

> **open(** 檔案名稱 [**,** 模式][**,** 編碼] **)**

open() 函式會產生檔案物件，最常使用的參數是檔案名稱、模式和編碼參數，其中只有第一個檔案名稱是不可省略，其他的參數若省略時會使用預設值。

- **檔案名稱**：設定檔案的名稱，它是字串型態，可以是相對路徑或絕對路徑，如果沒有設定路徑，則會預設為目前執行程式的目錄。

- **模式**：設定檔案開啟的模式，是字串型態，省略預設為 r 讀取模式。模式設定時再加上 t 表示為文字檔案，b 是二進位檔案，如果省略時預設為 t。

模式	說明	模式	說明
r	讀取模式，此為預設模式。	r+	可讀寫模式，指標會置於檔頭。
w	覆寫模式，若檔案已存在，內容將會被覆蓋。	w+	可讀寫模式，指定檔案不存在時會建立檔案再寫入檔案，若檔案已存在，寫入內容會覆蓋原內容。
a	附加模式，若檔案已存在，內容會被附加至檔案尾端。	a+	可讀寫模式，指定檔案不存在時會建立檔案再寫入檔案，若檔案已存在，寫入內容會附加至檔案尾端。

■ **encoding**：指定檔案的編碼模式。檔案的讀寫都必須設定正確的編碼，當不一致時就會產生亂碼。雖然繁體中文的 Windows 系統中預設的編碼是 cp950(big5)，但為了避免問題發生，建議使用 UTF-8(大小寫都可以) 編碼。

■ **newline**：指定換行的符號，這個參數只適用於文字檔案，設定值為 None(預設)、「" "」、「\n」、「\r」和「\r\n」。因為不同系統的換行符號皆不同，若要控制使用的換行符號即可利用這個參數。為了避免檔案在讀寫時產生多餘的空行，建議使用「" "」空字串去除換行符號。

檔案的寫入

open() 函式會建立一個檔案物件，利用這個物件就可以處理檔案，例如要寫入資料時可以使用 write() 函式，最後當檔案處理結束必須以 close() 函式關閉檔案。例如：

```
[7]  1  content='''Hello Python
     2  中文字測試
     3  Welcome'''
     4  f=open('file1.txt', 'w', encoding='utf-8', newline="")
     5  f.write(content)
     6  f.close()
```

程式說明

■ 1-3　宣告多行字串變數：content。

■ 4　　以覆寫模式開啟 <file1.txt>，編碼為 utf-8，換行符號為空白。

■ 5　　將變數寫入檔案中。

■ 6　　關閉檔案。

執行結果：

在 Colab 中，程式執行完畢後請在側邊欄開啟 **檔案**，即可看到程式在資料夾中新增了一個文字檔 <file1.txt>，點選檔名二下即可開啟預覽視窗，看到檔案中的文字內容。

使用 with 敘述開啟檔案

檔案的開啟也可以使用 with 敘述，因為敘述結束後會自動關閉檔案，不需要再以 close() 關閉檔案。例如用 with 敘述的方式改寫剛才的程式碼：

```
[8]  1  content='''Hello Python
     2  中文字測試
     3  Welcome'''
     4  with open('file1.txt', 'w', encoding='utf-8', newline="") as f:
     5      f.write(content)
```

執行結果會是相同的，使用 with 進行檔案開啟是較為推薦的方式。

3.10.2 檔案讀取及處理

檔案開啟之後，除了寫入內容之外，其實還可以進行許多處理，常用處理檔案內容的函式如下：

函式	說明
readable()	測試是否可讀取。
read([size])	由目前位置讀取 size 長度的字元，並將目前位置往後移動 size 個字元。如果未指定長度則會讀取所有字元。
readline([size])	讀取目前文字指標所在列中 size 長度的文字內容，若省略參數，則會讀取一整列，包括 "\n" 字元。
readlines()	讀取所有列，它會傳回一個串列。
next()	移動到下一列。
seek()	將指標移到文件指定的位置。
tell()	傳回文件目前位置。
writable()	測試是否可寫入。
write(str)	將指定的字串寫入文件中，它沒有返回值。
writelines(list)	將指定的串列寫入文件中，它沒有返回值。
flush()	檔案在關閉時會將資料寫入檔案中，也可以使用 flush() 強迫將緩衝區的資料立即寫入檔案中，並清除緩衝區。
close()	關閉檔案，檔案關閉後就不能再進行讀寫的操作。

read()

read() 函式會從目前的指標位置，讀取指定長度的的字元，如果未指定長度則會讀取所有的字元。例如，讀取 <file1.txt> 檔案的內容：

```
[10]  1  with open('file1.txt', 'r', encoding='utf-8') as f:
      2      output_str=f.read()
      3      print(output_str)   # Hello

Hello Python
中文字測試
Welcome
```

readline()

讀取目前文字指標所在列中 size 長度的文字內容，若省略參數，則會讀取一整列，包括 "\n" 字元。例如：讀取 <file1.txt> 檔案的指定內容。

```
[11]  1  with open('file1.txt', 'r', encoding ='UTF-8') as f:
      2      print(f.readline())
      3      print(f.readline(3))

Hello Python

中文字
```

程式說明

- ■ 2　　readline() 讀取第一列，因為包含 \n 跳列字元，因此以 print() 顯示時，中間會多出一列空白列。

- ■ 3　　readline() 讀 取 後 指 標 會 移 動 到 下 一 列， 即 第 二 列， 因 此 f.readline(3) 會讀取第二列的前面 3 個字元。

readlines()

讀取全部文件內容，它會以串列方式傳回，每一列會成為串列中的一個元素。例如，讀取 <file1.txt> 檔案的所有的文件內容：

```
[12]  1  with open('file1.txt', 'r', encoding='utf-8') as f:
      2      content=f.readlines()
      3      print(type(content))
      4      print(content)

<class 'list'>
['Hello Python\n', '中文字測試\n', 'Welcome']
```

▍3.10.3 二進位檔案的建立與寫入

二進位檔案的下載

除了文字檔案，open() 函式也可以建立與寫入二進位檔案，搭配 requests 模組進行遠端檔案的讀取，再寫入到本機，就可以完成網路下載的動作。如果想要下載網站上的文字檔，或是二進位的 Excel 試算表檔、Word 文件檔、PDF 檔，甚至是圖片檔、影音檔，都能輕易達成。

範例：下載 Google Logo 圖片

例如，想要下載 Google 搜尋首頁 (https://www.google.com) 的 Google 圖示，如下圖在圖片上按右鍵，選取功能表 **複製圖片位址**。接著試著開一個新分頁，將複製的網址貼上，證明圖片位址是正確的。

如此即能進行下載動作，程式碼如下：

```
1  import requests
2
3  imgurl = 'https://www.google.com/images/branding/googlelogo/1x/go
4  r = requests.get(imgurl)
5
6  with open('google.png', 'wb') as f:
7      f.write(r.content)
```

圖片的網址

程式說明

■ 1　　載入 requests 模組。

■ 3-4　　設定變數 imgurl 為圖片的位址，再利用 requests 模組的 get() 方法，由 imgurl 所定義的位址讀取遠端的圖片。

■ 6　　使用 open() 函式設定模式為　wb，要以二進位檔案複寫的方法，在本機新增 f 檔案物件。

■ 7　　f 檔案物件用 write() 方法，將 r 讀取的內容設定為 content 屬性，也就是二進位的方法寫到檔案物件中，完成本機檔案的建立。

執行結果：

在 Colab 中，程式執行完畢後請在側邊欄開啟 **檔案**，即可看到程式在資料夾中新增了一個圖片檔 <google.png>，點選檔名二下即可開啟預覽視窗看到圖片。

04

CHAPTER

資訊圖表化：Matplotlib 與 Seaborn

- ⊙ Matplotlib：資訊視覺化的核心工具
- ⊙ 折線圖：plot
- ⊙ 長條圖與橫條圖：bar、barh
- ⊙ 圓形圖：pie
- ⊙ 直方圖：hist
- ⊙ 散佈圖：scatter
- ⊙ 線箱圖：boxplot
- ⊙ 設定圖表區：figure
- ⊙ 在圖表區加入多張圖表：subplot、axes
- ⊙ Pandas 繪圖應用
- ⊙ Seaborn：更美觀的圖表工具

4.1 Matplotlib：資訊視覺化的核心工具

認識 Matplotlib

在資料科學的領域中，將龐大的資料數據化為視覺化圖表，除了可以將資料分析後的結果具體呈現外，最重要的是希望能在這些圖表中觸發靈感，甚至找出被忽略的訊息與趨勢。Matplotlib 是 Python 用來進行資訊視覺化的重要工具，可以在簡單又清楚的指令中繪製出靜態或是動態的互動式視覺化圖表。

安裝 Matplotlib 與載入模組

可以使用下列指令在 Python 中安裝 Matplotlib：

```
!pip install matplotlib
```

○ **注意**：在 Colab 中預設已經安裝好 Matplotlib，不用再自行安裝。

使用 Matplotlib 繪圖時首先要載入 Matplotlib 模組，由於大部分基礎圖表繪製功能是在 matplotlib.pyplot 模組中，一般為了能在使用時更加方便，會設定別名 plt：

```
import matplotlib.pyplot as plt
```

4.2 折線圖：plot

折線圖 通常是用來說明時間軸內數據資料變化的狀況。

4.2.1 繪製折線圖

折線圖是以 **plot()** 函式繪製，語法為：

```
plt.plot([x 軸資料 ,] y 軸資料 [, 其他參數 ])
```

折線圖會根據 x、y 軸資料進行繪圖，例如先將 x、y 軸資料存在串列中，再進行繪圖，例如：

```
import matplotlib.pyplot as plt

listx = [1,5,7,9,13,16]
listy = [15,50,80,40,70,50]
plt.plot(listx, listy)
plt.show()
```

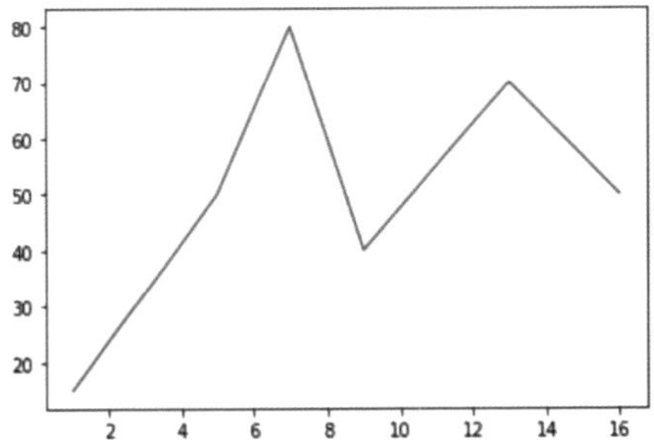

注意：x 軸串列及 y 軸串列的元素數目必須相同，否則執行時會產生錯誤。

4.2.2 設定線條、標記及圖例

繪圖時除了 x、y 軸串列參數之外,最重要的要素之一就是線條,下面是與線條相關常用的設定參數:

■ **linewidth** or **lw**:設定線條寬度,預設為 1.0,例如設定線條寬度為 5.0:linewidth=5.0。

■ **color**:設定線條顏色,預設為藍色,例如設定線條顏色為紅色:color="r" 或 color= ["r", "g", "b"]。

顏色	代表值	顏色	代表值
藍	b, blue	青	c, cyan
紅	r, red	洋紅	m, magenta
綠	g, green	黑	k, black
黃	y, yellow	白	w, white

■ **linestyle** or **ls**:設定線條樣式,設定值有「-」(實線)、「--」(虛線)、「-.」(虛點線)及「:」(點線),預設為「-」。

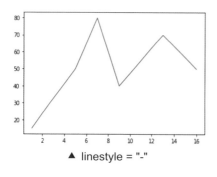

▲ linestyle = "-"

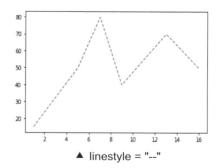

▲ linestyle = "--"

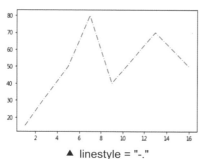

▲ linestyle = "-."

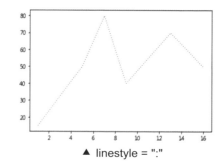

▲ linestyle = ":"

■ **marker**：設定標記樣式，設定值如下：

符號	說明	符號	說明
"." "o" "*"	點、圓、星	"h" "H"	六邊形 1,2
"v" "^"	正倒三角形	"d" "D"	鑽形 小 ，大
"<" ">"	左右三角形	"+" "x"	十字、叉叉
"s"	矩形	"_" "|"	橫線、直線
"p"	五角形	"1","2","3","4"	上下左右人字形

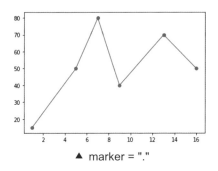

▲ marker = "."

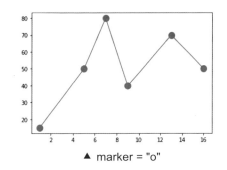

▲ marker = "o"

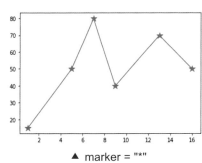

▲ marker = "*"

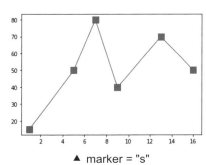

▲ marker = "s"

■ **markersize** or **ms**：標記大小，例如設定標記為 12 點：ms=12。

■ **color、linestyle、marker 組合字串**：這三個設定值的字串可以直接合併設定，例如，設定綠色、虛線、星狀標記為「"g--*"」：

```
plt.plot(listx, listy, 'g--*')
```

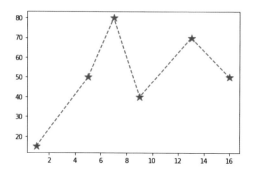

■ **label**：設定圖例名稱，例如設定圖例名稱為「label」：label="label"。此屬性需搭配 **legend** 函式才有效果。

```
plt.plot(listx, listy, color="red", lw="2.0", ls="--", label="label")
plt.legend()
```

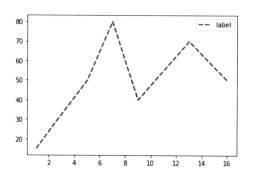

4.2.3 設定圖表及 xy 軸標題

圖形繪製完成後，可對圖表做一些設定，如圖表標題、x 及 y 軸標題等，讓觀看圖表者更容易了解圖表的意義。

設定圖表標題、x 及 y 軸標題的語法如下，如果不設定 fontsize，字級大小會一樣：

```
plt.title( 圖表標題 [,fontsize= 點數 ])
plt.xlabel(x 軸標題 [,fontsize= 點數 ])
plt.ylabel(y 軸標題 [,fontsize= 點數 ])
```

例如，分別設定圖表及 x、y 軸的標題：

```
1  import matplotlib.pyplot as plt
2
3  listx = [1,5,7,9,13,16]
4  listy = [15,50,80,40,70,50]
5  plt.plot(listx, listy, color="red", lw="2.0", ls="--", label="label")
6  plt.legend()
7  plt.title("Chart Title", fontsize=20)   # 圖表標題
8  plt.xlabel("X-Label", fontsize=14)      # x軸標題
9  plt.ylabel("Y-Label", fontsize=14)      # y軸標題
10 plt.show()
```

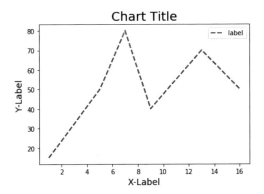

4.2.4 設定 xy 軸資料範圍

如果沒有指定 x 及 y 軸範圍，系統會根據資料判斷最適合的 x 及 y 軸範圍。設計者也可以自行設定 x 及 y 軸範圍，語法為：

> **plt.xlim(** 起始值 **,** 終止值 **)**　　# 設定 x 軸範圍
> **plt.ylim(** 起始值 **,** 終止值 **)**　　# 設定 y 軸範圍

例如，設定 x 軸範圍為 0 到 20，y 軸範圍為 0 到 100：

```
1  import matplotlib.pyplot as plt
2
3  listx = [1,5,7,9,13,16]
4  listy = [15,50,80,40,70,50]
5  plt.plot(listx, listy, color="red", lw="2.0", ls="--", label="label")
6  plt.legend()
```

```
7  plt.title("Chart Title", fontsize=20)   # 圖表標題
8  plt.xlabel("X-Label", fontsize=14)      # x軸標題
9  plt.ylabel("Y-Label", fontsize=14)      # y軸標題
10 plt.xlim(0, 20)      #設定x軸範圍
11 plt.ylim(0, 100)     #設定y軸範圍
12 plt.show()
```

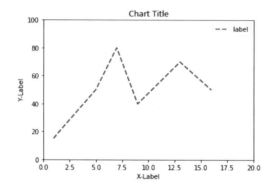

4.2.5 設定格線

為圖表加上格線的語法如下：

> **plt.grid(True)**

也可以進一步設定格線的顏色、寬度、樣式及透明度，例如：

```
1  import matplotlib.pyplot as plt
2
3  listx = [1,5,7,9,13,16]
4  listy = [15,50,80,40,70,50]
5  plt.plot(listx, listy, color="red", lw="2.0", ls="--", label="label")
6  plt.legend()
7  plt.title("Chart Title", fontsize=20)   # 圖表標題
8  plt.xlabel("X-Label", fontsize=14)      # x軸標題
9  plt.ylabel("Y-Label", fontsize=14)      # y軸標題
10 plt.xlim(0, 20)      #設定x軸範圍
11 plt.ylim(0, 100)     #設定y軸範圍
12 plt.grid(color='red', linestyle=':', linewidth=1, alpha=0.5)
13 plt.show()
```

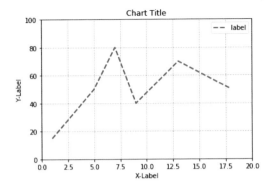

4.2.6 同時繪製多組資料

一個圖表中可以繪製多組資料的線條，如果沒有設定線條顏色，系統會自行設定不同顏色繪圖。例如，繪製 2 組數據的線條：

```
1   import matplotlib.pyplot as plt
2
3   listx1 = [1,5,7,9,13,16]
4   listy1 = [15,50,80,40,70,50]
5   plt.plot(listx1, listy1, 'r-.s')
6   listx2 = [2,6,8,11,14,16]
7   listy2 = [10,40,30,50,80,60]
8   plt.plot(listx2, listy2, 'y-s')
9   plt.show()
```

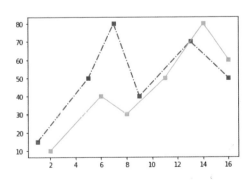

其實多組數據也可以一起繪圖，因為每個線條的數據、樣式都不同，其語法為：

> **plt.plot(x1**串列**, y1**串列**,** 樣式**1, x2**串列**, y2**串列**,** 樣式**2, ...)**

結果與上圖相同：

```
1   import matplotlib.pyplot as plt
2
3   listx1 = [1,5,7,9,13,16]
4   listy1 = [15,50,80,40,70,50]
5   listx2 = [2,6,8,11,14,16]
6   listy2 = [10,40,30,50,80,60]
7   plt.plot(listx1, listy1, 'r-.s', listx2, listy2, 'y-s')
8   plt.show()
```

4.2.7 自定軸刻度

在以下的圖表中，x 軸範圍為 0 到 5000，在預設的狀態下 Matplotlib 自動以 500 為間距加上了刻度。但如果想要自訂軸刻度，語法為：

> **plt.xticks(** 串列 **)**　# 設定 x 軸刻度
> **plt.yticks(** 串列 **)**　# 設定 y 軸刻度

也可設定軸刻度的格式，例如要設定 x，y 軸的刻度，字型 12 點，紅色的文字，程式為：

```
plt.tick_params(axis='both', labelsize='12', color='red')
```

例如，除了自訂刻度外，同時設定文字格式：

```
1   import matplotlib.pyplot as plt
2   listx = [1000,2000,3000,4000,5000]
3   listy = [15,50,80,70,50]
4   plt.plot(listx, listy)
5   plt.xticks(listx)
6   plt.tick_params(axis='both', labelsize=16)
7   plt.show()
```

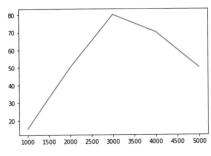 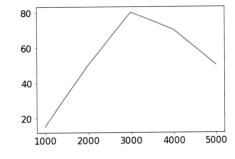

▲ 設定刻度間隔及格式

4.2.8 範例：各年度銷售報表

繪製折線圖並設定各種圖表特性。

```
1   import matplotlib.pyplot as plt
2
3   year = [2015,2016,2017,2018,2019]
4   city1 = [128,150,199,180,150]
5   plt.plot(year, city1, 'r-.s', lw=2, ms=10, label="Taipei")
6   city2 = [120,145,180,170,120]
7   plt.plot(year, city2, 'g--*', lw=2, ms=10, label="Taichung")
8   plt.legend()
9   plt.ylim(50, 250)
10  plt.xticks(year)
11  plt.title("Sales Report", fontsize=18)
12  plt.xlabel("Year", fontsize=12)
13  plt.ylabel("Million", fontsize=12)
14  plt.grid(color='k', ls=':', lw=1, alpha=0.5)
15  plt.show()
```

程式說明

■ 1	載入模組並設定別名。
■ 3	以 year 年度做為共用的 x 軸資料串列
■ 4-5	畫第 1 個折線圖：紅色、點虛線、矩形標記、線寬 2、標記大小 10、圖例為「Taipei」。
■ 6-7	畫第 2 個折線圖：綠色、虛線、星形標記、線寬 2、標記大小 10、圖例為「Taichung」。
■ 8	顯示圖例。
■ 9	設定 y 軸範圍。
■ 10	設定 x 軸刻度間隔。
■ 11-13	設定圖表標題及 x、y 軸標題。
■ 14	加上格線：黑色、點狀線、線寬 1、透明度 0.5。
■ 15	顯示圖表。

4.2.9 Matplotlib 圖表中文顯示問題

Matplotlib 預設無法顯示中文，那是因為在模組設定檔中並沒有配置中文字型。如果將剛才的範例圖表中的所有文字都換成中文，會發現文字都以方塊呈現而無法顯示。如果要能正確顯示中文，就必須自行加入中文字型後再重新產生配置檔案。這樣的操作不但複雜，而且當程式在沒有設定過的電腦上執行時，所有的配置又將失效。

在 Colab 設定 Matplotlib 的中文顯示

在 Colab 上設定必須要上傳中文字型檔到虛擬主機的檔案資料夾之中，再進行配置的修改。這裡推薦可以使用開源免費的中文字型「翰字鑄造 - 台北黑體」或是「Google - 思源正黑體」，下載的方式請直接在 Colab 的程式儲存格輸入以下指令：

1. **翰字鑄造 - 台北黑體**：由網站下載 <TaipeiSansTCBeta-Regular.ttf>。

```
!wget --content-disposition
    https://drive.google.com/uc?id=1eGAsTN1HBpJAkeVM57_C7ccp7hbgSz3_
                                                        &export=download
```

2. **Google- 思源正黑體**：由網站下載 <Noto_Sans_TC.zip>，再解壓縮檔案。

```
!wget --content-disposition
    https://fonts.google.com/download?family=Noto%20Sans%20TC
!unzip 'Noto_Sans_TC.zip'  # 解壓縮到主機目錄
```

接著使用 matplotlib.font_manager 模組註冊中文字型，再利用 Matplotlib 的 rc() 函式指定中文字型參數即可。以下使用「翰字鑄造 - 台北黑體」為例：

```
1  import matplotlib
2  import matplotlib.pyplot as plt
3  from matplotlib.font_manager import fontManager
4  # 加入中文字型設定：翰字鑄造-台北黑體
5  fontManager.addfont('TaipeiSansTCBeta-Regular.ttf')
6  matplotlib.rc('font', family='Taipei Sans TC Beta')
7
```

若是「Google - 思源正黑體」修改設定如下：

```
4  # 加入中文字型設定：Google-思源正黑體
5  fontManager.addfont('NotoSansTC-Regular.otf')
6  matplotlib.rc('font', family='Noto Sans TC')
7
```

原來圖表中無法正確顯示的文字，都成功顯示成中文了喔！

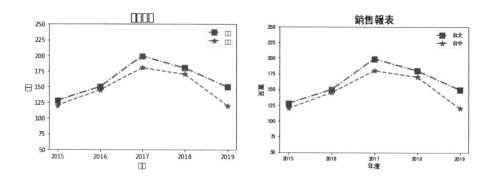

在本機設定 Matplotlib 的中文顯示

若是在本機執行，可以使用系統的中文，只要利用 Matplotlib 的 rcParam 參數值修改預設配置，即能讓圖表裡的中文字正常顯示。

請加入以下的設定即可：

```
...
# 設定中文字型及負號正確顯示
plt.rcParams["font.sans-serif"] = "Microsoft JhengHei"  # 微軟正黑體
plt.rcParams["axes.unicode_minus"] = False
plt.show()
```

4.3　長條圖與橫條圖：bar、barh

長條圖 與 **橫條圖** 是將資料的數量以長度來表示，常用來比較資料之間的大小。

4.3.1 繪製長條圖

長條圖是以 **plt.bar()** 函式繪製，語法為：

> **plt.bar(x 軸串列，y 軸串列，width=0.8, bottom=0[, 其他參數])**

繪圖時除了 x、y 軸串列參數之外，呈現每個項目的矩形是重點，常用參數有：

- **width**：設定每個項目矩形的寬度。以二個刻度之間的距離為基準，用百分比為單位來設定。不設定時預設值為 0.8。

- **bottom**：設定每個項目矩形 y 軸的起始位置，不設定時預設值為 0。

- **color**：設定每個項目矩形的顏色，設定值與折線圖相同，預設為藍色。例如設定紅色可以為 "r" 或 "red"。如果設定值為 ["r", "g", "b"]，代表會以紅、綠、藍依序循環顯示每個項目矩形的顏色。

- **label**：設定每個項目圖例名稱，此屬性需搭配 **legend** 函式才有效果。

例如，使用長條圖呈現每個課程的選修人數：

```
[ ]   1  import matplotlib
      2  import matplotlib.pyplot as plt
      3  from matplotlib.font_manager import fontManager
      4  fontManager.addfont('NotoSansTC-Regular.otf')
      5  matplotlib.rc('font', family='Noto Sans TC')
      6
      7  listx = ['c','c++','c#','java','python']
      8  listy = [45,28,38,32,50]
      9  plt.bar(listx, listy, width=0.5, color=['r','g','b'])
     10  plt.title("資訊程式課程選修人數")
     11  plt.xlabel("程式課程")
     12  plt.ylabel("選修人數")
     13  plt.show()
```

顯示結果：

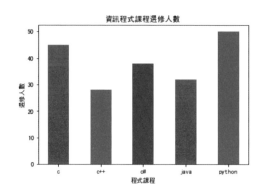

4.3.2 繪製橫條圖

橫條圖 是以 **plt.barh()** 函式繪製，語法為：

```
plt.barh(y軸串列, x軸串列, height=0.8, left=0[, 其他參數])
```

橫條圖基本上與長條圖相似，但因為方向不同，所有參數就必須倒過來。繪圖時除了設定矩形樣式的參數與長條圖相同外，還需特別注意：

- **y 軸串列**：顯示每個項目的名稱串列或是序列串列。
- **x 軸串列**：顯示每個項目的數值串列。
- **height**：設定每個項目矩形的高度。以二個刻度之間的距離為基準，用百分比為單位來設定。不設定時預設值為 0.8。
- **left**：設定每個項目矩形 x 軸的起始位置，不設定時預設值為 0。

例如，使用橫條圖呈現每個課程的選修人數：

```
 6
 7  listy = ['c','c++','c#','java','python']
 8  listx = [45,28,38,32,50]
 9  plt.barh(listy, listx, height=0.5, color=['r','g','b'])
10  plt.title("資訊程式課程選修人數")
11  plt.xlabel("程式課程")
12  plt.ylabel("選修人數")
13  plt.show()
```

顯示結果：

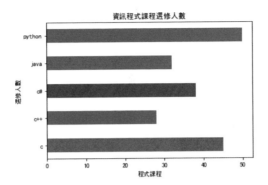

4.3.3 繪製堆疊長條圖

堆疊長條圖 就是當資料中的每個項目都還能分出子項目時，可以在繪製長條圖用堆疊的方式，在每個項目的矩形中顯示出每個子項目的比重。

這時就必須應用到 bottom 屬性，完成第一組長條圖後，在繪製第二組長條圖時，可將 y 軸的起點設定為第一組資料的 y 軸高度。

例如，使用堆疊長條圖來表現每個課程中選修人數，並顯示男女的比重：

```
1   import matplotlib
2   import matplotlib.pyplot as plt
3   from matplotlib.font_manager import fontManager
4   fontManager.addfont('NotoSansTC-Regular.otf')
5   matplotlib.rc('font', family='Noto Sans TC')
6
7   listx = ['c','c++','c#','java','python']
8   listy1 = [25,20,20,16,28]
9   listy2 = [20,8,18,16,22]
10  plt.bar(listx, listy1, width=0.5, label='男')
11  plt.bar(listx, listy2, width=0.5, bottom=listy1, label='女')
12  plt.legend()
13  plt.title("資訊程式課程選修人數")
14  plt.xlabel("程式課程")
15  plt.ylabel("選修人數")
16  plt.show()
```

顯示結果：

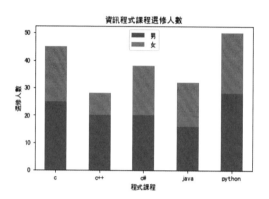

繪製第一組資料時，並沒有設定 bottom，所以預設由 y 軸為 0 處由下往上繪製。而第二組資料時，因為要接著第一組資料結束處，所以起始點 bottom 必須為第一組資料的高度，才能讓二組資料完美堆疊顯示。

4.3.4 繪製並列長條圖

並列長條圖 的資料會在每個項目用並列的方式呈現多個子項目，即能很快的在每個項目中檢視每個子項目數目的大小。

並列長條圖每個 x 軸的刻度間距是相等的，當繪製每個項目的矩形時，預設會以刻度為寬度的中心點，但分成多個子項目時就會交疊在一起。所以每個項目中子項目在刻度上的起始位置就很重要。

例如，使用並列長條圖來表現每個課程中選修人數，並比較男女的人數：

```
6
7   width = 0.25
8   listx = ['c','c++','c#','java','python']
9   listx1 = [x - width/2 for x in range(len(listx))]
10  listx2 = [x + width/2 for x in range(len(listx))]
11  listy1 = [25,20,20,16,28]
12  listy2 = [20,8,18,16,22]
13  plt.bar(listx1, listy1, width, label='男')
14  plt.bar(listx2, listy2, width, label='女')
15  plt.xticks(range(len(listx)), labels=listx)
16  plt.legend()
17  plt.show()
```

顯示結果：

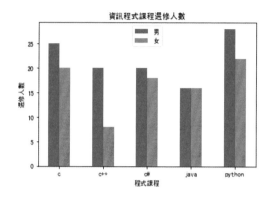

程式說明

■ 7　　　　設定每個項目的寬度（再由子項目分）。

■ 8　　　　設定項目串列。

■ 9　　　　設定第一組子項目的串列：「男」在 x 軸刻度出現位置。基本上這個串
序會以項目序列當作預設值。但在範例中有二組子項目，所以這個子項
目要向左移動「項目寬度 / 2」的距離，才不會與第二組子項目交疊。
這裡使用 **串列綜合表達式** 的函式將子項目串列中的值逐一進行向左移
動的運算。

■ 10　　　設定第二組子項目的串列：「女」在 x 軸刻度出現位置，這個子項目要
向右移動「項目寬度 / 2」的距離，才不會與第一組子項目交疊。

■ 15　　　在並列長條圖 x 刻度的標籤，因為有子項目，所以會以項目的序列
等距來顯示。但範例是希望能呈現文字型態的程式名稱，所以利用
xticks() 的函式設定用項目串列來取代顯示。

4.4 圓形圖：pie

圓形圖 常用來比較資料之間的比例。

圓形圖是以 **plt.pie()** 函式繪製，語法為：

```
plt.pie( 資料串列 [, 其他串列參數 ])
```

資料串列 是數值串列，為圓形圖的資料，為必要參數。其他常用的參數有：

- ■ **labels**：每一個項目標題組成的串列。

- ■ **colors**：每一個項目顏色字元組成字串或是串列，如 'rgb' 或 ['r', 'g', 'b']。

- ■ **explode**：每一個項目凸出距離數字組成的串列，「0」表示正常顯示。下圖
  顯示第一部分不同凸出值的效果。

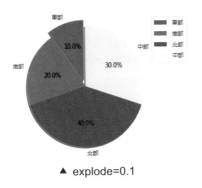 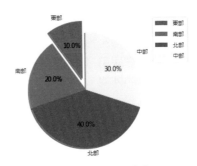

▲ explode=0.1　　　　　　　　▲ explode=0.2

- ■ **labeldistance**：項目標題與圓心的距離是半徑的多少倍，例如「1.1」表示項
  目標題與圓心的距離是半徑的 1.1 倍。

- ■ **autopct**：項目百分比的格式，語法為「% 格式 %%」，例如「%2.1f%%」表
  示整數 2 位數，小數 1 位數。

- ■ **pctdistance**：百分比文字與圓心的距離是半徑的多少倍。

- ■ **shadow**：布林值，True 表示圖形有陰影，False 表示圖形沒有陰影。

- ■ **startangle**：開始繪圖的起始角度，繪圖會以逆時針旋轉計算角度。

圓形圖的展示效果很好，但僅適合少量資料呈現，若將圓形圖分割太多塊，比例太
低的資料會看不清楚。

```
[ ]  1  import matplotlib
     2  import matplotlib.pyplot as plt
     3  from matplotlib.font_manager import fontManager
     4  fontManager.addfont('NotoSansTC-Regular.otf')
     5  matplotlib.rc('font', family='Noto Sans TC')
     6
     7  sizes = [25, 30, 15, 10]
     8  labels = ["北部", "西部", "南部", "東部"]
     9  colors = ["red", "green", "blue", "yellow"]
    10  explode = (0, 0, 0.2, 0)
    11  plt.pie(sizes,
    12    explode = explode,
    13    labels = labels,
    14    colors = colors,
    15    labeldistance = 1.1,
    16    autopct = "%2.1f%%",
    17    pctdistance = 0.6,
    18    shadow = True,
    19    startangle = 90)
    20  plt.show()
```

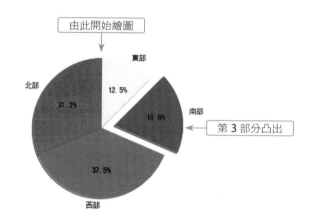

程式說明

7	資料串列。
8	項目標題串列。
9	項目顏色串列。
10	凸出距離數值串列，第 3 部分會凸出，數值 0.2。
19	由 90 度開始繪製

4.5 直方圖：hist

直方圖 主要觀察的是資料之中每個值出現次數的分配。

直方圖是以 **plt.hist()** 函式繪製，語法為：

> **plt.hist(** 資料串列 **[,** 其他串列參數 **])**

資料串列 是數值串列，為直方圖的資料，為必要參數。其他常用的參數有：

- **bins**：資料的間距，可以是整數或是串列值，預設值為 10。
- **range**：bin 數值的上限和下限的範圍。
- **orientation**：圖形的方向，預設是直式 vertical，若是 horizontal 則為橫式。

例如，使用的資料來源是一個整數串列，直方圖可以看出這些數值哪一個出現的次數最多，分佈的狀況如何：

```
1  import matplotlib.pyplot as plt
2
3  data = [3,4,2,3,4,5,4,7,8,5,4,6,2,0,1,9,7,6,6,5,4]
4  plt.hist(data, bins=10)
5  plt.xlabel('Value')
6  plt.ylabel('Counts')
7  plt.grid(True)
8  plt.show()
```

執行結果：

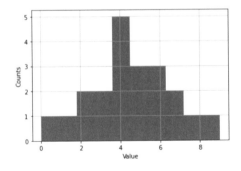

4.6 散佈圖：scatter

散佈圖 主要是將兩個變數資料用點畫在座標圖上，以此分析二個變數是否有相關性。

散佈圖是以 **plt.scatter()** 函式繪製，語法為：

> **plt.scatter(x 軸串列，y 軸串列 [，其他參數])**

x 軸串列、**y 軸串列** 是長度相同的陣列或串列，為繪製散佈圖點的必要參數。其他常用的參數有：

- **s**：標記的大小，可以是數值或是數值串列。

- **c**：標記的顏色，可以是單一顏色的字串，或是多顏色的文字串列。

- **marker**：標記的樣式，預設值為 'o'。

- **alpha**：標記的透明度，值在 0-1 之間，預設值為 None，即不透明。

```python
import matplotlib.pyplot as plt

x = [1, 2, 3, 4, 5, 6, 7, 8]
y = [1, 4, 9, 16, 7, 15, 17, 19]
sizes = [20, 200, 100, 50, 500, 1000, 60, 90]
colors = ["red","green","black","orange","purple","pink","cyan","magenta"]
plt.scatter(x, y, s=sizes, c=colors)
plt.show()
```

執行結果：

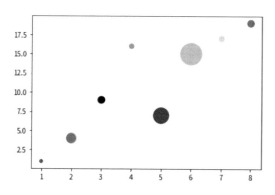

4.7 線箱圖：boxplot

線箱圖 是利用資料中的最小值、第 1 四分位數、中位數、第 3 四分位數及最大值進行繪製，進而分析資料的對稱度與分佈狀況。

線箱圖是以 **plt.boxplot()** 函式繪製，語法為：

> **plt.boxplot(** 資料 [, 其他參數] **)**

線箱圖的資料如果是 1 維，則會以該維度的數值資料繪製一個線箱圖。如果是 2 維，則會為每一個橫列的數值資料繪製線箱圖。以下是線箱圖的結構：

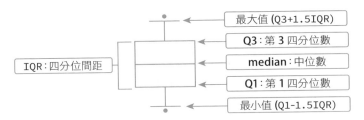

例如，使用一維串列及二維串列來繪製線箱圖：

```
1  import matplotlib.pyplot as plt
2
3  x1=[3,4,5,6,8,9,10,10,11,12,13,15,15,17,18,20,22,23,25]
4  x2=[[3,4,5,6,8,9,10,10,11,12,13,15,15,17,18,20,22,23,25],
5    [1,4,4,5,5,5,8,9,10,10,10,11,16,17,17,20,20,21,21,22]]
6  plt.boxplot(x1)   #一維串列
7  plt.show()
8  plt.boxplot(x2)   #二維串列
9  plt.show()
```

執行結果：

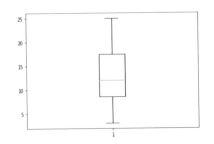
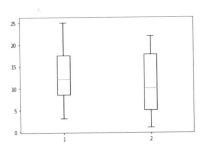

4.8 設定圖表區：figure

當繪製折線圖、長條圖或圓形圖時，Matplotlib.pyplot 會自動產生圖表區，再於其中繪製圖表。預設圖表區都會以預設的大小、解析度、顏色等屬性來佈置圖表區。

圖表區 是以 **plt.figure()** 函式來建立，語法為：

```
plt.figure([ 設定屬性參數 ])
```

如果沒有設定參數則會以預設值建立圖表區，以下為常用的參數：

- **figsize**：設定方式為串列：[寬 , 高]，單位為英吋，預設值為 [6.4, 4.8]。
- **dpi**：設定解析度，單位為每英吋的點數 (Dots per inch)。
- **facecolor**：設定背景顏色，預設值為白色 (white)。
- **edgecolor**：設定邊線顏色，預設值為白色 (white)。
- **frameon**：布林值，設定是否有邊框，預設值為 True。

例如，新增二個圖表區，一個用預設值，一個自訂屬性：

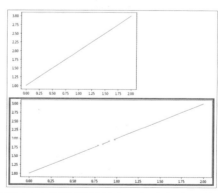

```
[ ]    1    import matplotlib.pyplot as plt
       2    # 新增圖表區
       3    plt.figure()
       4    plt.plot([1,2,3])
       5    # 新增圖表區並設定屬性
       6    plt.figure(
       7        figsize=[10,4],
       8        facecolor="whitesmoke",
       9        edgecolor="r",
      10        linewidth=10,
      11        frameon=True)
      12    plt.plot([1,2,3])
      13    plt.show()
```

可以在結果中看到，雖然在二個圖表區中所繪製的圖表與數據都相同，但有設定屬性的圖表區顯示的結果就跟直接使用預設值差了很多。

4.9 在圖表區加入多張圖表：subplot、axes

如果在顯示資料時需要多張不同的圖表，可以在圖表區同時加入，並依需求顯示。

4.9.1 用欄列排列多張圖表：subplot()

在圖表區用欄列方式加入多張圖表可以使用 **plt.subplot()** 函式，語法為：

> **plt.subplot(** 橫列數 **,** 直欄數 **,** 圖表索引值 **)**

例如，要在圖表區加入 2 列 1 欄的二張圖表：

```
 1  import matplotlib.pyplot as plt
 2  plt.figure(figsize=[8,8])
 3  plt.subplot(2,1,1)
 4  plt.title(label='Chart 1', fontsize=20)
 5  plt.plot([1,2,3],'r:o')
 6
 7  plt.subplot(2,1,2)
 8  plt.title(label='Chart 2', fontsize=20)
 9  plt.plot([1,2,3],'g--o')
10  plt.show()
```

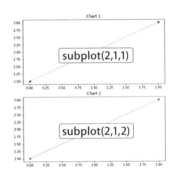

例如，要在圖表區加入 1 列 2 欄的二張圖表：

```
 1  import matplotlib.pyplot as plt
 2  plt.figure(figsize=[8,8])
 3  plt.subplot(1,2,1)
 4  plt.title(label='Chart 1', fontsize=20)
 5  plt.plot([1,2,3],'r:o')
 6
 7  plt.subplot(1,2,2)
 8  plt.title(label='Chart 2', fontsize=20)
 9  plt.plot([1,2,3],'g--o')
10  plt.show()
```

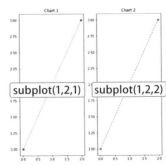

再多張的圖表也沒問題，例如要在圖表區加入 2 列 2 欄的四張圖表：

```python
import matplotlib.pyplot as plt
plt.figure(figsize=[8,8])
plt.subplot(2,2,1)
plt.title(label='Chart 1')
plt.plot([1,2,3],'r:o')
plt.subplot(2,2,2)
plt.title(label='Chart 2')
plt.plot([1,2,3],'g--o')
plt.subplot(2,2,3)
plt.title(label='Chart 3')
plt.plot([1,2,3],'b:o')
plt.subplot(2,2,4)
plt.title(label='Chart 4')
plt.plot([1,2,3],'y--o')
plt.show()
```

4.9.2 用相對位置排列多張圖表：axes

若要在圖表區用相對位置的方式加入多張圖表，可以使用 **plt.axes()** 函式，語法為：

plt.axes([與左邊界距離， 與下邊界距離， 寬， 高 **])**

plt.axes() 是以圖表區的左下角為原點，前二個數字分別是離左方與下方的邊界距離，後二個數字是這個圖表的寬高。而這 4 個數值都是以圖表區的寬高為基準，用 0 到 1 之間的浮點數做為計算，例如圖表的寬度是圖表區的一半，值為 0.5。

例如，要在圖表區加入二張左右排列的圖表：

```python
import matplotlib.pyplot as plt
plt.figure(figsize=[8,4])
plt.axes([0,0,0.4,1])
plt.title(label='Chart 1')
plt.plot([1,2,3],'r:o')

plt.axes([0.5,0,0.4,1])
plt.title(label='Chart 2')
plt.plot([1,2,3],'g--o')
plt.show()
```

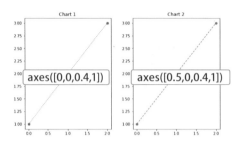

因為 axes 是用相對位置來加入圖表，在設定上不會有相互排擠的狀況出現。而且圖表之間可以彼此交疊，所以能發揮更多的彈性。

例如，想要在圖表區加入子母圖表：

```
1   import matplotlib.pyplot as plt
2   plt.figure(figsize=[8,4])
3   plt.axes([0,0,0.8,1])
4   plt.title(label='Chart 1')
5   plt.plot([1,2,3],'r:o')
6
7   plt.axes([0.55,0.1,0.2,0.2])
8   plt.title(label='Chart 2')
9   plt.plot([1,2,3],'g--o')
10  plt.show()
```

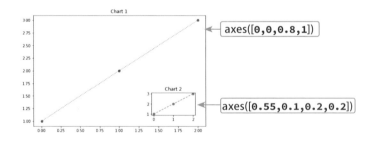

4.10 Pandas 繪圖應用

Pandas 中內含了 Matplotlib 的繪圖方法，所以也可以用來繪製圖表，非常實用。

4.10.1 plot 繪圖方法

Pandas 模組是以 DataFrame 資料的 plot 方法繪製圖形，語法為：

```
DataFrame.plot()
```

可使用的參數非常多，常用的參數整理於下表：

參數	功能	預設值
kind	設定繪圖模式，例如折線圖、長條圖等。	line（折線圖）
title	設定繪製圖形的標題。	None
legend	設定是否顯示圖示說明。	True
grid	設定是否顯示格線。	False
xlim	設定繪製圖形 x 軸的刻度範圍。	None
ylim	設定繪製圖形 y 軸的刻度範圍。	None
xticks	設定繪製圖形 x 軸的刻度值。	None
yticks	設定繪製圖形 y 軸的刻度值。	None
x	設定繪製圖形的 x 軸資料。	None
y	設定繪製圖形的 y 軸資料。	None
fontsize	設定繪製圖形 x、y 軸刻度的字體大小。	None
figsize	設定繪製圖形的的長度及寬度。	None

kind 參數設定繪圖模式，常用的圖形模式整理如下：

參數值	圖形	參數值	圖形
line	折線圖	bar	長條圖
hist	直方圖	barh	橫條圖
scatter	散點圖	pie	圓餅圖

4.10.2 繪製長條圖、橫條圖、堆疊圖

例如，新增公司北中南三區 2015 到 2019 年的分區銷售資料，分別繪製長條圖、橫條圖及堆疊圖：

```python
1   import pandas as pd
2   import matplotlib
3   from matplotlib.font_manager import fontManager
4   # 加入中文字型設定：翰字鑄造-台北黑體
5   fontManager.addfont('TaipeiSansTCBeta-Regular.ttf')
6   matplotlib.rc('font', family='Taipei Sans TC Beta')
7
8   df = pd.DataFrame([[250,320,300,312,280],
9                      [280,300,280,290,310],
10                     [220,280,250,305,250]],
11                    index=['北部','中部','南部'],
12                    columns=[2015,2016,2017,2018,2019])
13
14  g1 = df.plot(kind='bar', title='長條圖', figsize=[10,5])
15  g2 = df.plot(kind='barh', title='橫條圖', figsize=[10,5])
16  g3 = df.plot(kind='bar', stacked=True, title='堆疊圖', figsize=[10,5])
```

執行結果：

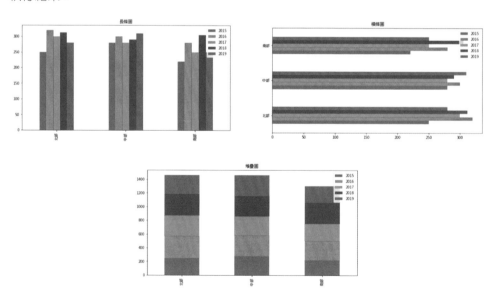

程式說明

■ 1-3　　　載入 pandas、matplotlib 模組。

■ 5-6　　　利用 matplotlib 模組的功能修正中文顯示問題，記得下載中文字型。

■ 8-12　　建立公司分區各年度銷售資料 DataFrame。

■ 14　　　繪製長條圖。

■ 15　　　繪製橫條圖。

■ 16　　　繪製堆疊圖，其實就是長條圖加上 stacked=True 參數。

4.10.3 繪製折線圖

例如，將公司北中南三區 2015 到 2019 年的分區銷售資料分別繪製成折線圖：

```
7
8   df = pd.DataFrame([[250,320,300,312,280],
9                      [280,300,280,290,310],
10                     [220,280,250,305,250]],
11                  index=['北部','中部','南部'],
12                  columns=[2015,2016,2017,2018,2019])
13
14  g1 = df.iloc[0].plot(kind='line', legend=True,
15                  xticks=range(2015,2020),
16                  title='公司分區年度銷售表',
17                  figsize=[10,5])
18  g1 = df.iloc[1].plot(kind='line',
19                  legend=True,
20                  xticks=range(2015,2020))
21  g1 = df.iloc[2].plot(kind='line',
22                      legend=True,
23                      xticks=range(2015,2020))
```

執行結果：

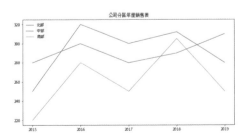

程式說明

■ 14-17　以 `df.iloc[0]` 調出北區資料進行折線圖繪製。

■ 18-20　以 `df.iloc[1]` 調出中區資料進行折線圖繪製。

■ 21-23　以 `df.iloc[2]` 調出南區資料進行折線圖繪製。

▌4.10.4 繪製圓餅圖

例如，將公司北中南三區 2015 到 2019 年的分區銷售資料分別繪製成圖餅圖：

```
7
8   df = pd.DataFrame([[250,320,300,312,280],
9                      [280,300,280,290,310],
10                     [220,280,250,305,250]],
11                    index=['北部','中部','南部'],
12                    columns=[2015,2016,2017,2018,2019])
13  df.plot(kind='pie', subplots=True, figsize=[20,20])
```

執行結果：

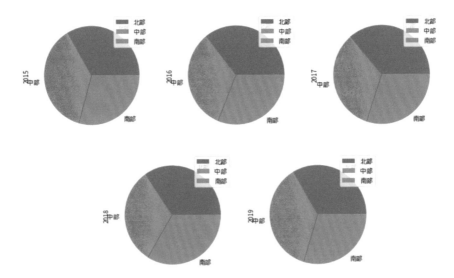

程式說明

■ 8-12　建立公司分區各年度銷售資料 DataFrame。

■ 13　　繪製圓餅圖，加上 `subplot=True` 參數，會讓多張圖表放置在同一個區域之中。

4.11 Seaborn：更美觀的圖表工具

4.11.1 開始使用 Seaborn

認識 Seaborn

Seaborn 是一個基於 matplotlib 的 Python 資訊視覺化模組，它可以幫助使用者探索和理解資料的內容。Seaborn 支援多種不同的資料格式，無論是 pandas 或 numpy 產生的陣列物件，還是 Python 的串列和字典，它都能藉由簡單易懂的函式與指令進行相關的統計運算，不用執著於繪製的細節，即可將資訊進行視覺化的呈現。

安裝 Seaborn 與載入模組

可以使用下列指令在 Python 中安裝 Seaborn：

```
!pip install seaborn
```

○ **注意**：在 Colab 中預設已經安裝好 seaborn，不用再自行安裝。

使用 Seaborn 繪圖時首先要載入 Seaborn 模組，一般為了能在使用時更加方便，會設定別名 sns：

```
import seaborn as sns
```

設定圖表樣式

使用 Seaborn 所製作的圖表可套用樣式，即能擁有較美觀的呈現。設定的語法如下：

```
sns.set_theme([style= 樣式名稱 ])
```

■ **style**：可以設定圖表的樣式字串，有 darkgrid(預設值)、whitegrid、dark、white 及 ticks。在使用時可以試試不同的樣式。

載入資料集

Seaborn 內建了許多實用的範例資料集，使用時可以直接載入使用，對於學習者來說真的十分方便。語法如下：

```
sns.load_dataset(資料集名稱)
```

Seaborn 所提供的範例資料集來自「https://github.com/mwaskom/seaborn-data」，在這裡可以看到能使用的資料及說明。

例如，在下方的範例中載入「tips」資料集，這是個餐廳店員小費金額的資料集：

```
[ ]    1    import seaborn as sns
       2    sns.set_theme()
       3    tips = sns.load_dataset("tips")
       4    tips.head()
```

執行結果：

	total_bill	tip	sex	smoker	day	time	size
0	16.99	1.01	Female	No	Sun	Dinner	2
1	10.34	1.66	Male	No	Sun	Dinner	3
2	21.01	3.50	Male	No	Sun	Dinner	3
3	23.68	3.31	Male	No	Sun	Dinner	2
4	24.59	3.61	Female	No	Sun	Dinner	4

資料是以 Pandas 的 DataFrame 格式呈現，在欄位中可以看到每筆小費的金額與消費總額，以及是星期幾，什麼時候拿到的，還有顧客的性別，是否抽菸等資訊。

4.11.2 長條圖與橫條圖

長條圖與橫條圖是用 **sns.barplot()** 的方法來繪製，語法為：

```
sns.barplot(data=資料來源, x=x軸欄位, y=y軸欄位)
```

如果 x 軸欄位是分類，y 軸是數值，則會顯示為長條圖；如果 x 軸欄位是數值，y 軸欄位是分類，則會顯示為橫條圖。

例如，我們想要知道星期幾的小費收入最好，可以先將載入的資料集群組計算：

```
1  import seaborn as sns
2  sns.set_theme()
3  tips = sns.load_dataset("tips")
4  #計算不同天的小費總額
5  tips_total = tips.groupby("day", as_index=False).sum()
6  tips_total.head()
```

```
1  sns.barplot(data=tips_total, x='day', y='total_bill')
```

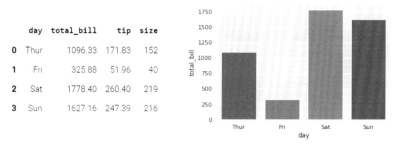

	day	total_bill	tip	size
0	Thur	1096.33	171.83	152
1	Fri	325.88	51.96	40
2	Sat	1778.40	260.40	219
3	Sun	1627.16	247.39	216

tips 為載入的資料集，這裡使用 groupby() 依「day」星期幾的欄位進行群組，as_index 預設會以指定欄位為索引欄，但設為 False 時，會自動產生一個索引欄，最後我們以 sum() 進行各個數值欄位的加總。

接著 x 軸設定分組的欄位「day」，y 軸為「total_bill」小費總和的加總，所以呈現的方式會是長條圖。但若 x 軸及 y 軸欄位對調，則會以橫條圖來呈現。

```
1  sns.barplot(data=tips_total, x='tip', y='day')
```

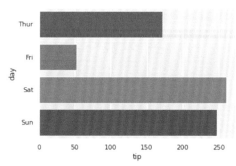

4.11.3 折線圖

折線圖是用 **sns.lineplot()** 的方法來繪製，語法為：

> **sns.lineplot(data=** 資料來源 **, x=x** 軸欄位 **, y=y** 軸欄位 **)**

這裡載入範例資料集「flights」，是某機場於 1949 到 1960 年每個月的旅客人數。

```
[ ]  1  import seaborn as sns
     2  sns.set_theme()
     3  flights = sns.load_dataset("flights")
     4  flights.head()
```

例如，我們想要用折線圖顯示其中 1960 年每月旅客人數的資料：

```
[ ]  1  filghts1960 = flights[flights['year'] == 1960]
     2  sns.lineplot(data=filghts1960, x='month', y='passengers')
```

顯示結果：

	year	month	passengers
0	1949	Jan	112
1	1949	Feb	118
2	1949	Mar	132
3	1949	Apr	129
4	1949	May	121

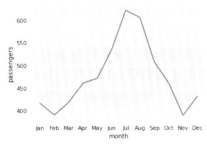

▲ 資料集前 5 筆資料　　　　▲ 篩選 1960 年資料繪折線圖

flights 為載入的資料集，這裡設定篩選值，也就是「year」欄位為 1960 的條件，將所屬的資料篩選出來。

接著 x 軸設定分組的月份欄位「month」，y 軸為旅客人數「passengers」，以折線圖的方式來呈現。

▎4.11.4 直方圖

直方圖是用 **sns.displot()** 的方法來繪製，語法為：

> **sns.displot(data=** 資料來源 **, x=x** 軸欄位 **, y=y** 軸欄位 [**,** 其他參數])

常用的參數如下：

- ■ **hue**：資料欄位或是一維陣列資料，是根據設定的值為資料分類，並利用不同的顏色加以區分。

- ■ **multiple**：設定 hue 分類的欄位後，可以設「stack」將每組資料化為堆疊圖，設「dodge」將每組資料化為分置圖。

- ■ **col** 與 **row**：可以將 col 或 row 的值設為要分類的資料欄位。col 即會以指定欄位分成數個橫向圖表；row 即會以指定欄位分成數個直向圖表。

例如，這裡載入範例資料集「tips」，查詢消費總額的次數分佈狀況：

```
[ ]    1  sns.displot(data=tips, x='total_bill')
```

如果想要查詢不同的用餐時段消費總額的次數分佈狀況：

```
[ ]    1  sns.displot(data=tips, x='total_bill', hue='time')
```

顯示結果：

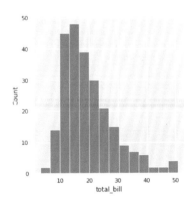
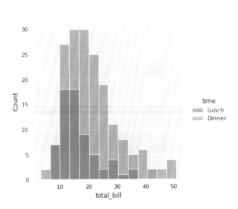

以用餐時段分類後，會將二個直方圖繪製在同一個圖表區中，一旁會自動顯示圖例。

例如，想把不同時段用餐的消費總額的次數分佈狀況，以堆疊圖的方式顯示：

```
1  # 堆疊圖
2  sns.displot(data=tips, x='total_bill', hue='time', multiple="stack")
```

如果想以分置圖的方式顯示：

```
1  # 分置圖
2  sns.displot(data=tips, x='total_bill', hue='time', multiple="dodge")
```

顯示結果：

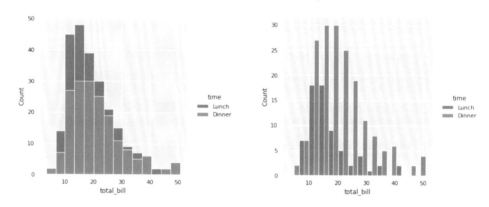

例如，想把不同時段用餐的消費總額的次數分佈狀況，在二個圖表區域同時顯示：

```
[ ]  1  sns.displot(data=tips, x='total_bill', col="time")
```

顯示結果：

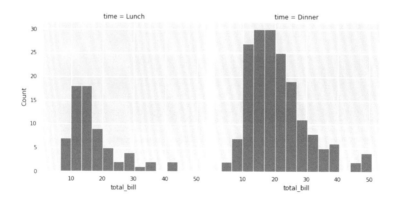

4.11.5 散佈圖

散佈圖是用 **sns.scatterplot()** 的方法來繪製，語法為：

> **sns.scatterplot(data=**資料來源**, x=**x軸欄位**, y=**y軸欄位 [**, **其他參數 **])**

常用的參數如下：

- **hue**： 資料欄位或是一維陣列資料，是根據設定的值為資料分類，並利用不同的顏色加以區分。

- **style**： 資料欄位或是一維陣列資料，是根據設定的值為資料分類，並利用不同的標記樣式加以區分。

例如，這裡載入範例資料集「tips」，想要查詢消費總額與小費金額的相關情況：

```
[ ]   1   import seaborn as sns
      2   sns.set_theme()
      3   tips = sns.load_dataset("tips")
      4   tips.head()
```

```
[ ]   1   sns.scatterplot(data=tips, x="total_bill", y="tip")
```

顯示結果：

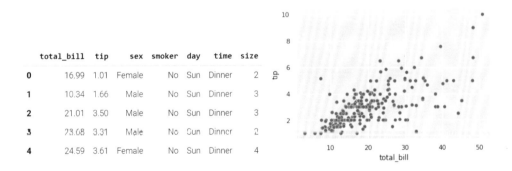

	total_bill	tip	sex	smoker	day	time	size
0	16.99	1.01	Female	No	Sun	Dinner	2
1	10.34	1.66	Male	No	Sun	Dinner	3
2	21.01	3.50	Male	No	Sun	Dinner	3
3	23.68	3.31	Male	No	Sun	Dinner	2
4	24.59	3.61	Female	No	Sun	Dinner	4

如果想要用不同顏色顯示不同用餐時段消費總額與小費金額的相關情況：

```
   1   sns.scatterplot(data=tips, x="total_bill", y="tip", hue="time")
```

如果想要用不同標記樣式顯示不同用餐時段消費總額與小費金額的相關情況：

```
1  sns.scatterplot(data=tips, x="total_bill", y="tip", style="sex"
```

顯示結果：

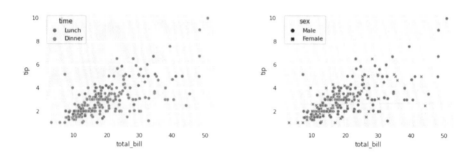

以 hue 將資料依用餐時段分類後，會用不同顏色顯示不同類別的資料；以 style 將資料依性別分類後，會用不同標記樣式顯示不同類別的資料。這二種方式都會在一旁自動顯示圖例。

如果想要同時顯示不同的用餐時段以及不同性別消費總額與小費金額的相關情況，可以將二個參數同時設定：

```
sns.scatterplot(data=tips, x="total_bill", y="tip", hue="time", style="sex")
```

顯示結果：

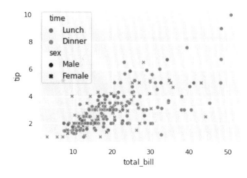

用 hue 設定用餐時段分類後，會用不同顏色顯示分佈的資料，用 style 設定用性別分類後，會用不同標記樣式顯示分佈的資料，一旁顯示的圖例會標示二個欄位以及顏色與樣式的說明。

4.11.6 線箱圖

線箱圖是用 **sns.boxplot()** 的方法來繪製，語法為：

> **sns.boxplot(data=** 資料來源 **[, x=x** 軸欄位 **, y=y** 軸欄位 **])**

例如，這裡載入範例資料集「tips」，想要查詢消費總額的分佈狀況：

```
[ ]  1  import seaborn as sns
     2  sns.set_theme(style="whitegrid")
     3  tips = sns.load_dataset("tips")
     4  sns.boxplot(data=tips["total_bill"])
```

顯示結果：

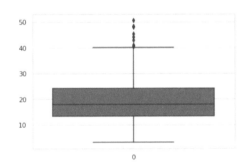

例如，想要顯示不同星期日期消費總額的分佈狀況：

```
[ ]  1  sns.boxplot(data=tips, x="day", y="total_bill")
```

顯示結果：

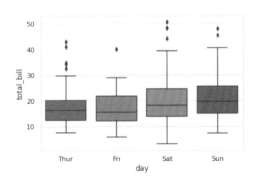

4.11.7 Seaborn 圖表中文顯示問題

Seaborn 其實是基於 Matplotlib 模組進行圖表繪製的動作，所以預設無法顯示中文。如果要解決這個問題，設定的方式也是與 Matplotlib 相同。

例如，這裡載入範例資料集「tips」後，先將資料欄位設定為中文：

```
import seaborn as sns
sns.set_theme()
tips = sns.load_dataset("tips")
tips.columns = ['消費金額','小費','性別','是否抽菸','星期幾','用餐時間','餐會規模']
tips.head()
```

接著想利用直方圖查詢消費總額的次數分佈狀況，結果會發現中文無法正確顯示：

```
[10]    1  sns.displot(data=tips, x='消費金額')
```

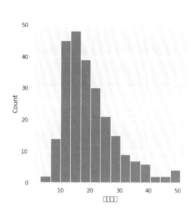

在 Colab 設定 Seaborn 的中文顯示

與 Matplotlib 相同，請在 Colab 上設定必須要上傳中文字型檔到虛擬主機的檔案資料夾之中，再進行配置的修改。

這裡以「Google - 思源正黑體」為例進行相關的設定，先下載字型：

```
!wget --content-disposition
    https://fonts.google.com/download?family=Noto%20Sans%20TC
!unzip 'Noto_Sans_TC.zip'    #解壓縮到主機目錄
```

接著使用 matplotlib.font_manager 模組註冊中文字型，再利用 Matplotlib 的 rc() 函式指定中文字型參數即可：

```
[ ]    1   # 修正Seaborn中文顯示問題
       2   import matplotlib
       3   from matplotlib.font_manager import fontManager
       4   fontManager.addfont('NotoSansTC-Regular.otf')
       5   matplotlib.rc('font', family='Noto Sans TC')
```

如下原來圖表中無法正確顯示的文字，都成功的變成中文了喔！

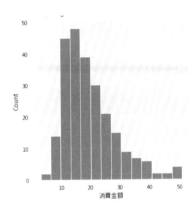

在本機設定 Seaborn 的中文顯示

若是在本機執行，可以使用系統的中文，只要利用 Matplotlib 的 rcParam 參數值修改預設配置，即能讓 Seaborn 圖表裡的中文字正常顯示。

請加入以下的設定即可：

```
...
import matplotlib as plt
# 設定中文字型及負號正確顯示
plt.rcParams["font.sans-serif"] = "Microsoft JhengHei" #微軟正黑體
plt.rcParams["axes.unicode_minus"] = False
...
```

05
CHAPTER

資料預處理：資料清洗及圖片增量

資料清洗處理

資料科學的應用是以大量的原始數據做為基礎，如果在原始數據中存在著資料不完整、格式不一致，或是出現異常資料，就很難建立高品質的資料模型，甚至會導致未來在應用上的錯誤與偏差。

5.1.1 資料處理的相關工作

資料在收集時常常會包含一些不合乎要求的內容，例如資料欄位沒有值、資料重複、或是資料的值明顯不合常理等，這些內容都必須先進行處理，否則運用這些資料將會產生不正確的結果。

在這裡將使用 < 學生月考成績檔 .csv> 來進行資料的預處理，這是一個班級學生的月考資料集。

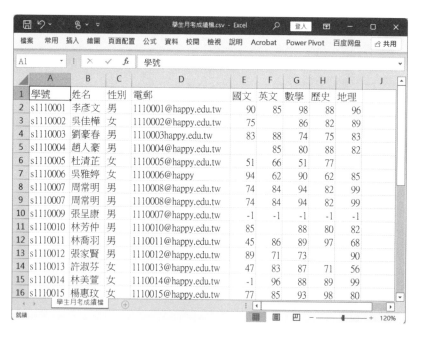

○ **注意**：若在 Colab 執行程式時，必須先將 CSV 檔案上傳到虛擬主機資料夾。

首先使用 Pandas 的 read_csv() 將資料讀入為 DataFrame 物件後顯示資料的內容：

```
[64]  1  import pandas as pd
      2  df = pd.read_csv('學生月考成績檔.csv')
      3  df.head(10)
```

	學號	姓名	性別	電郵	國文	英文	數學	歷史	地理	🪄
0	s1110001	李彥文	男	1110001@happy.edu.tw	90.0	85.0	98.0	88.0	96.0	
1	s1110002	吳佳樺	女	1110002@happy.edu.tw	75.0	NaN	86.0	82.0	89.0	
2	s1110003	劉豪春	男	1110003happy.edu.tw	83.0	88.0	74.0	75.0	83.0	
3	s1110004	趙人豪	男	1110004@happy.edu.tw	NaN	85.0	80.0	88.0	82.0	
4	s1110005	杜清芷	女	1110005@happy.edu.tw	51.0	66.0	51.0	77.0	NaN	
5	s1110006	吳雅婷	女	1110006@happy	94.0	62.0	90.0	62.0	85.0	
6	s1110007	周常明	男	1110008@happy.edu.tw	74.0	84.0	94.0	82.0	99.0	
7	s1110007	周常明	男	1110008@happy.edu.tw	74.0	84.0	94.0	82.0	99.0	
8	s1110009	張呈康	男	1110007@happy.edu.tw	-1.0	-1.0	-1.0	-1.0	-1.0	
9	s1110010	林芳仲	男	1110010@happy.edu.tw	85.0	NaN	88.0	80.0	82.0	

Pandas 提供了許多資料觀察以及相關處理的函式，常用的函式如下：

函式	功能說明
info()	顯示 DataFrame 所包含的內容資訊
describe()	顯示 DataFrame 資料相關統計數據
isnull()	篩選資料欄位為空值的記錄
dropna()	刪除資料欄位為空值的記錄
fillna()	填值到空值欄位
duplicated()	檢測 DataFrame 中重複的記錄
drop_duplicates()	刪除重複的記錄

在進行資料處理之前，應該要先觀察資料的內容。建議先使用 DataFrame 的 info() 以及 describe() 函式，除了查看資料集的內容，還能以數據欄位的統計值對資料的內容進行了解。

取得資料集的資料摘要：df.info()

使用 df.info() 函式用於獲取 DataFrame 的簡要摘要，包括索引及每個欄位的資料型態，非空值 (non-null) 和記憶體的使用情況，在對數據資料進行探索性分析時會非常方便。

```
[3]   1  df.info()

<class 'pandas.core.frame.DataFrame'>
RangeIndex: 30 entries, 0 to 29                    ┌─ 資料筆數及索引值範圍
Data columns (total 9 columns):                    ┌─ 資料欄位數
 #   Column  Non-Null Count  Dtype                 ┌─ 資料欄位資訊名稱
---  ------  --------------  -----
 0   學號      30 non-null     object    ◄
 1   姓名      30 non-null     object
 2   性別      30 non-null     object
 3   電郵      30 non-null     object
 4   國文      28 non-null     float64
 5   英文      30 non-null     int64              ┌─ 資料欄位內容
 6   數學      29 non-null     float64
 7   歷史      29 non-null     float64
 8   地理      29 non-null     float64    ◄
dtypes: float64(4), int64(1), object(4)
memory usage: 2.2+ KB      ◄                        ┌─ 記憶體使用
```

舉例來說，在上面的範例裡總記錄筆數是 30，其中「國文」的欄位只有 28 筆非空值，也就是說有 2 筆資料是空值。

取得資料集的資料摘要：df.describe()

使用 df.describe() 函式用於產生資料的描述性統計數據，用來觀察數據集分佈的集中趨勢，分散和形狀，資料之中不包括空值。例如，請使用剛才載入資料的 DataFrame，使用 describe() 函式顯示摘要資料：

```
[4]   1  df.describe()
```

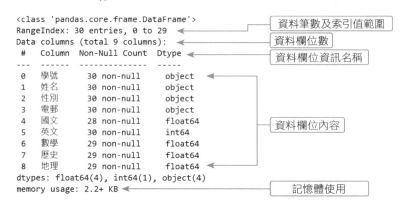

	國文	英文	數學	歷史	地理
count	28.000000	30.000000	29.000000	29.000000	29.000000
mean	70.071429	76.766667	75.793103	76.793103	76.068966
std	24.452416	19.162973	21.645487	22.266854	25.516005
min	-1.000000	-1.000000	-1.000000	-1.000000	-1.000000
25%	64.750000	68.000000	63.000000	62.000000	70.000000
50%	77.500000	84.000000	83.000000	82.000000	83.000000
75%	86.000000	88.000000	90.000000	93.000000	91.000000
max	94.000000	97.000000	99.000000	99.000000	99.000000

- **注意**：如果 DataFrame 中的欄位資料型態包含了數值及字串，在使用 describe() 函式時預設返回的資料會是**數值**型態資料欄位的摘要資料。

返回的資料是資料集中數值資料欄位的統計數據，說明如下：

■ **count**：欄位資料的 **計次**，也就是資料的個數。

■ **mean**：欄位資料的 **平均值**。

■ **std**：欄位資料的 **標準差**。

■ **min**：欄位資料的 **最小值**。

■ **max**：欄位資料的 **最大值**。

■ **25%**：欄位資料 **25% 百分位數**，也就是資料由小到大第 25% 的數。

■ **50%**：欄位資料 **50% 百分位數**，也就是資料由小到大第 50% 的數，也就是 **中位數**。

■ **75%**：欄位資料 **75% 百分位數**，也就是資料由小到大第 75% 的數。

5.1.2 缺失值處理

通常資料清洗的第一步是檢查資料是否含有缺失值，因為若資料含有缺失值，常會造成後續資料處理程序產生錯誤。

在剛才的操作中使用 df.info() 觀察過資料集中每個欄位的資料，包含了每個欄位中非空值的資料筆數，如果與資料總數不相等，其差值即為缺失值的數量。

```
1  df.info()
```

```
<class 'pandas.core.frame.DataFrame'>
RangeIndex: 30 entries, 0 to 29          ← 資料總筆數
Data columns (total 9 columns):
 #   Column  Non-Null Count  Dtype

 0   學號      30 non-null     object
 1   姓名      30 non-null     object
 2   性別      30 non-null     object
 3   電郵      30 non-null     object
 4   國文      28 non-null     float64   ┐
 5   英文      30 non-null     int64     │ ← 資料有缺失欄位
 6   數學      29 non-null     float64   │
 7   歷史      29 non-null     float64   ┘
 8   地理      29 non-null     float64
```

顯示有空值的資料：**df.isnull()**

如果想要顯示欄位有空值的資料記錄，可以使用 df.isnull() 函式，語法為：

> 條件變數 = DataFrame 變數 .isnull(). 空值型態 (axis='columns')
> DataFrame 變數 [條件變數]

- **空值型態**：空值型態可能值有兩種：「all」表示資料所有欄位都是空值才符合條件，「any」表示資料任何欄位有空值就符合條件。

例如，條件變數為 condition，任何欄位有空值的資料：

```
[ ]   1  condition = df.isnull().any(axis='columns')
      2  df[condition]
```

	學號	姓名	性別	電郵	國文	英文	數學	歷史	地理
1	s1110002	吳佳樺	女	1110002@happy.edu.tw	75.0	NaN	86.0	82.0	89.0
3	s1110004	趙人豪	男	1110004@happy.edu.tw	NaN	85.0	80.0	88.0	82.0
4	s1110005	杜清芷	女	1110005@happy.edu.tw	51.0	66.0	51.0	77.0	NaN
9	s1110010	林芳仲	男	1110010@happy.edu.tw	85.0	NaN	88.0	80.0	82.0
11	s1110012	張家賢	男	1110012@happy.edu.tw	89.0	71.0	73.0	NaN	90.0
20	s1110021	林昆輝	男	1110021@happy.edu.tw	69.0	66.0	NaN	95.0	84.0
23	s1110024	吳嘉嬌	女	1110024@happy.edu.tw	NaN	55.0	72.0	52.0	52.0

移除有空值的資料：**df.dropna()**

有空值的資料該如何處理呢？根據資料狀況，通常有兩種方式：**移除空值資料**或**填補空值資料**。

處理空值資料最簡單的方式是將含有空值的資料刪除。這種方式適用於資料數量龐大的情況，因為資料很多，刪除少量含有空值的資料不會影響資料分析結果。

刪除空值資料的語法為：

> **DataFrame** 變數 **.dropna(how=** 空值型態 **, thresh=** 數值 **, subset=** 欄位串列 **)**

- **how**：非必填，可能值有兩種：「all」表示資料所有欄位都是空值才刪除資料，「any」為預設值，表示資料任何欄位有空值就刪除資料。

■ **thresh**：非必填，表示非空值欄位小於參數值就刪除資料。

■ **subset**：非必填，參數值是欄位名稱組成的串列，表示在串列中的欄位若有空值就刪除資料。

例如，刪除含空值的資料後更新回 df，再顯示資料資訊：

```
[26]    1  df = pd.read_csv('學生月考成績檔.csv')
        2  df = df.dropna()
        3  df.info()
```

```
<class 'pandas.core.frame.DataFrame'>
Int64Index: 23 entries, 0 to 29          ┌── 已刪除空值資料
Data columns (total 9 columns)
 #   Column   Non-Null Count   Dtype
---  ------   --------------   -----
 0   學號       23 non-null      object
 1   姓名       23 non-null      object
 2   性別       23 non-null      object
 3   電郵       23 non-null      object    ┌── 已沒有缺失資料
 4   國文       23 non-null      float64  ◄──┘
 5   英文       23 non-null      float64
 6   數學       23 non-null      float64
 7   歷史       23 non-null      float64
 8   地理       23 non-null      float64
```

空值資料填補 :df.fillna()

如果資料數量不多，希望所有資料都能保留，就要給予空值資料適當的值，避免資料分析時產生錯誤。

空值資料填補的語法為：

> **DataFrame 變數 .fillna(value= 數值 , method= 填充位置 , axis= 列或行)**

■ **value**：此參數可以是固定數值，也可以使用 DataFrame 的統計函式來取得計算結果。例如平均值 mean()、中位數 median()、最大值 max()、最小值 min() 等。例如考試成績常會填補平均值，如此資料分析時就不會影響平均成績。設定此參數時，「value=」可以省略。

■ **method**：此參數可以設定以鄰近資料來填補。參數值為「backfill」或「bfill」表示以下一個資料填補，參數值為「ffill」或「pad」表示以上一個資料填補。

■ **axis**：非必填，若有設定 method 參數則可以此參數設定填補是列或行。參數值為「index」或「0」表示以列資料填補，此為預設值；參數值為「columns」或「1」表示以行資料填補。

○ **注意：** value 及 method 參數只能設定一個，若兩個都設定，執行會產生錯誤。

例如，在原來範例中把所有空值資料以該欄位的平均值填充：

```
[46]  1  df = pd.read_csv('學生月考成績檔.csv')
      2  df['國文'] = df['國文'].fillna(df['國文'].mean())
      3  df['英文'] = df['英文'].fillna(df['英文'].mean())
      4  df['數學'] = df['數學'].fillna(df['數學'].mean())
      5  df['歷史'] = df['歷史'].fillna(df['歷史'].mean())
      6  df['地理'] = df['地理'].fillna(df['地理'].mean())
      7  df
```

	學號	姓名	性別	電郵	國文	英文	數學	歷史	地理
0	s1110001	李彥文	男	1110001@happy.edu.tw	90.000000	85.000000	98.000000	88.000000	96.000000
1	s1110002	吳佳樺	女	1110002@happy.edu.tw	75.000000	73.678571	86.000000	82.000000	89.000000
2	s1110003	劉豪春	男	1110003@happy.edu.tw	83.000000	88.000000	74.000000	75.000000	83.000000
3	s1110004	趙人豪	男	1110004@happy.edu.tw	69.964286	85.000000	80.000000	88.000000	82.000000
4	s1110005	杜清芷	女	1110005@happy.edu.tw	51.000000	66.000000	51.000000	77.000000	76.896552
5	s1110006	吳雅婷	女	1110006@happy.edu.tw	94.000000	62.000000	90.000000	62.000000	85.000000

○ **注意**：這裡是以平均值進行填充，所以欄位的資料型態必須是「數值」。

例如，想將所有空值資料變更為下一個列的資料：

```
[42]  1  df = pd.read_csv('學生月考成績檔.csv')
      2  df.fillna(method='backfill')
```

	學號	姓名	性別	電郵	國文	英文	數學	歷史	地理
0	s1110001	李彥文	男	1110001@happy.edu.tw	90.0	85.0	98.0	88.0	96.0
1	s1110002	吳佳樺	女	1110002@happy.edu.tw	75.0	88.0	86.0	82.0	89.0
2	s1110003	劉豪春	男	1110003@happy.edu.tw	83.0	88.0	74.0	75.0	83.0
3	s1110004	趙人豪	男	1110004@happy.edu.tw	51.0	85.0	80.0	88.0	82.0
4	s1110005	杜清芷	女	1110005@happy.edu.tw	51.0	66.0	51.0	77.0	85.0
5	s1110006	吳雅婷	女	1110006@happy.edu.tw	94.0	62.0	90.0	62.0	85.0
6	s1110007	周常明	男	1110008@happy.edu.tw	74.0	84.0	94.0	82.0	99.0
7	s1110007	周常明	男	1110008@happy.edu.tw	74.0	84.0	94.0	82.0	99.0

5.1.3 重複資料處理

有時資料中會有完全相同的資料，可以使用 **df.duplicated()** 函式找出來，例如：

```
[47]  1  df = pd.read_csv('學生月考成績檔.csv')
      2  df.duplicated()
```

```
0    False
1    False
2    False
3    False
4    False
5    False
6    False
7    True
8    False
```

Pandas 會檢查 DataFrame 中每一筆資料是否有重複，若是 True 即為重複資料。如果將回傳值當作篩選值，到 DataFrame 中即可調出重複的資料顯示出來。

```
[40]  1  df[df.duplicated()]
```

	學號	姓名	性別	電郵	國文	英文	數學	歷史	地理	✏️
7	s1110007	周常明	男	1110008@happy.edu.tw	74.0	84.0	94.0	82.0	99.0	

可以使用 **df.drop_duplicates()** 函式刪除重複資料，語法為：

> **DataFrame 變數 .drop_duplicates([keep= 刪除型態 , ignore_index= 布林值])**

■ **keep**：非必填，是設定要保留哪一筆資料。可能值有三種：「first」表示保留第一個重複資料，其餘刪除，「last」表示保留最後一個重複資料，其餘刪除，「False」表示不保留，刪除全部重複資料。預設值為 first。

■ **ignore_index**：非必填，是設定刪除後是否重新建立索引值：True 表示重新建立索引，False 表示不會重新建立索引。預設值為 False。

例如，刪除重複資料後再顯示資料內容，如下可見資料筆數已經少了一筆：

```
[41]  1  df = df.drop_duplicates()
      2  df.info()
```

```
<class 'pandas.core.frame.DataFrame'>
Int64Index: 29 entries, 0 to 29
```

5.1.4 異常值處理

異常值 是指數值資料中含有某些特別大或特別小的值，**注意：只有數值型欄位資料才存在異常值的問題。**

尋找異常值資料的方法很多，較常用的方法是「箱形圖」法。以下以 12 個資料「32,40,41,41,39,40,40,42,50,40,40,41,41,42,58」做為範例說明「線箱圖」法的步驟：

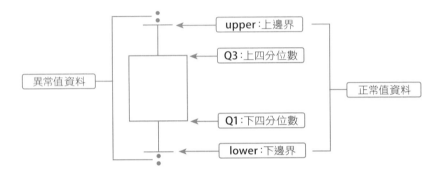

1. 將資料由小到大排序：「32,39,40,40,40,40,41,41,42,42,50,58」。

2. 計算 Q1(下四分位數)：前 6 個資料中位數 =(40+40)/2=40。

3. 計算 Q3(上四分位數)：後 6 個資料中位數 =(42+42)/2=42。

4. 計算 IQR (四分位間距)：Q3 - Q1 = 2。

5. 計算 lower (下邊界)：Q1 - 1.5 * IQR = 40 - 1.5 * 2 = 37。

6. 計算 upper (上邊界)：Q3 + 1.5 * IQR = 42 + 1.5 * 2 = 45。

7. 大於上邊界或小於下邊界者為異常：「32、50、58」為異常值。

例如，將原範例中的資料去除缺失值，再將「國文」一科中的異常值數量及資料挑選顯示出來：

```
[44]  1  df = pd.read_csv('學生月考成績檔.csv')
      2  df = df.dropna()
      3  colname = '國文'
      4  Q1 = df[colname].quantile(0.25)
      5  Q3 = df[colname].quantile(0.75)
      6  IQR = Q3 - Q1
      7  upper = Q3 + 1.5 * IQR
      8  lower = Q1 - 1.5 * IQR
```

```
 9   df1 = df[(df[colname]<lower) | (df[colname]>upper)]
10   print(df1.shape[0])
11   df1
```

程式說明

4	取得下四分位數。「df[colname].quantile(0.25)」為計算由小到大排序後第 25% 的資料，即前 50% 資料的中位數，故為下四分位數。
5	取得上四分位數。同理，由小到大排序後第 75% 的資料，即後 50% 資料的中位數，故為上四分位數。
6	計算四分位間距。
7-8	分別計算上邊界及下邊界。
9	取得異常值資料。
10	列印異常值資料數量。
11	顯示異常值資料。

> **異常值資料不一定是無用的資料**
>
> 在許多的資料分析案例中，異常值的資料表示指定欄位的值特別好或是特別差。例如在銷售資料表中某個產品某個月的銷量特別的好，已經落入異常值的範圍，其實應該要進一步探討其中的原因，做為未來經營的參考。
>
> 至於分析時要將這些異常值資料刪除或保留，則由使用者根據實際的狀況與需求進行決定。

5.2 資料檢查

有些資料雖然看起來完整無缺，卻是不合常理，例如學生成績資料集，各科分數應在 0 分到 100 分之間，若成績出現負數或 100 分以上，顯然是不合理的分數；又如資料集中的電子郵件欄位，若其客戶郵件格式不正確，將來利用此資料集寄送資料給客戶時，客戶將不會收到電子郵件。

5.2.1 範圍檢查

範圍檢查是指檢查資料數值是否在合理的範圍內，例如檢查學生成績是否在 0 分到 100 分之間，又如檢查攝氏體溫記錄是否在 34 度到 45 度之間。

回到原來範例檔 < 學生月考成績檔 .csv>，用 Pandas 讀入後去除空白值，顯示的結果中有某幾筆資料的科目分數為負數：

```
[65]  1  import pandas as pd
      2  df = pd.read_csv('學生月考成績檔.csv')
      3  df = df.dropna()
      4  df
```

	學號	姓名	性別	電郵	國文	英文	數學	歷史	地理
0	s1110001	李彥文	男	1110001@happy.edu.tw	90.0	85.0	98.0	88.0	96.0
2	s1110003	劉豪春	男	1110003happy.edu.tw	83.0	88.0	74.0	75.0	83.0
5	s1110006	吳雅婷	女	1110006@happy	94.0	62.0	90.0	62.0	85.0
6	s1110007	周常明	男	1110008@happy.edu.tw	74.0	84.0	94.0	82.0	99.0
7	s1110007	周常明	男	1110008@happy.edu.tw	74.0	84.0	94.0	82.0	99.0
8	s1110009	張呈康	男	1110007@happy.edu.tw	-1.0	-1.0	-1.0	-1.0	-1.0
10	s1110011	林喬羽	男	1110011@happy.edu.tw	45.0	86.0	89.0	97.0	68.0

以下程式會檢查所有成績數值，若成績為負值就將其更改為 0 分：

```
[63]  1  df.loc[df['國文'] < 0, '國文'] = 0
      2  df.loc[df['英文'] < 0, '英文'] = 0
      3  df.loc[df['數學'] < 0, '數學'] = 0
      4  df.loc[df['歷史'] < 0, '歷史'] = 0
      5  df.loc[df['地理'] < 0, '地理'] = 0
      6  df
```

	學號	姓名	性別	電郵	國文	英文	數學	歷史	地理	✏
0	s1110001	李彥文	男	1110001@happy.edu.tw	90.0	85.0	98.0	88.0	96.0	
2	s1110003	劉豪春	男	1110003happy.edu.tw	83.0	88.0	74.0	75.0	83.0	
5	s1110006	吳雅婷	女	1110006@happy	94.0	62.0	90.0	62.0	85.0	
6	s1110007	周常明	男	1110008@happy.edu.tw	74.0	84.0	94.0	82.0	99.0	
7	s1110007	周常明	男	1110008@happy.edu.tw	74.0	84.0	94.0	82.0	99.0	
8	s1110009	張呈康	男	1110007@happy.edu.tw	0.0	0.0	0.0	0.0	0.0	
10	s1110011	林喬羽	男	1110011@happy.edu.tw	45.0	86.0	89.0	97.0	68.0	

程式說明

▨ 1　檢查「國文」欄位中的數值是否小於 0，回傳值會是所有符合條件的索引，格式是 Serise。用 df.loc() 方式指定 DataFrame 中儲存格的值，設定這些值為 0。

▨ 2-5　用相同的方式設定其他科目欄位中的值。

▨ 6　顯示 DataFrame 中的結果。

由結果可以看到原來為負值的分數都更新為 0 了。

5.2.2 資料格式檢查

有些資料使用時必須符合特定的格式，如果資料不符合則視為無效資料，必須進行修正或刪除。例如電子郵件、信用卡號碼、身份證字號等。

通常資料格式檢查會使用 **正規表達式** (Regular Expression，簡稱 regex) 來進行。正規表達式簡單來說就是用一定的規則處理字串的方法。它能透過一些特殊符號的輔助，讓使用者輕易達到「搜尋 / 取代」資料中某些特定字串的處理。關於正規表達式的使用方式，請自行參考相關資料。

在字串中尋找指定格式子字串的語法為：

> 字串變數 .contains(pat[, case= 布林值 , na= 填補值 , regex= 布林值])

- **pat**：要尋找的子字串或正規表達式。若 regex 參數值為 False，則此參數值為要尋找的子字串；若 regex 參數值為 True，則此參數值為正規表達式。
- **case**：非必填，預設值為 True，表示尋找的子字串要區分大小寫，False 則否。
- **na**：非必填，表示若為缺失值時替換為此參數值。
- **regex**：非必填，預設值為 True，表示 pat 參數值為正規表達式，False 表示 pat 參數值為字串。

下面是檢查常用格式的正規表達式：

格式	正規表達式
電子郵件	`^([a-zA-Z0-9._%-]+@[a-zA-Z0-9.-]+\.[a-zA-Z]{2,4})*$`
URL 網址	`^(?:(https?|ftp):\/\/)?((?:[a-zA-Z0-9.\-]+\.)+(?:[a-zA-Z0-9]{2,4}))((?:/[\w+=%&.~\-]*)*)\??([\w+=%&.~\-]*)$`
IP 位址	`^((?:(?:25[0-5]|2[0-4][0-9]|[01]?[0-9][0-9]?)\.){3}(?:25[0-5]|2[0-4][0-9]|[01]?[0-9][0-9]?))*$`
身份證字號	`^[A-Za-z][1-2]\d{8}$`
手機號碼	`^09\d{2}-?\d{3}-?\d{3}$`
Visa 信用卡	`^(4[0-9]{12}(?:[0-9]{3})?)*$`
MasterCard 信用卡	`^(5[1-5][0-9]{14})*$`

例如，在範例檔 < 學生月考成績檔 .csv> 中有 2 筆資料的電子郵件資料不符合格式：

	學號	姓名	性別	電郵	國文	英文	數學	歷史	地理	
0	s1110001	李彥文	男	1110001@happy.edu.tw	90.0	85.0	98.0	88.0	96.0	
2	s1110003	劉豪春	男	1110003happy.edu.tw	83.0	88.0	74.0	75.0	83.0	
5	s1110006	吳雅婷	女	1110006@happy	94.0	62.0	90.0	62.0	85.0	
6	s1110007	周常明	男	1110008@happy.edu.tw	74.0	84.0	94.0	82.0	99.0	

以下程式可篩選出電子郵件欄位格式不符的資料：

```
[70]  1  import pandas as pd
      2  df = pd.read_csv('學生月考成績檔.csv')
      3  column = '電郵'
      4  condition = df[column].str.contains(
      5      r'^([a-zA-Z0-9._%-]+@[a-zA-Z0-9.-]+\.[a-zA-Z]{2,4})*$',
      6      regex=True)
      7  df[~condition]
```

	學號	姓名	性別	電郵	國文	英文	數學	歷史	地理	
2	s1110003	劉豪春	男	1110003happy.edu.tw	83.0	88.0	74.0	75.0	83.0	
5	s1110006	吳雅婷	女	1110006@happy	94.0	62.0	90.0	62.0	85.0	

程式說明

■ 3　　　　設定要檢查的資料欄位。

■ 4-6　　　以正規表達式找出所有符合電子郵件格式的資料。

■ 7　　　　以「~」去除符合電子郵件格式資料，顯示不符合電子郵件格式的資料。

找到不合格式的資料後，使用者可視需求予以修正或將這些資料刪除。

5.3 資料合併

資料收集的過程中常會將不同的資料分布在不同檔案中,可以使用 Pandas 讀取後再將資料合併。Pandas 提供 append()、concat() 及 merge() 函式進行資料的附加、串接與融合。

本節範例使用的資料如下:

	座號	國文	數學	自然
0	1	58	40	45
1	2	48	46	55
2	3	81	89	74

▲ score_1.csv

	座號	國文	數學	自然
0	4	43	51	75
1	5	69	60	73

▲ score_2.csv

	座號	國文	數學	社會
0	4	100	42	95
1	5	78	90	47
2	6	98	58	67

▲ score_3.csv

	座號	英文	社會	公民
0	1	63	72	96
1	2	52	50	71
2	3	46	71	59
3	4	96	48	43
4	5	72	53	64

▲ score_4csv

	座號	英文	社會	公民
0	1	63	72	96
1	1	96	48	43
2	1	72	53	64
3	2	52	50	71
4	3	46	71	59

▲ score_5.csv

	座號	英文	數學	公民
0	1	63	72	96
1	2	52	50	71
2	3	46	71	59
3	4	96	48	43
4	5	72	53	64

▲ score_6.csv

5.3.1 資料附加

資料附加是最簡單的資料合併方法,功能是將資料加在原始資料後方。

資料附加的語法為:

```
DataFrame 變數 1.append(DataFrame 變數 2, ignore_index= 布林值 )
```

- **ignore_index**:非必填,設定資料附加後是否重新建立索引值:True 表示重新建立索引,False 是預設值,表示不會重新建立索引。

例如，將 <score_2.csv> 附加到 <score_1.csv> 之後並重新建立索引：

```
[2]  1  import pandas as pd
     2  df1 = pd.read_csv('score_1.csv')
     3  df2 = pd.read_csv('score_2.csv')
     4  df1.append(df2, ignore_index=True)
```

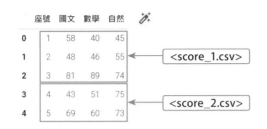

資料附加時若有欄位不相符時，會保留所有欄位，原始資料中沒有的欄位資料會以空值填充。

例如，<score_1.csv> 有國文、數學、自然三科，<score_3.csv> 有國文、數學、社會三科，則附加後自然及社會科都會保留，原來沒有的資料會以空值填充。

```
[4]  1  import pandas as pd
     2  df1 = pd.read_csv('score_1.csv')
     3  df2 = pd.read_csv('score_3.csv')
     4  df1.append(df2, ignore_index=True)
```

	座號	國文	數學	自然	社會
0	1	58	40	45.0	NaN
1	2	48	46	55.0	NaN
2	3	81	89	74.0	NaN
3	4	100	42	NaN	95.0
4	5	78	90	NaN	47.0
5	6	98	58	NaN	67.0

原始資料中沒有的欄位資料會以空值填充

5.3.2 資料串接

資料串接的功能與資料附加雷同，也是將資料加在原始資料後方，只是多了參數可以指定欄位合併的方式。

資料串接的語法為：

> **pd.concat([DataFrame 變數 1, DataFrame 變數 2],**
> **ignore_index= 布林值 , join= 合併方式)**

- ■ **ignore_index**：非必填，是設定資料附加後是否重新建立索引值。
- ■ **join**：非必填，設定值如下：
  - ● **outer**：意義為「聯集」，會保留所有欄位與 append 效果相同，此為預設值。
  - ● **inner**：意義為「交集」，只會保留共同欄位資料。

例如，將 <score_2.csv> 串接到 <score_1.csv> 之後並重新建立索引：

```
[2]  1  import pandas as pd
     2  df1 = pd.read_csv('score_1.csv')
     3  df2 = pd.read_csv('score_2.csv')
     4  df1.append(df2, ignore_index=True)
```

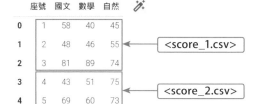

結果與資料附加完全相同。

如果資料表欄位內容不相等，結果會因結合方式而不同。例如，<score_1.csv> 有國文、數學、自然三科，<score_3.csv> 有國文、數學、社會三科，在串接時設定 join 參數為 inner (交集)，只有共同的國文及數學科會保留：

```
[7]  1  import pandas as pd
     2  df1 = pd.read_csv('score_1.csv')
     3  df2 = pd.read_csv('score_3.csv')
     4  pd.concat([df1,df2], ignore_index=True, join='inner')
```

	座號	國文	數學	
0	1	58	40	
1	2	48	46	
2	3	81	89	
3	4	100	42	
4	5	78	90	
5	6	98	58	

5.3.3 資料融合

資料融合是功能最強大的資料合併方式，也是使用最多的資料合併方式。

資料融合的語法為：

```
pd.merge(DataFrame 變數 1, DataFrame 變數 2
         , left_on= 欄位 , right_on= 欄位 , on= 欄位
         , suffixes=[ 後綴 1, 後綴 2,……], how= 合併方式 )
```

■ **left_on**：非必填，設定第一個資料集合併欄位基準。

■ **right_on**：非必填，設定第二個資料集合併欄位基準。

■ **on**：非必填，設定兩個資料集共同合併欄位基準。

■ **suffixes**：非必填，設定值是一個串列。如果要合併的資料集有相同名稱的欄位，此設定值是為合併後的相同名稱欄位加上後綴文字做為區別。

■ **how**：非必填，可能值有四種：

● **outer**：意義為「聯集」，會保留所有欄位。

● **inner**：意義為「交集」，只會保留共同欄位資料。此為預設值。

● **left**：保留第一個資料集所有欄位資料。

● **right**：保留第二個資料集所有欄位資料。

一對一融合

例如，<score_1.csv> 有國文、數學、自然三科，<score_4.csv> 有英文、社會、公民三科，系統會自動以共同的「座號」欄位進行融合。預設是以「inner（交集）」融合，即共同的座號才保留。

```
[2]  1  import pandas as pd
     2  df1 = pd.read_csv('score_1.csv')
     3  df2 = pd.read_csv('score_4.csv')
     4  pd.merge(df1,df2) #一對一
```

	座號	國文	數學	自然	英文	社會	公民
0	1	58	40	45	63	72	96
1	2	48	46	55	52	50	71
2	3	81	89	74	46	71	59

保留座號欄位的共同部分

若是要以「outer（聯集）」融合，可加入「how='outer'」參數：所有座號都保留，缺失的欄位資料以空值填充。

```
[3]  1  import pandas as pd
     2  df1 = pd.read_csv('score_1.csv')
     3  df2 = pd.read_csv('score_4.csv')
     4  pd.merge(df1,df2, how='outer') #一對一
```

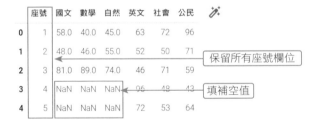

	座號	國文	數學	自然	英文	社會	公民
0	1	58.0	40.0	45.0	63	72	96
1	2	48.0	46.0	55.0	52	50	71
2	3	81.0	89.0	74.0	46	71	59
3	4	NaN	NaN	NaN	96	48	43
4	5	NaN	NaN	NaN	72	53	64

保留所有座號欄位

填補空值

多對一融合

例如，<score_1.csv> 有一個座號 1 的資料，<score_5.csv> 有三個座號 1 的資料，融合後會保留三個座號 1 的資料，且複製 <score_1.csv> 座號 1 的資料來補足。

```
[5]  1  import pandas as pd
     2  df1 = pd.read_csv('score_1.csv')
     3  df2 = pd.read_csv('score_5.csv')
     4  pd.merge(df1,df2) #多對一
```

	座號	國文	數學	自然	英文	社會	公民
0	1	58	40	45	63	72	96
1	1	58	40	45	66	48	43
2	1	58	40	45	72	53	64
3	2	48	46	55	52	50	71
4	3	81	89	74	46	71	59

保留三個座號 1 資料

複製資料填補

指定融合參考欄位

在 <score_1.csv> 與 <score_6.csv> 這兩個資料集有座號及數學兩個共同欄位，此時必須以 left_on 及 right_on 參數指定融合參考欄位，系統才能進行融合。例如，以「座號」進行融合，融合後系統會自動為相同的欄位名稱後面加上「_x」及「_y」後綴做為區別：

```
[6]  1  import pandas as pd
     2  df1 = pd.read_csv('score_1.csv')
     3  df2 = pd.read_csv('score_6.csv')
     4  pd.merge(df1,df2, left_on='座號', right_on='座號')
```

	座號	國文	數學_x	自然	英文	數學_y	公民
0	1	58	40	45	63	72	96
1	2	48	46	55	52	50	71
2	3	81	89	74	46	71	59

自訂欄位名稱後綴文字

在剛才的範例中，Pandas 自動為相同欄位名稱加上的後綴常不符需求，可使用「suffixes」參數自行設定後綴文字。例如，將前面範例後綴改為「_自」及「_社」，表示自然組數學及社會組數學：

```
[7]  1  import pandas as pd
     2  df1 = pd.read_csv('score_1.csv')
     3  df2 = pd.read_csv('score_6.csv')
     4  pd.merge(df1, df2
     5          , left_on='座號'
     6          , right_on='座號'
     7          , suffixes=['_自','_社'])
```

	座號	國文	數學_自	自然	英文	數學_社	公民
0	1	58	40	45	63	72	96
1	2	48	46	55	52	50	71
2	3	81	89	74	46	71	59

若是 left_on 及 right_on 參數指定的欄位名稱相同，可使用「on」參數來簡化程式。以下程式執行結果與上面程式相同：

```
[8]  1  import pandas as pd
     2  df1 = pd.read_csv('score_1.csv')
     3  df2 = pd.read_csv('score_6.csv')
     4  pd.merge(df1,df2, on='座號', suffixes=['_自','_社'])
```

	座號	國文	數學_自	自然	英文	數學_社	公民
0	1	58	40	45	63	72	96
1	2	48	46	55	52	50	71
2	3	81	89	74	46	71	59

5.4 樞紐分析表

樞紐分析表 是具有交互功能的表格，可以將資料分成群組、以不同的方式來檢視。善用樞紐分析表的功能，可以顯示不同的資料檢視，進而比較、顯示且分析資料。樞紐分析表可以動態改變版面配置，以便按照不同方式分析資料；也可以重新安排欄、列標籤和篩選欄位。

5.4.1 樞紐分析表語法

樞紐分析表的語法為：

```
pd.pivot_table(DataFrame 變數 , index= 列欄位 , columns= 行欄位 ,
    values= 分析欄位 , margins= 布林值 , margins_name= 字串 ,
    aggfunc= 統計項目 , fill_value= 值 , dropna= 布林值 )
```

- **index**：此參數為必要參數，是一個串列，功能是設定要分析的「列」欄位。若有多個列欄位，結果會以巢狀方式呈現。

- **columns**：非必填，是一個串列，功能是設定要分析的「行」欄位。若有多個行欄位，結果會以巢狀方式呈現。

- **values**：非必填，是一個串列，功能是設定要進行統計的欄位。

- **margins**：非必填，True 時表示要計算總和，False 時表示不要計算總和。預設值為 False。

- **margins_name**：非必填，當 margins 參數為 True 時才有效，功能是設定總和欄位的名稱。預設值為「All」。

- **aggfunc**：非必填，是一個串列，功能是設定要統計的項目。常用的統計項目有 mean (平均)、sum (總和)、max (最大值)、min (最小值)、count (次數)。預設值為 mean。

- **fill_value**：非必填，功能是設定資料為空值時以此設定值填充。預設值為 None。

- **dropna**：非必填，True 時表示要刪除空值資料，False 時表示不刪除空值資料。預設值為 True。

5.4.2 樞紐分析表實作

在這裡將使用 < 商品銷售表 .csv> 來進行樞紐分析表實作。其中共有 4 個欄位，100
筆資料。「業務員」欄位有三位：張三安、李四友、王五信；「商品」欄位有三種：
冰箱、電視、筆電。

例如，以下程式會以「業務員」分組統計資料。因為沒有設定 values 參數，則除了「業
務員」以外的欄位都會統計，預設統計項目為「平均值」，此處可看到每個業務員
的各項統計資料。

```
[9]  1  import pandas as pd
     2  df1 = pd.read_csv('商品銷售表.csv')
     3  pd.pivot_table(df1, index=['業務員'])
```

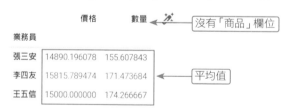

業務員	價格	數量
張三安	14890.196078	155.607843
李四友	15815.789474	171.473684
王五信	15000.000000	174.266667

沒有「商品」欄位

平均值

○ **注意**：文字資料無法進行統計運算，因此樞紐分析表不會包含文字資料欄位。

例如，將「列」欄位設為「業務員」及「商品」，則「業務員」及「商品」會以巢狀分組進行分析，可看到每個業務員對每項商品的各項統計資料。

```
[10]  1  import pandas as pd
      2  df1 = pd.read_csv('商品銷售表.csv')
      3  pd.pivot_table(df1, index=['業務員', '商品'])
```

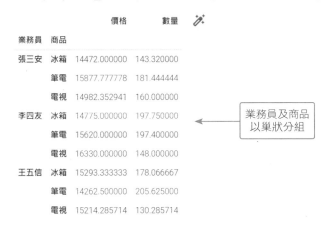

業務員	商品	價格	數量
張三安	冰箱	14472.000000	143.320000
	筆電	15877.777778	181.444444
	電視	14982.352941	160.000000
李四友	冰箱	14775.000000	197.750000
	筆電	15620.000000	197.400000
	電視	16330.000000	148.000000
王五信	冰箱	15293.333333	178.066667
	筆電	14262.500000	205.625000
	電視	15214.285714	130.285714

業務員及商品以巢狀分組

例如，將「列」欄位設為「業務員」，「行」欄位設為「商品」。統計資料與上一範例完全相同，但版面配置已不一樣，將「商品」項目移到「行」標題。

```
[11]  1  import pandas as pd
      2  df1 = pd.read_csv('商品銷售表.csv')
      3  pd.pivot_table(df1, index=['業務員'], columns=['商品'])
```

	價格			數量		
商品	冰箱	筆電	電視	冰箱	筆電	電視
業務員						
張三安	14472.000000	15877.777778	14982.352941	143.320000	181.444444	160.000000
李四友	14775.000000	15620.000000	16330.000000	197.750000	197.400000	148.000000
王五信	15293.333333	14262.500000	15214.285714	178.066667	205.625000	130.285714

如果資料的欄位很多，對每一個欄位都進行統計，不但會耗費很多資源，執行結果也會是一個龐大的表格，不易閱讀。values 參數功能是設定要統計的欄位。

例如，將「列」欄位設為「業務員」，但僅統計「數量」欄位，所以只設定 values 參數值為「數量」。

```
1  import pandas as pd
2  df1 = pd.read_csv('商品銷售表.csv')
3  pd.pivot_table(df1, index=['業務員']
4                 , columns=['商品'], values=['數量'])
```

	數量		
商品	冰箱	筆電	電視
業務員			
張三安	143.320000	181.444444	160.000000
李四友	197.750000	197.400000	148.000000
王五信	178.066667	205.625000	130.285714

再來為統計資料加上「總和」：設定 margins 參數值為「True」。

```
[13]  1  import pandas as pd
      2  df1 = pd.read_csv('商品銷售表.csv')
      3  pd.pivot_table(df1, index=['業務員'], columns=['商品']
      4                 , values=['數量'], margins=True)
```

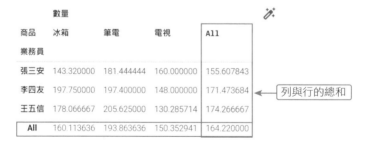

	數量			
商品	冰箱	筆電	電視	All
業務員				
張三安	143.320000	181.444444	160.000000	155.607843
李四友	197.750000	197.400000	148.000000	171.473684
王五信	178.066667	205.625000	130.285714	174.266667
All	160.113636	193.863636	150.352941	164.220000

← 列與行的總和

總和的標題預設為「All」，可使用 margins_name 參數自訂總和標題。如下圖，設定 margins_name 參數值為「總計」：

```
[14]  1  import pandas as pd
      2  df1 = pd.read_csv('商品銷售表.csv')
      3  pd.pivot_table(df1, index=['業務員'], columns=['商品']
      4                 , values=['數量'], margins=True
      5                 , margins_name='總計')
```

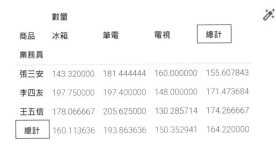

	數量			
商品	冰箱	筆電	電視	總計
業務員				
張三安	143.320000	181.444444	160.000000	155.607843
李四友	197.750000	197.400000	148.000000	171.473684
王五信	178.066667	205.625000	130.285714	174.266667
總計	160.113636	193.863636	150.352941	164.220000

預設的統計項目是「平均數」，其實還有許多統計項目可以選擇。此時就可以使用 aggfunc 參數，功能是設定要統計的項目。

例如，在剛才的範例中要再加上其他的統計值：最大值、最小值及總和，所以設定 aggfunc 參數值為「max,min,sum」。

```python
[15]  1  import pandas as pd
      2  df1 = pd.read_csv('商品銷售表.csv')
      3  pd.pivot_table(df1, index=['業務員'], columns=['商品'],
      4    values=['數量'], aggfunc=['max','min','sum'])
```

	max			min			sum			◀── 三種統計資料
	數量			數量			數量			
商品	冰箱	筆電	電視	冰箱	筆電	電視	冰箱	筆電	電視	
業務員										
張三安	285	284	242	53	60	32	3583	1633	2720	
李四友	272	294	287	84	44	65	791	987	1480	
王五信	297	294	191	37	115	46	2671	1645	912	

5.5 圖片增量

在進行機器學習時，經常需要極大量的資料以確保模型的正確性。然而在如今數位時代，大部份有價值的資料都掌握在資金雄厚的公司手中，個人開發者很難蒐集完整的資料，尤其是圖片資料更加困難。

圖片增量技術是從既有的圖片中產生出更多的圖片讓系統去學習，意即是創造更多的「假」圖片，來彌補圖片不足的缺憾。雖然是假的圖片，但也是從原始圖片內容修改產生的，而且此技術的確可解決圖片不足的困境，提昇系統訓練的準確率。

一張圖片經過旋轉、調整大小、比例尺寸，或者改變亮度、色彩、翻轉等處理後，人眼仍能辨識出來是相同的相片，但是對機器來說則是完全不同的新圖像了，因此，將既有的圖片予以修改變形，就能創造出更多的圖片來讓機器學習，彌補資料量不足的困擾。

常用的圖片增量模組有 keras ImageDataGenerator 及 augmentor 模組。

5.5.1 keras ImageDataGenerator 模組

keras 是目前非常流行的機器學習框架，其中 ImageDataGenerator 類別具有圖片增量的功能，keras ImageDataGenerator 是最常用的圖片增量模組。

Colab 預設已安裝 keras 模組，要使用圖片增量功能需先載入 ImageDataGenerator 模組，語法為：

```
from keras.preprocessing.image import ImageDataGenerator
```

接著建立 ImageDataGenerator 物件，語法為：

```
增量變數 = ImageDataGenerator( 參數 1= 值 1, 參數 2= 值 2, ……)
```

- **featurewise_center**：將輸入的特徵資料平均值設為 0。預設值為 False。
- **samplewise_center**：將每張圖片資料的平均值設為 0。預設值為 False。

■ **featurewise_std_normalization**：將輸入的資料除以標準差，依特徵逐一執行。預設值為 False。

■ **samplewise_std_normalization**：將輸入的資料除以標準差，依圖片逐一執行。預設值為 False。

■ **zca_whitening**：zca 白化效果，可對圖片降維，減少圖片冗餘訊息。預設值為 False。

■ **rotation_range**：設定圖片旋轉角度範圍。此設定並不是固定以這個角度進行旋轉，而是在 0 到設定角度範圍內進行隨機角度旋轉。後面有關設定值皆是如此：取值為在設定值範圍內取值。

■ **width_shift_range**：設定水平位置平移距離，其最大平移距離為圖片長度乘以此設定值。平移圖片的時候常會出現超出原圖範圍的區域，這部分區域會根據「fill_mode」參數的設定來進行填補。

■ **height_shift_range**：設定垂直位置平移距離，其最大平移距離為圖片高度乘以此設定值。

■ **shear_range**：設定剪切變形範圍，效果就是讓所有點的 x 坐標 (或者 y 坐標) 保持不變，而對應的 y 坐標 (或者 x 坐標) 則按比例發生平移。(下圖虛線矩形為原始圖形，實線平行四邊形是剪切變形的範例)

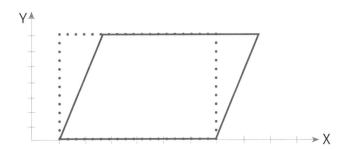

■ **zoom_range**：設定圖片縮放範圍。參數值大於 0 小於 1 時，執行的是放大操作；當參數大於 1 時，執行的是縮小操作。

■ **channel_shift_range**：設定改變圖片顏色的程度。當數值越大時，顏色變深的效果越強。

■ **horizontal_flip**：設定是否會隨機水平翻轉。預設值為 False。

■ **vertical_flip**：設定是否會隨機垂直翻轉。預設值為 False。

- **rescale**：設定對圖片的每個像素值均乘上這個參數值，這個操作在所有其他變換操作之前執行。

- **fill_mode**：設定對圖片空白處的填補方式。可能值有 constant、nearest、reflect、wrap，預設值為 nearest。經實測發現「reflect」效果最好。

接著利用 ImageDataGenerator 物件的 flow() 方法產生圖片，語法為：

```
產生變數 = 增量變數 .flow( 圖片路徑 , 參數 1= 值 1, 參數 2= 值 2, ……)
```

- **圖片路徑**：原始圖片檔案路徑。注意圖片格式必須是 numpy 陣列，且維度必須是 4 維。

- **batch_size**：每次處理的圖片數量。數值越大，處理速度越快，耗費記憶體越多。預設值為 32。

- **save_to_dir**：儲存圖片路徑。若設定此參數會將產生的圖片存檔，若未設定此參數，產生的圖片不會存檔。

- **save_prefix**：儲存圖片檔名前綴字串。當圖片存檔時程式會自動產生隨機檔名，這個參數可以為這些隨機檔名加上前綴字串，在管理上更容易識別。

- **save_format**：儲存圖片格式，可能值為 png 或 jpg。預設值為 png。

取得產生圖片的語法為：

```
圖片變數 = 產生變數 [0][0, :, :, :].astype(np.uint8)
```

圖片自動產生

ImageDataGenerator 物件參數頗多，可以僅設定一個變形參數來觀看其產生的圖片效果。以下程式設定「shear_range=50.0」讓使用者觀看圖片剪切效果。

```python
1  from keras.preprocessing.image import ImageDataGenerator
2  import matplotlib.pyplot as plt
3  import numpy as np
4  import cv2
5
6  imgGen = ImageDataGenerator(shear_range=50.0, fill_mode='reflect')
7  n = 5
8  img = cv2.imread('cat.jpg')
9  img = cv2.cvtColor(img, cv2.COLOR_BGR2RGB) #BGR轉成RGB
10 img_sr = img.copy()
11 img = np.array(img, dtype=np.float32)
12 img = np.expand_dims(img, 0) #輸入圖片要是四維
13 flowGen = imgGen.flow(img, batch_size=10)
14
15 plt.figure(figsize=(20,10))
16 plt.subplot(1, n+1, 1)
17 plt.imshow(img_sr)
18 for i in range(n):
19     img = flowGen[0][0, :, :, :].astype(np.uint8)
20     plt.subplot(1, n+1, i+2)
21     plt.imshow(img)
22     plt.axis('off')
```

最左方圖片為原始圖片，右方 5 張為產生的圖片。

程式說明

■ 6　　建立剪切變形的 ImageDataGenerator 物件。

■ 7　　設定產生的圖片數量。

■ 8　　讀取原始圖片。

■ 9　　OpenCV 顏色使用 BGR，要轉換為 RGB 才能顯示正確顏色。

- ■ 10　　　保留原始圖片複本，做為變形後的圖片對照。
- ■ 11　　　將圖片轉為 numpy 陣列格式。
- ■ 12　　　彩色圖片是 3 維，flow 方法的圖片必須是 4 維，此列程式將圖片增加 1 維成為 4 維。
- ■ 13　　　使用 flow 方法建立產生變數。
- ■ 15-16　　顯示原始圖片做為對照。
- ■ 18-22　　利用迴圈產生 5 張圖片並顯示。

使用者可修改參數值觀看參數值大小的影響，要觀察其他效果可修改第 6 列程式參數設定，例如：

```
imgGen = ImageDataGenerator(rotation_range=60.0, fill_mode='reflect')
```

可觀看旋轉效果，執行結果為：

儲存自動產生的圖檔

如果要將產生的圖片存檔，可在 flow() 方法設定 save_to_dir、save_prefix 及 save_format 參數即可。例如，在剛才的範例中產生了圖片後儲存的方式如下：

```
6   imgGen = ImageDataGenerator(shear_range=50.0, fill_mode='reflect')
7   n = 5
8   img = cv2.imread('cat.jpg')
9   img = cv2.cvtColor(img, cv2.COLOR_BGR2RGB) #BGR轉成RGB
10  img = np.array(img, dtype=np.float32)
11  img = np.expand_dims(img, 0) #輸入圖片要是四維
12  flowGen = imgGen.flow(img, save_to_dir='.',
13                        save_prefix='cat',
14                        save_format='jpg',
15                        batch_size=10)
16
17  for i in range(n):
18    img = flowGen[0][0, :, :, :].astype(np.uint8)
```

程式說明

■ 12-15　設定圖片存於根目錄，檔案前綴字為「cat」，圖片格式為「jpg」。

■ 17-18　產生 5 張圖片。

執行結果：

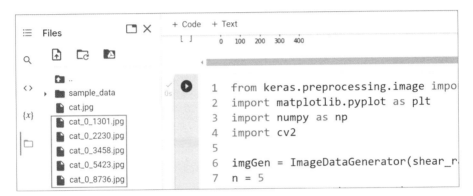

可見到根目錄新增了 5 個圖片檔，其檔名由隨機數字組成。

增加其他效果與自訂檔名

如果想讓產生的圖片可使用多種變形組合，可以同時設定多個參數，如此產生的圖形才能多采多姿。另外，flow() 方法自動存圖片檔的檔名由亂數組成，使用時相當不便。在下面的範例中將改為自行以 OpenCV 存檔，就可自行決定圖片檔名，也可顯示圖片。

```
1   from keras.preprocessing.image import ImageDataGenerator
2   import matplotlib.pyplot as plt
3   import numpy as np
4   import cv2
5
6   imgGen = ImageDataGenerator(
7       rotation_range=60.0,
8       width_shift_range=0.2,
9       height_shift_range=0.2,
10      shear_range=50,
11      zoom_range=0.5,
12      horizontal_flip=True,
13      fill_mode='reflect',)
```

```
14   n = 5
15   img = cv2.imread('cat.jpg')
16   img = cv2.cvtColor(img, cv2.COLOR_BGR2RGB) #BGR轉成RGB
17   img_sr = img.copy()
18   img = np.array(img, dtype=np.float32)
19   img = np.expand_dims(img, 0) #輸入圖片要是四維
20   flowGen = imgGen.flow(img, batch_size=10)
21
22   plt.figure(figsize=(20,10))
23   plt.subplot(1, n+1, 1)
24   plt.imshow(img_sr)
25   for i in range(n):
26     img = flowGen[0][0, :, :, :].astype(np.uint8)
27     plt.subplot(1, n+1, i+2)
28     plt.imshow(img)
29     plt.axis('off')
30     img = cv2.cvtColor(img, cv2.COLOR_RGB2BGR) #RGB轉成BGR
31     cv2.imwrite('cat_' + str(i+1) + '.jpg', img)
```

程式說明

■ 6-13　　建立 6 種變形效果組合的 ImageDataGenerator 物件。

■ 20　　　flow 方法未含 save_to_dir 參數，不會儲存圖片檔。

■ 30　　　以 OpenCV 存圖片檔，圖片需為 BGR 格式。

■ 31　　　以 OpenCV 存圖片檔，檔名為「cat_」加流水號。

執行結果：

▎ 5.5.2 augmentor 模組

另一個常用的圖片增量模組是 augmentor，它是採用基於 pipeline 的處理方式，根據使用者所選擇處理動作，依序添加到 pipeline 中，圖片會被送進 pipeline 中，依序套用各個操作，最後形成新的圖片。

augmentor 模組操作簡單，短短幾列程式碼就可產生大量符合需求的圖片。

模組安裝與基本語法

安裝 augmentor 模組的語法為：

```
!pip install augmentor
```

使用 augmentor 模組需先載入 augmentor 模組：

```
import Augmentor
```

然後建立 pipeline 物件，語法為：

```
pipeline 物件 = Augmentor.Pipeline( 資料夾路徑 )
```

- **資料夾路徑**：此參數為包含要產生圖片的原始圖片資料夾路徑，原始圖片可為 1 張或多張。

模組圖片的處理方法

接著加入圖片處理方法，語法為：

```
pipeline 物件 . 處理方法 ( 參數 1= 值 1, 參數 2= 值 2, ……)
```

常用的處理方法及參數有：

1. **翻轉 (flip_left_right、flip_top_bottom、flip_random)：**

```
flip_left_right(probability= 浮點數 )    # 水平翻轉
flip_top_bottom(probability= 浮點數 )    # 垂直翻轉
flip_random(probability= 浮點數 )        # 水平或垂直翻轉
```

- **probability**：數值在 0 到 1 之間，表示產生處理動作的機率。例如設為 0.4，表示產生 10 張圖片時會有 4 張圖片進行翻轉。

2. **彈性扭曲 (random_distortion)：**

```
random_distortion(probability= 浮點數 , grid_width= 整數 ,
     grid_height= 整數 , magnitude= 整數 )
```

- **grid_width**：水平扭曲距離，值為 1 到 20 的整數。
- **grid_height**：垂直扭曲距離，值為 1 到 20 的整數。
- **magnitude**：扭曲強度，值為 1 到 20 的整數。

3. **放大縮小 (zoom)：**

```
zoom(probability= 浮點數 , min_factor= 浮點數 , max_factor= 浮點數 )
```

- **min_factor**：最小縮放比例。
- **max_factor**：最大縮放比例。

4. **傾斜扭曲 (skew)：**

```
skew(probability= 浮點數 , magnitude= 浮點數 )
```

- **magnitude**：扭曲強度，為 0.1 到 1.0 的浮點數。

5. 亮度 (random_brightness)：

```
random_brightness(probability= 浮點數 , min_factor= 浮點數 ,
                  max_factor= 浮點數 )
```

- ▨ **min_factor**：最小亮度因子。
- ▨ **max_factor**：最大亮度因子。

6. 旋轉 (rotate)：

```
rotate(probability= 浮點數 , max_left_rotation= 整數 ,
       max_right_rotation= 整數 )
```

- ▨ **max_left_rotation**：最大向左方旋轉角度。
- ▨ **max_right_rotation**：最大向右方旋轉角度。

7. 產生雜點 (random_erasing)：

```
random_erasing(probability= 浮點數 , rectangle_area= 浮點數 )
```

- ▨ **rectangle_area**：雜點矩形面積，為 0.1 到 1.0 的浮點數。

模組產生圖片的語法

最後以 pipeline 物件的 sample 即可產生圖片，語法為：

```
pipeline 物件 .sample( 數量 )
```

- ▨ **數量**：產生的圖片總數。

範例：由單一圖片套用單一效果產生多張圖片

首先僅設定一個圖片處理動作來觀察其產生的圖片效果。

pipeline 物件的參數為包含圖片的資料夾，所以必須建立一個資料夾來放置原始圖片：在 Colab 檔案總管空白處按滑鼠右鍵，於快顯功能表點選 **新增資料夾**，設定資料夾名稱為 **image1**。

在 <image1> 資料夾按滑鼠右鍵，於快顯功能表點選 **上傳**，在 **開啟** 對話方塊選擇要上傳的檔案後按 **開啟** 鈕，即可將檔案上傳。

 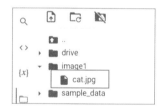

以下程式會以彈性扭曲效果產生 4 張圖片。

```
1   import Augmentor
2   p = Augmentor.Pipeline("./image1")
3   p.random_distortion(probability=0.5,
4                       grid_height=10,
5                       grid_width=10,
6                       magnitude=10)
7   p.sample(4)
```

程式說明

■	2	建立 pipeline 物件。
■	3-6	設定彈性扭曲圖片處理效果。
■	7	產生 4 張圖片。

執行結果：產生的圖片位於 <output> 資料夾，檔名以隨機文字組成。

使用者可修改參數值觀看參數值大小的影響。要觀察其他效果可修改第 3~6 列程式處理效果設定。下面是部分處理效果：

▲ 原始圖片　　　▲ 彈性扭曲效果　　　▲ 傾斜扭曲效果　　　▲ 放大縮小效果

範例：由單一圖片套用多個效果產生多張圖片

請建立 <image2> 資料夾後上傳 <cat.jpg> 圖片檔，再執行以下程式：

```
1  import Augmentor
2  p = Augmentor.Pipeline("./image2")
3  p.flip_left_right(probability=0.5)
4  p.random_brightness(probability=0.5, min_factor=0.5, max_factor=1.0)
5  p.zoom(probability=0.5, min_factor=0.9, max_factor=1.1)
6  p.random_distortion(probability=0.5, grid_height=10,
7                      grid_width=10, magnitude=10)
8  p.skew(probability=0.5, magnitude=0.12)
9  p.random_erasing(probability=0.3, rectangle_area=0.11)
10 p.rotate(probability=0.5, max_left_rotation=20,
11         max_right_rotation=20)
12 p.sample(4)
```

範例：由多張圖片套用多個效果產生多張圖片

建立 <image3> 資料夾並上傳 <cat.jpg> 及 <dog.jpg> 2 個圖片檔，以下程式會以多個圖片處理動作及 2 張原始圖片產生 4 張圖片。

```
1   import Augmentor
2   p = Augmentor.Pipeline("./image3")
3   p.flip_left_right(probability=0.5)
4   p.random_brightness(probability=0.5, min_factor=0.5, max_factor=1.0)
5   p.zoom(probability=0.5, min_factor=0.9, max_factor=1.1)
6   p.random_distortion(probability=0.5, grid_height=10,
7                       grid_width=10, magnitude=10)
8   p.skew(probability=0.5, magnitude=0.12)
9   p.random_erasing(probability=0.3, rectangle_area=0.11)
10  p.rotate(probability=0.5, max_left_rotation=20,
11          max_right_rotation=20)
12  p.sample(4)
```

執行結果：

此功能可同時為多張原始圖片產生大量圖片，非常方便。

06
CHAPTER

資料預處理：標準化、資料轉換與特徵選擇

6.1 Scikit-Learn：機器學習的開發工具

Scikit-Learn 模組簡稱 Sklearn，是源於 Google 夏日程式碼大賽 (Google Summer of Code) 專案，由 Google 公司資助不斷研發改進，現在已成為機器學習領域使用最廣泛的模組之一。

6.1.1 認識 Scikit-Learn

Scikit-Learn 是 Python 使用者入門機器學習的一個高階、設計成熟且友善的模組。Scikit-Learn 建構在 NumPy、SciPy 與 Matplotlib 之上，是開源並可作為商業使用的模組。

Scikit-Learn 主要的撰寫程式語言是 Python，在其中廣泛使用 NumPy 進行線性代數及陣列運算，而且部分核心演算法以 Cython 撰寫，因此運算效能極高。Scikit-Learn 基本上是用 CPU 訓練模型，所以 Scikit-Learn 相當適合入門的機器學習，不必進行繁瑣的 GPU 環境設定。

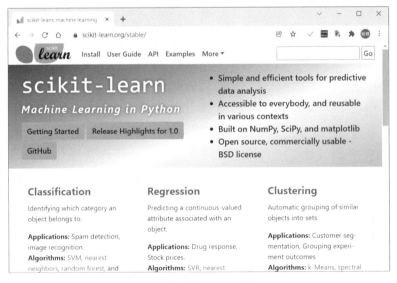

▲ Scikit-Learn 官網 (http://Scikit-Learn.org/)

6.1.2 Scikit-Learn 主要功能

Scikit-Learn 主要功能分為六類：

分類 (Classification)

- **功能**：確認檢測的目標屬於哪一種類別。

- **應用**：垃圾郵件偵測、圖像識別等。

- **演算法**：支援向量機 _ 分類 (SVC)、K 近鄰 (K-Neighbors) 等。

迴歸 (Regression)

- **功能**：預測檢測資料的連續值屬性。

- **應用**：藥物反應 (Drug response)、股價預測 (Stock prices) 等。

- **演算法**：支援向量機 _ 迴歸 (SVR) 等。

分群 (Clustering)

- **功能**：自動將資料分類成不同群集。

- **應用**：客戶分類 (Customer segmentation) 等。

- **演算法**：K-Means 等。

降維 (Dimensionality reduction)

- **功能**：減少要考慮的特徵數量。

- **應用**：視覺化 (Visualization)、提高效率 (Increased efficiency) 等。

- **演算法**：主成份分析 (PCA) 等。

模型選擇 (Model selection)

- **功能**：比較、驗證各參數與模型。

- **應用**：通過調整參數提高準確度。

- **演算法**：網格搜索 (Grid search)、交叉驗證 (Cross validation) 等。

預處理 (Preprocessing)

■ **功能**：特徵提取與標準化。

■ **應用**：前處裡 (Preprocessing)、特徵擷取 (Feature extraction)。

■ **演算法**：Z 分數標準化 (StandardScaler)、最大最小值標準化 (MinMaxScaler) 等。

6.1.3 Scikit-Learn 核心理念

Scikit-Learn 包含非常多功能模組，這些功能模組都依循下列五個核心理念進行開發，所以讓使用者感覺很友善且易於使用：

■ **一致性**：一致性是指 Scikit-Learn 定義的類別都具有相同的 API 介面，例如進行資料預處理的轉換器都具備「fit_transform」方法；進行資料預測的預測器都具備「 predict」 方法。

■ **可檢驗性**：可檢驗性是指 Scikit-Learn 定義的類別所依據的參數及結果，都可以透過屬性擷取出來檢視。

■ **標準類**：標準類是指輸入與輸出的資料型態或結構，都是以內建資料與 Numpy 陣列來處理，不必自行創建類別。

■ **模組化**：模組化是指可將 Scikit-Learn 的類別進行組裝，例如將轉換器與預測器組裝成為一個稱為管線 (Pipeline) 的類別。

■ **預設值**：預設值是指在建立功能模組時，都會使用一組預設參數作為初始化的依據，而這些依據通常是多數使用者習慣的參數設計。

6.2 數值資料標準化

在機器學習與深度學習中，資料集的欄位資料稱為「特徵」。當特徵的單位或者大小相差較大，就容易影響訓練結果，使得一些演算法無法學習到其他特徵，所以要將不同規格的資料轉換到同一規格。**透過一些轉換運算將特徵資料轉換成更加適合演算法的特徵資料的過程，稱為「數值資料標準化」**，常用的方法有 **Z 分數標準化**、**最大最小值標準化**、**最大絕對值標準化** 及 **RobustScaler 標準化**。

這裡將使用 < 汽車車型資料檔 .csv> 來進行數值資料標準化，其中包含了 380 種汽車車型資料：

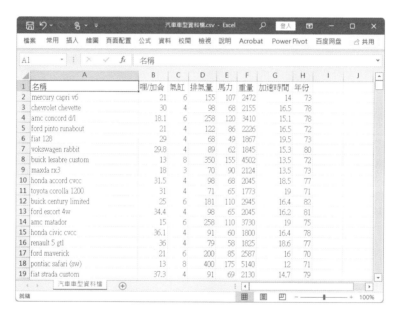

數值資料標準化的目的是要讓各特徵值的重要性都相同。在資料集中可以看到「重量」的數值較其他特徵值大的多，也就是重量的重要性遠較其他特徵值大，重量略有變動，訓練結果就會有很大不同，而其他特徵值的變動幾乎可以忽略。

數值資料標準化後，各特徵值的數值大小都差不多，所以每一個特徵值的重要性就幾乎相同了！

6.2.1 Z 分數標準化：StandardScaler

Z 分數標準化是使用最多的數值資料標準化方法。

Z 分數標準化相關公式

Z 分數標準化的轉換公式為：

$$Y = \frac{X - X_{avg}}{S}$$

Y 是轉換後的數值，X 是原始數值，X_{avg} 是所有數值的平均數，S 是標準差。

標準差 (S) 的計算公式為：

$$S = \sqrt{\frac{\sum (X - X_{avg})^2}{n}}$$

「∑」是總和。

而 Z 分數標準化轉換後的數值的意義，就是**「原始數值」與「平均值」的差距是多少個「標準差」**。

Scikit-Learn 的 Z 分數標準化模組

如果要手動計算 Z 分數標準化需要非常龐大的計算能量，但 Scikit-Learn 模組中就提供了四種數值資料標準化方法，使用者不必自行計算，使用 Scikit-Learn 模組的對應方法就可得到對應轉換結果。

安裝 Scikit-Learn 模組的語法為：

```
!pip install sklearn
```

○ **注意**：Colab 預設已安裝 Scikit-Learn 模組，使用者不需手動安裝。

要使用 Z 分數標準化轉換，首先載入 Scikit-Learn 的 Z 分數標準化模組：

```
from sklearn.preprocessing import StandardScaler
```

接著建立 StandardScaler 物件，語法為：

```
Z 分數物件 = StandardScaler()
```

然後用 StandardScaler 物件的 fit_transform() 方法轉換，語法為：

```
轉換物件 = Z 分數物件.fit_transform( 數值資料 )
```

例如，想將 < 汽車車型資料檔 .csv> 中數值欄位資料進行 Z 分數標準化轉換：

```
1  import pandas as pd
2  from sklearn.preprocessing import StandardScaler
3
4  df = pd.read_csv('汽車車型資料檔.csv')
5  std = StandardScaler()
6  df1 = df[['哩/加侖','氣缸','排氣量','馬力','重量','加速時間','年份']]
7  arr = std.fit_transform(df1)
8  df[['哩/加侖','氣缸','排氣量','馬力','重量','加速時間','年份']] = arr
9  df
```

	名稱	哩/加侖	氣缸	排氣量	馬力	重量	加速時間	年份
0	mercury capri v6	-0.329352	0.323847	-0.362123	0.072265	-0.577512	-0.582140	-0.797644
1	chevrolet chevette	0.816162	-0.853777	-0.909344	-0.944800	-0.950017	0.334844	0.551887
2	amc concord d/l	-0.698462	0.323847	0.626714	0.411287	0.524726	-0.178667	0.551887
3	ford pinto runabout	-0.329352	-0.853777	-0.678935	-0.475385	-0.866586	0.334844	-1.067550
4	fiat 128	0.688882	-0.853777	-1.197355	-1.440293	-1.288445	1.435226	-0.797644

傳回值有正有負，特徵值總和為 0：有 68% 特徵值在 -1 與 +1 之間，95% 特徵值在 -2 與 +2 之間。

程式說明

■ 1-2　載入 Pandas 及 Z 分數標準化模組。

■ 4　　讀入 CSV 資料檔為 df。

■ 5　　建立 Z 分數標準化物件。

■ 6　　因為數值資料標準化只能針對數值資料，所以由 DataFrame 將數值資料欄位取出成新的 df1。

■ 7　　使用 df1 進行 Z 分數標準化轉換。

■ 8-9　將 df1 轉換後的資料更新回 df，並顯示在畫面上。

6.2.2 最大最小值標準化：MinMaxScaler

最大最小值標準化是透過對原始數值資料進行變換，**把資料轉換為 0 到 1 之間的數值資料**。

最大最小值標準化相關公式

最大最小值標準化的轉換公式為：

$$Y = \frac{(X - X_{min})}{(X_{max} - X_{min})}$$

Y 是轉換後的數值，X 是原始數值，X_{min} 是資料最小數值，X_{max} 是資料最大數值。因為「X - X_{min}」必定小於或等於「X_{max} - X_{min}」，所以轉換值在 0 到 1 之間。

轉換後的數值是最大值轉換為 1，最小值轉換為 0，其餘數值在 1 與 0 之間。

Scikit-Learn 的最大最小值標準化模組

使用 Scikit-Learn 模組進行最大最小值標準化轉換，使用方法與 Z 分數標準化完全相同，只要將 StandardScaler 改為 MinMaxScaler 即可。

例如，想將 < 汽車車型資料檔 .csv> 中數值欄位資料進行最大最小值標準化轉換：

```
1  import pandas as pd
2  from sklearn.preprocessing import MinMaxScaler
3
4  df = pd.read_csv('汽車車型資料檔.csv')
5  std = MinMaxScaler()
6  df1 = df[['哩/加侖','氣缸','排氣量','馬力','重量','加速時間','年份']]
7  arr = std.fit_transform(df1)
8  df[['哩/加侖','氣缸','排氣量','馬力','重量','加速時間','年份']] = arr
9  df
```

	名稱	哩/加侖	氣缸	排氣量	馬力	重量	加速時間	年份
0	mercury capri v6	0.319149	0.6	0.224806	0.331522	0.243550	0.361446	0.250000
1	chevrolet chevette	0.558511	0.2	0.077519	0.119565	0.153672	0.512048	0.666667
2	amc concord d/l	0.242021	0.6	0.490956	0.402174	0.509498	0.427711	0.666667
3	數值在 0 與 1 之間 ｜bout	0.319149	0.2	0.139535	0.217391	0.173802	0.512048	0.166667
4	fiat 128	0.531915	0.2	0.000000	0.016304	0.072016	0.692771	0.250000

6.2.3 最大絕對值標準化：MaxAbsScaler

最大絕對值標準化是耗費計算資源最少的數值資料標準化方法，即轉換的速度最快。

最大絕對值標準化相關公式

最大絕對值標準化與最大最小值標準化原理接近，不同處是**最大絕對值標準化會保留原始數值資料正負符號，把資料轉換為 -1 到 1 之間的數值**。

最大絕對值標準化的轉換公式為：

$$Y = \frac{X}{|X|_{max}}$$

Y 是轉換後的數值，X 是原始數值，$|X|_{max}$ 是資料絕對值的最大數值。因為原始資料保留正負號，且 X 小於等於 $|X|_{max}$，所以轉換值在 -1 到 1 之間。

Scikit-Learn 的最大絕對值標準化模組

使用 Scikit-Learn 模組進行最大絕對值標準化轉換，使用方法與 Z 分數標準化完全相同，只要將 StandardScaler 改為 MaxAbsScaler 即可。

例如，想將 < 汽車車型資料檔 .csv> 中數值欄位資料進行最大絕對值標準化轉換：

```
1  import pandas as pd
2  from sklearn.preprocessing import MaxAbsScaler
3
4  df = pd.read_csv('汽車車型資料檔.csv')
5  std = MaxAbsScaler()
6  df1 = df[['哩/加侖','氣缸','排氣量','馬力','重量','加速時間','年份']]
7  arr = std.fit_transform(df1)
8  df[['哩/加侖','氣缸','排氣量','馬力','重量','加速時間','年份']] = arr
9  df
```

	名稱	哩/加侖	氣缸	排氣量	馬力	重量	加速時間	年份
0	mercury capri v6	0.450644	0.75	0.340659	0.465217	0.480934	0.569106	0.890244
1	chevrolet chevette	0.643777	0.50	0.215385	0.295652	0.419261	0.670732	0.951220
2	amc concord d/l	0.388412	0.75	0.567033	0.521739	0.663424	0.613821	0.951220
3	ford pinto runabout	0.450644	0.50	0.268132	0.373913	0.433074	0.670732	0.878049
4	fiat 128	0.622318	0.50	0.149451	0.213043	0.363230	0.792683	0.890244

由於此處資料沒有負值，所以並未出現 -1 與 0 之間的值，所有數值都在 0 到 1 之間。

6.2.4 RobustScaler 標準化：RobustScaler

RobustScaler 標準化是根據資料的中位數及四分位數來轉換數值資料，此方法**適用於包含異常值的資料**。

最大絕對值標準化相關公式

RobustScaler 標準化的轉換公式為：

$$Y = \frac{(X - X_{median})}{IQR}$$

Y 是轉換後的數值，X 是原始數值，X_{median} 是資料的中位數，IQR 為資料的四分位間距。

Scikit-Learn 的 RobustScaler 標準化模組

使用 Scikit-Learn 模組進行 RobustScaler 標準化轉換，使用方法與 Z 分數標準化完全相同，只要將 StandardScaler 改為 RobustScaler 即可。

例如，想將 < 汽車車型資料檔 .csv> 中數值欄位資料進行 RobustScaler 標準化轉換：

```
1  import pandas as pd
2  from sklearn.preprocessing import RobustScaler
3
4  df = pd.read_csv('汽車車型資料檔.csv')
5  std = RobustScaler()
6  df1 = df[['哩/加侖','氣缸','排氣量','馬力','重量','加速時間','年份']]
7  arr = std.fit_transform(df1)
8  df[['哩/加侖','氣缸','排氣量','馬力','重量','加速時間','年份']] = arr
9  df
```

	名稱	哩/加侖	氣缸	排氣量	馬力	重量	加速時間	年份
0	mercury capri v6	-0.172043	0.5	0.055385	0.263959	-0.233003	-0.454545	-0.500000
1	chevrolet chevette	0.602151	0.0	-0.295385	-0.527919	-0.461677	0.303030	0.333333
2	amc concord d/l	-0.421505	0.5	0.689231	0.527919	0.443643	-0.121212	0.333333
3	ford pinto runabout	-0.172043	0.0	-0.147692	-0.162437	-0.410460	0.303030	-0.666667
4	fiat 128	0.516129	0.0	-0.480000	-0.913706	-0.669432	1.212121	-0.500000

6.2.5 數值資料標準化方法的比較

對於四種數值資料標準化方法，使用者應如何取捨呢？下面整理四種數值資料標準化方法的優缺點及適用資料集，做為使用參考。

Z 分數標準化

■ **優點**：受異常資料的影響較小，因為標準化的運算基礎是平均值及標準差，少數異常資料經過平均運算後，平均值及標準差的數值不會有太大改變。

■ **缺點**：大多數使用者對於標準差的意義較難理解，因此對於 Z 分數標準化的原理不易了解。還有計算過程較為繁雜，因此運算耗費的時間較長且較耗費資源，尤其是資料數量龐大時要考慮電腦計算資源。

■ **適用範圍**：常態分布資料。因一般資料多為常態分布，適用範圍最廣，是使用最多的標準化方法。

最大最小值標準化

■ **優點**：原理簡單，易於了解，運算速率較快。

■ **缺點**：容易受異常資料影響，若有幾個數值很大或很小的異常值，就會造成最大值或最小值大幅失真，導致整個轉換資料都產生很大誤差。

■ **適用範圍**：沒有異常資料的資料。在下列兩種情境多會使用最大最小值標準化：資料及特徵數量不多時，可用人工判斷有無異常資料；或者是處理圖形資料時，因圖形特徵為像素，而像素特徵值通常在 0 到 255 之間，不會有異常資料。

最大絕對值標準化

■ **優點**：原理最簡單，運算速率最快。

■ **缺點**：容易受絕對值很大數值的異常資料影響，因為若有幾個絕對值數值很大的異常值，會造成最大絕對值失真，導致整個轉換資料產生很大的誤差。

■ **適用範圍**：沒有異常資料且需要保留正負值的資料。例如包含損益金額的資料集，需由正負值判斷是虧損還是獲利。

RobustScaler 標準化

■ **優點**：受異常資料的影響最小，因為四分位數及四分位間距轉換可縮小異常值與正常值的差距。

■ **缺點**：原理最不易了解。運算耗費的時間較最大最小值標準化長，但比 Z 分數標準化短。

■ **適用範圍**：包含較多異常值資料。

使用者可利用資訊圖表化的方式繪製各種資料統計圖表，由圖形判斷資料集是否呈現常態分布、異常值資料數量多寡等，做為選擇數值資料標準化方法的參考。

6.3 非數值資料轉換

機器學習演算法是一種數學模型，需在「數值」數據基礎上進行運算。然而，我們蒐集的資料集，大多會包含文字資料，例如性別 (男、女)、學歷 (大學、中學、小學) 等，這些非數值資料需經預先處理轉換為數值資料後，才能傳送給機器學習演算法進行處理。

這裡將使用 < 客戶聯絡狀況資料檔 .csv> 來進行非數值資料轉換，其中有 4100 筆銀行舉辦活動後聯絡客戶狀況的資料：

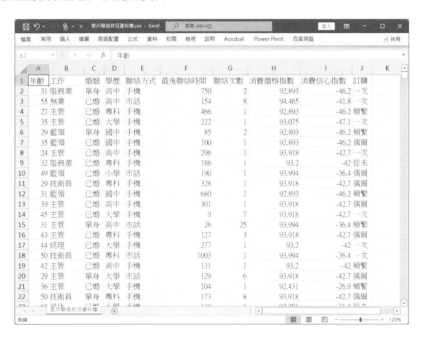

工作、婚姻、學歷、聯絡方式及訂購 5 個特徵是文字資料，若要做為機器學習資料集使用，需將這些特徵轉換為數值資料。

將非數值資料轉換為數值資料常用的方法有 **對應字典法**、**標籤編碼法** 及 **One-Hot 編碼法** 三種。

6.3.1 對應字典法

如果要轉換的特徵值不多,可用 **對應字典法** 直接將文字替換為數值。對應字典法是先將要替換的文字與對應的數值建立成字典,再以 Dataframe 的 df.replace() 或 df.map() 方法進行轉換。

資料取代:**df.replace()**

以「婚姻」特徵為例,首先以 df.unique() 方法查看婚姻的所有特徵值,以便使用這些特徵值建立字典:

```
[28]  1  import pandas as pd
      2  df = pd.read_csv('客戶聯絡狀況資料檔.csv')
      3
      4  df['婚姻'].unique()
```

array(['單身', '已婚', '離婚', '未知'], dtype=object)

婚姻特徵有單身、已婚、離婚、未知四種值。

接著建立特徵值與對應數值的字典,語法為:

> 字典變數 = {'特徵值 1': 數值 1, '特徵值 2': 數值 2, ……}

最後即可使用 df.replace() 方法轉換為數值資料,語法為:

> DataFrame 欄位 .replace(字典變數 , inplace=True)

「inplace=True」表示取代後的結果將直接更新原始的 DataFrame 中的資料。

例如,想將「婚姻」的值:單身、已婚、離婚、未知,分別對應更改為 1~4 的數值:

```
[29]  1  dict1 = {'單身':1, '已婚':2, '離婚':3, '未知':4}
      2  df['婚姻'].replace(dict1, inplace=True)
      3  df
```

	年齡	工作	婚姻	學歷	聯絡方式	最後聯絡時間	聯絡次數	消費價格指數	消費信心指數	訂購
0	31.0	服務業	1	高中	手機	750.0	2	92.893	-46.2	一次
1	55.0	無業	2	高中	市話	754.0	8	94.465	-41.8	一次
2	27.0	主管	2	專科	手機	466.0	1	92.893	-46.2	頻繁

已轉換為數值

在機器學習實作時，進行預測所得的類別結果是數值，使用者常需要將數值資料還原為對應的文字。要達成此目的，只要將字典改為數值對應文字型式即可還原：

> 字典變數 = { 數值 1:' 特徵值 1', 數值 2:' 特徵值 2', ……}

例如，想將「婚姻」的數值再換回原來的文字資料：

```
[30]  1  dict2 = {1:'單身', 2:'已婚', 3:'離婚', 4:'未知'}
      2  df['婚姻'].replace(dict2, inplace=True)
      3  df
```

	年齡	工作	婚姻	學歷	聯絡方式	最後聯絡時間	聯絡次數	消費價格指數	消費信心指數	訂購
0	31.0	服務業	單身	高中	手機	750.0	2	92.893	-46.2	一次
1	55.0	無業	已婚	高中	市話	154.0	8	94.465	-41.8	一次
2	27.0	主管	已婚	專科	手機	466.0	1	92.893	-46.2	頻繁

（已還原為文字）

資料對應：df.map()

以「學歷」特徵為例，以 df.unique() 方法查看特徵值建立字典，然後使用 df.map() 方法將文字資料轉換為數值，語法為：

> DataFrame 欄位 = DataFrame 欄位 .map(字典變數)

```
1  df['學歷'].unique()
```
```
array(['高中', '專科', '大學', '國中', '小學', '未知', '文盲'], dtype=object)
```

```
1  dict3 = {'高中':1, '專科':2, '大學':3, '國中':4, '小學':5, '未知':6, '文盲':7}
2  df['學歷'] = df['學歷'].map(dict3)
3  df
```

	年齡	工作	婚姻	學歷	聯絡方式	最後聯絡時間	聯絡次數	消費價格指數	消費信心指數	訂購
0	31.0	服務業	單身	1	手機	750.0	2	92.893	-46.2	一次
1	55.0	無業	已婚	1	市話	154.0	8	94.465	-41.8	一次
2	27.0	主管	已婚	2	手機	466.0	1	92.893	-46.2	頻繁
3	35.0	主管	已婚	3	手機	222.0	1	93.075	-47.1	一次
4	29.0	藍領	單身	4	手機	85.0	2	92.893	-46.2	頻繁
...	...	...	...	...	...	...	...	...	...	...

▊ 6.3.2 標籤編碼法

對應字典法原理簡單易懂，但如果特徵值數量很多，例如「工作」特徵多達 12 個特徵值，建立字典會耗費很多時間。

```
[33]  1  import pandas as pd
      2  df = pd.read_csv('客戶聯絡狀況資料檔.csv')
      3
      4  df['工作'].unique()
```

```
array(['服務業', '無業', '主管', '藍領', '技術員', '經理', '退休', '自僱人士', '企業家', '未知',
       '學生', '家管'], dtype=object)
```

標籤編碼法 會自動偵測所有特徵值，將 N 個特徵值以 0 到 N-1 數值取代。

Scikit-Learn 的 LabelEncoder 模組

Scikit-Learn 提供 LabelEncoder 模組進行標籤編碼法轉換。

首先要載入模組，語法為：

```
from sklearn.preprocessing import LabelEncoder
```

然後建立 LabelEncoder 物件，語法為：

```
標籤物件 = LabelEncoder()
```

最後以標籤物件的 fit_transform() 進行轉換：

```
DataFrame 欄位 = 標籤物件.fit_transform(DataFrame 欄位)
```

例如，將「工作」特徵值轉換為數值。因「工作」特徵值有 12 個，所以利用標籤編碼法將其轉換為 0 到 11 的數值。

```
[34]  1  from sklearn.preprocessing import LabelEncoder
      2  label1 = LabelEncoder()
      3  df['工作'] = label1.fit_transform(df['工作'])
      4  df
```

	年齡	工作	婚姻	學歷	聯絡方式	最後聯絡時間	聯絡次數	消費價格指數	消費信心指數	訂購	
0	31.0	5	單身	高中	手機	750.0	2	92.893	-46.2	一次	
1	55.0	7	已婚	高中	市話	154.0	8	94.465	-41.8	一次	
2	27.0	0	已婚	專科	手機	466.0	1	92.893	-46.2	頻繁	

查詢轉換後數值代表特徵值

標籤編碼法自動將特徵值轉換為數值，如果想查詢數值所代表的特徵值，可以使用 LabelEncoder 物件的 classes_ 屬性，語法為：

標籤物件**.classes_**

```
[35]  1  label1.classes_
```

```
array(['主管', '企業家', '學生', '家管', '技術員', '服務業', '未知', '無業', '經理', '自僱人士',
       '藍領', '退休'], dtype=object)
```

結果表示 0 為「主管」，1 為「企業家」，2 為「學生」，依此類推。

將轉換後的數值還原為特徵值

LabelEncoder 物件的 inverse_transform() 方法可將數值原為文字特徵值，語法為：

DataFrame 欄位 **=** 標籤物件變數 **.inverse_transform(DataFrame** 欄位 **)**

```
[36]  1  df['工作'] = label1.inverse_transform(df['工作'])
      2  df
```

	年齡	工作	婚姻	學歷	聯絡方式	最後聯絡時間	聯絡次數	消費價格指數	消費信心指數	訂購	
0	31.0	服務業	單身	高中	手機	750.0	2	92.893	-46.2	一次	
1	55.0	無業	已婚	高中	市話	154.0	8	94.465	-41.8	一次	
2	27.0	主管	已婚	專科	手機	466.0	1	92.893	-46.2	頻繁	
3	35.0	主管	已婚	大學	手機	222.0	1	93.075	-47.1	一次	
4	29.0	藍領	單身	國中	手機	85.0	2	92.893	-46.2	頻繁	
...	...	...	...	...	...	...	...	...	...	...	

批次轉換所有非數值特徵

標籤編碼法可對指定特徵自動進行數值轉換,若能取得所有非數值特徵,利用迴圈就可一次對所有非數值特徵進行數值轉換。

取得所有非數值特徵的語法為:

> 欄位變數 **= DataFrame 變數 .select_dtypes(exclude=[np.number]).columns**

```
[38]  1  import numpy as np
      2  cols = df.select_dtypes(exclude=[np.number]).columns
      3  cols
```
```
Index(['工作', '婚姻', '學歷', '聯絡方式', '訂購'], dtype='object')
```

df.select_dtypes() 可以取得指定的資料型態,而 exclude=[np.number] 即可排除數值型的欄位。所以可見到有工作、婚姻、學歷、聯絡方式、訂購 5 個非數值特徵。

接著利用迴圈逐一對非數值特徵進行數值轉換,並顯示特徵值:

```
1  for i in cols:
2      df[i] = label1.fit_transform(df[i])
3      print('「{}」特徵對照 : '.format(i), end='')
4      for j in range(len(label1.classes_)):
5          print('{} - {}'.format(j, label1.classes_[j]), end=', ')
6      print()
7  df
```
```
「工作」特徵對照 : 0 - 0, 1 - 1, 2 - 2, 3 - 3, 4 - 4, 5 - 5, 6 - 6, 7 - 7, 8 - 8, 9 - 9, 10 - 10, 11 - 11,
「婚姻」特徵對照 : 0 - 0, 1 - 1, 2 - 2, 3 - 3,
「學歷」特徵對照 : 0 - 0, 1 - 1, 2 - 2, 3 - 3, 4 - 4, 5 - 5, 6 - 6,
「聯絡方式」特徵對照 : 0 - 0, 1 - 1,
「訂購」特徵對照 : 0 - 0, 1 - 1, 2 - 2, 3 - 3,
```

	年齡	工作	婚姻	學歷	聯絡方式	最後聯絡時間	聯絡次數	消費價格指數	消費信心指數	訂購
0	31.0	5	0	6	1	750.0	2	92.893	-46.2	0
1	55.0	7	1	6	0	154.0	8	94.465	-41.8	0
2	27.0	0	1	2	1	466.0	1	92.893	-46.2	3
3	35.0	0	1	1	1	222.0	1	93.075	-47.1	0

程式說明

■	2	進行數值轉換。
■	3-5	數值轉換後,使用者必須知道數值對應的特徵值,因此顯示各特徵的特徵值讓使用者對照。

6.3.3 One-Hot 編碼法

One-Hot 編碼 在數位電路中被用來表示一種特殊的位元組合，在一個位元組裡，僅容許單一位元是 1，其他位元都必須是 0，One-Hot 的意思就是只能有一個 1 (hot)。

在機器學習中，One-Hot 編碼在指定的串列或陣列裡，只能有一個元素是 1，其他元素都必須是 0。例如，範例中的「訂購」特徵分類成 4 個值：一次、偶爾、從未、頻繁。經過數值資料轉換後，就變成 0、1、2、3。但若要轉成 One-Hot 編碼，每個值就是包含 4 個元素的串列，0 為第 1 個元素為 1，其餘為 0；1 為第 2 個元素為 1，其餘為 0，依此類推：

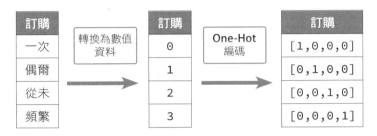

機器學習中的類別資料多採用 One-Hot 編碼，其最大優點是可消除數值的大小關係，讓每一個元素都處於相等地位。由於機器學習是使用數學運算來達到學習目的，而數值大小在運算中常會影響運算結果而導致結果產生較大的誤差，使用 One-Hot 編碼後每個元素值皆為 1，即可得到正確運算結果。

One-Hot 編碼的缺點是當串列或陣列的元素龐大時，會佔用極大的記憶體資源。例如若有 100 個元素，一般記錄元素索引只要 1 個位元組，而使用 One-Hot 編碼則需要 100 個位元組。

Scikit-Learn 提供 OneHotEncoder 模組進行 One-Hot 編碼法轉換。

1. 首先要載入模組，語法為：

```
from sklearn.preprocessing import OneHotEncoder
```

2. 然後建立 OneHotEncoder 物件，語法為：

```
onehot 物件 = OneHotEncoder(sparse= 布林值 )
```

■ **sparse**：參數值若為 True 表示建立 sparse 格式，若為 False 表示建立串列格式，預設值為 True。sparse 格式較節省記憶體，但可讀性較差，不易理解。

3. 最後以 fit_transform() 方法進行 One-Hot 轉換：

陣列變數 = **onehot** 物件 **.fit_transform(DataFrame** 欄位)

例如，以下程式會對「訂購」特徵進行 One-Hot 編碼：

```
[3]   1   import pandas as pd
      2   from sklearn.preprocessing import LabelEncoder
      3   from sklearn.preprocessing import OneHotEncoder
      4
      5   df = pd.read_csv('客戶聯絡狀況資料檔.csv')
      6   label1 = LabelEncoder()
      7   df['訂購'] = label1.fit_transform(df['訂購'])
      8   onehot = OneHotEncoder(sparse=False)
      9   arr = onehot.fit_transform(df[['訂購']])
     10   arr
```

```
array([[1., 0., 0., 0.],    ← 0 - 一次
       [1., 0., 0., 0.],
       [0., 0., 0., 1.],    ← 3 - 頻繁
       ...,
       [0., 0., 1., 0.],    ← 2 - 從未
       [0., 0., 1., 0.],
       [0., 0., 1., 0.]])
```

程式說明

■ 3　　　載入 One-Hot 編碼法模組。

■ 5-7　　對「訂購」進行標籤編碼。

■ 8　　　建立 OneHotEncoder 物件，傳回格式為串列。

■ 9　　　進行 One-Hot 編碼。

如果要在機器學習中使用 One-Hot 編碼，此串列資料傳送給機器學習演算法即可。

若要在 Pandas 中觀察 One-Hot 編碼，則需使用 OneHotEncoder 物件的 get_feature_names_out() 方法轉為 DataFrame，語法為：

DataFrame 變數 = **pd.DataFrame(** 陣列變數 ,
　　　　　　columns=onehot.get_feature_names_out(特徵名))

```
1  df1 = pd.DataFrame(arr, columns=onehot.get_feature_names_out(['訂購'])
2  df1
```

	訂購_0	訂購_1	訂購_2	訂購_3
0	1.0	0.0	0.0	0.0	← 0 - 一次
1	1.0	0.0	0.0	0.0
2	0.0	0.0	0.0	1.0	← 3 - 頻繁
3	1.0	0.0	0.0	0.0
4	0.0	0.0	0.0	1.0
...	...	...	...	...

如果要將原始資料集更改為 One-Hot 編碼，可以刪除原來特徵，再將 One-Hot 編碼加入原始資料集即可。

```
1  df.drop('訂購', axis=1, inplace=True)
2  df2 = pd.merge(df, df1, left_index=True, right_index=True)
3  df2
```

	年齡	工作	婚姻	學歷	聯絡方式	最後聯絡時間	聯絡次數	消費價格指數	消費信心指數	訂購_0	訂購_1	訂購_2	訂購_3
0	31.0	服務業	單身	高中	手機	750.0	2	92.893	-46.2	1.0	0.0	0.0	0.0
1	55.0	無業	已婚	高中	市話	154.0	8	94.465	-41.8	1.0	0.0	0.0	0.0
2	27.0	主管	已婚	專科	手機	466.0	1	92.893	-46.2	0.0	0.0	0.0	1.0
3	35.0	主管	已婚	大學	手機	222.0	1	93.075	-47.1	1.0	0.0	0.0	0.0
4	29.0	藍領	單身	國中	手機	85.0	2	92.893	-46.2	0.0	0.0	0.0	1.0
...	...	...	...	...	...	...	...	...	...	...	...	...	...

程式說明

■ 1　　刪除「訂購」特徵。

■ 2　　以索引編號結合 df 及 df1 資料。

6.4 認識特徵選擇

資料集通常會含有很多特徵,每個特徵的重要性都不相同,例如商品資料集的特徵有價格、材質、顏色、產地、尺寸等,顧客購買商品時,會優先考慮哪些特徵呢?是否有客觀的方法得知特徵的重要性呢?

什麼是特徵選擇?

蒐集資料建立的資料集可能包含非常多特徵資料,進行機器學習時,常會發現某些特徵與建立模型並無太大關聯,可以將這些特徵移除。「特徵選擇」就是盡量在無損於機器學習演算法效能的情況下,過濾掉沒有效用、不具有關鍵影響力,以及有著重複或類似鑑別能力的雜訊特徵,最後僅保留下真正對效能指標有影響的特徵。

特徵選擇具有下列優點:

■ 降低資料量,提升機器學習效能。

■ 簡化模型,使模型更容易理解。

■ 增加模型預測準確率。

■ 改善模型通用性,降低過擬合風險。

如何選擇重要的特徵?

相關係數 可以指出兩組資料之間的相關性,對於選擇使用哪些特徵來進行機器學習很有幫助。相關係數的絕對值越大表示相關性越大,0 則表示兩個特徵沒有相關。正相關是當一個特徵值增加時,另一個特徵值也增加;負相關是當一個特徵值增加時,另一個特徵值會減小。

通常相關強度與相關係數絕對值的關係:

相關係數絕對值	相關強度
0.8~1.0	極強相關
0.6~0.8	強相關
0.4~0.6	中等相關
0.2~0.4	弱相關
0.0~0.2	極弱相關或無相關

6.5 使用 Pandas 進行特徵選擇

Pandas 提供三種計算相關係數的方法：**皮爾森 (Pearson)**、**肯德爾 (Kendall)** 及 **斯皮爾曼 (Spearman)**，這三種方法都適用於**迴歸分析**（即目標為數值的分析），例如房價、股價預測。

這裡將使用 < 地區房價資料檔 .csv> 房價特徵資料集為範例，內含 500 筆資料，前 12 個特徵為影響房價的因素，最後一個特徵為房價：

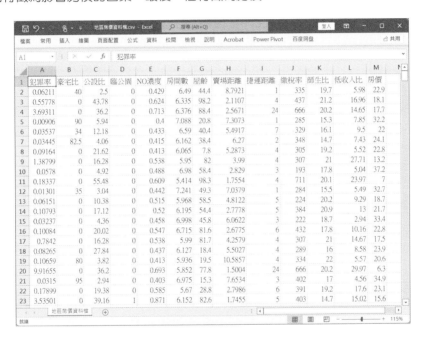

6.5.1 使用 Pandas 計算相關係數

Pandas 計算相關係數的語法為：

```
相關變數 = DataFrame 變數 .corr(method= 計算方式 , min_periods= 數值 )
```

- **method**：設定使用的計算相關係數方法：pearson(皮爾森相關係數) 為預設值、kendall(肯德爾相關係數)、spearman(斯皮爾曼相關係數)。

- **min_periods**：設定最小資料數量。預設值為 1。

6.5.2 皮爾森 (Pearson) 相關係數

皮爾森相關係數 的意義為兩個特徵的共變異數與標準差乘積的關係。

皮爾森相關係數的值在 -1 與 1 之間，其絕對值越大表示相關性越大，0 則表示兩個特徵沒有相關。皮爾森相關係數值越接近 1 表示正相關越強，越接近 -1 表示負相關越強。**皮爾森相關係數適用於線性分布且常態分布的特徵值。**

Pandas 計算皮爾森相關係數的語法為：

> 相關變數 = DataFrame 變數 .corr(method='pearson', min_periods= 數值)

傳回值相關變數是所有特徵相關係數形成的矩陣列表：左上角到右下角對角線是各特徵與自己的相關係數，所以都是 1。列表中最重要的是最後一欄：房價特徵對其他特徵的相關係數。例如房價對犯罪率的相關係數為 -0.386681，表示負的弱相關 (犯罪率高則房價低)；房價對豪宅比的相關係數為 0.3637，表示正的弱相關 (豪宅比高則房價高)。

```
[1]   1   import pandas as pd
      2   df = pd.read_csv('地區房價資料檔.csv')
      3   featuresCorr = df.corr()
      4   featuresCorr
```

	犯罪率	豪宅比	公設比	臨公園	NO濃度	房間數	屋齡	賣場距離	捷運距離	繳稅率	師生比	低收入比	房價
犯罪率	1.000000	-0.198184	0.403882	-0.056159	0.418423	-0.219135	0.350374	-0.378109	0.624691	0.581744	0.286694	0.453140	-0.386681
豪宅比	-0.198184	1.000000	-0.530497	-0.041534	-0.512648	0.315653	-0.567482	0.659829	-0.309246	-0.314601	-0.383729	-0.409970	0.363700
公設比	0.403882	-0.530497	1.000000	0.062161	0.760634	-0.391208	0.640189	-0.706669	0.592272	0.719742	0.373900	0.598912	-0.478614
臨公園	-0.056159	-0.041534	0.062161	1.000000	0.091162	0.094316	0.084713	-0.098918	-0.006554	-0.035305	-0.124759	-0.055581	0.179651
NO濃度	0.418423	-0.512648	0.760634	0.091162	1.000000	-0.302315	0.729869	-0.768413	0.607865	0.665860	0.176829	0.586526	-0.422592
房間數	-0.219135	0.315653	-0.391208	0.094316	-0.302315	1.000000	-0.232807	0.206958	-0.212325	-0.293659	-0.354519	-0.616665	0.696515
屋齡	0.350374	-0.567482	0.640189	0.084713	0.729869	-0.232807	1.000000	-0.748993	0.454357	0.505248	0.247797	0.596512	-0.364754
賣場距離	-0.378109	0.659829	-0.706669	-0.098918	-0.768413	0.206958	-0.748993	1.000000	-0.492819	-0.535611	-0.223204	-0.493881	0.247956
捷運距離	0.624691	-0.309246	0.592272	-0.006554	0.607865	-0.212325	0.454357	-0.492819	1.000000	0.909937	0.461487	0.484412	-0.377440
繳稅率	0.581744	-0.314601	0.719742	-0.035305	0.665860	-0.293659	0.505248	-0.535611	0.909937	1.000000	0.457685	0.540277	-0.464384
師生比	0.286694	-0.383729	0.373900	-0.124759	0.176829	-0.354519	0.247797	-0.223204	0.461487	0.457685	1.000000	0.365302	-0.504142
低收入比	0.453140	-0.409970	0.598912	-0.055581	0.586526	-0.616665	0.596512	-0.493881	0.484412	0.540277	0.365302	1.000000	-0.735179
房價	-0.386681	0.363700	-0.478614	0.179651	-0.422592	0.696515	-0.364754	0.247956	-0.377440	-0.464384	-0.504142	-0.735179	1.000000

使用者可以觀察相關係數手動進行特徵選擇 (即選取相關係數絕對值較大者)，若特徵數量極多，進行特徵選擇會耗費不少時間，並且可能因疏忽導致選取錯誤。

以下程式可選取中等以上相關的特徵：

```
[3]  1  targetCorr = featuresCorr['房價']
     2  targetCorr = targetCorr.drop('房價')
     3  selectedFeatures = targetCorr[abs(targetCorr) > 0.4]
     4  print("選擇特徵數： {} \n選擇特徵:\n{}".
     5      format(len(selectedFeatures), selectedFeatures))
```

```
選擇特徵數： 6
選擇特徵:
公設比     -0.478614
NO濃度    -0.422592
房間數      0.696515
繳稅率     -0.464384
師生比     -0.504142
低收入比   -0.735179
Name: 房價, dtype: float64
```

程式說明

■ 1　　　取得「房價」特徵與其他特徵的相關係數資料。

■ 2　　　移除「房價」特徵與自身的相關係數資料。

■ 3　　　取得相關係數值大於 0.4 的特徵。

■ 4-5　　顯示特徵選擇後的特徵數量及特徵名稱與其相關係數值。

執行結果：選擇了 6 個特徵。

▌6.5.3 肯德爾 (Kendall) 相關係數

肯德爾相關係數 是按特定特徵排序，其他特徵通常是亂序的，此時計算同序對和異序對的差異來計算肯德爾相關係數。肯德爾相關係數的值也在 -1 與 1 之間，其意義與皮爾森相關係數相同。**肯德爾相關係數適用於非線性分布並且資料數量較小的特徵值。**

Pandas 計算肯德爾相關係數的語法為：

> 相關變數 = DataFrame變數 .corr(method='kendall', min_periods= 數值)

```
[4]  1  import pandas as pd
     2  df = pd.read_csv('地區房價資料檔.csv')
     3  featuresCorr = df.corr('kendall')
     4  featuresCorr
```

	犯罪率	豪宅比	公設比	臨公園	NO濃度	房間數	屋齡	賣場距離	捷運距離	繳稅率	師生比	低收入比	房價
犯罪率	1.000000	-0.460379	0.520270	0.034488	0.603402	-0.215448	0.500570	-0.539368	0.563798	0.547322	0.312456	0.455192	-0.404431
豪宅比	-0.460379	1.000000	-0.531968	-0.038050	-0.506646	0.278587	-0.426987	0.474682	-0.233688	-0.291470	-0.356645	-0.383358	0.339110
公設比	0.520270	-0.531968	1.000000	0.075058	0.610078	-0.290649	0.486181	-0.563801	0.354393	0.484720	0.330475	0.462395	-0.415849
臨公園	0.034488	-0.038050	0.075058	1.000000	0.055708	0.050547	0.053710	-0.065191	0.023653	-0.037600	-0.117967	-0.042643	0.117118
NO濃度	0.603402	-0.506646	0.610078	0.055708	1.000000	-0.216459	0.589950	-0.683932	0.436235	0.454030	0.273242	0.449213	-0.393477
房間數	-0.215448	0.278587	-0.290649	0.050547	-0.216459	1.000000	-0.183353	0.180823	-0.081648	-0.192688	-0.220673	-0.469532	0.484126
屋齡	0.500570	-0.426987	0.486181	0.053710	0.589950	-0.183353	1.000000	-0.610570	0.310727	0.362669	0.245115	0.481129	-0.384108
賣場距離	-0.539368	0.474682	-0.563801	-0.065191	-0.683932	0.180823	-0.610570	1.000000	-0.362540	-0.384072	-0.218994	-0.407415	0.311898
捷運距離	0.563798	-0.233688	0.354393	0.023653	0.436235	-0.081648	0.310727	-0.362540	1.000000	0.558429	0.252236	0.290080	-0.248842
繳稅率	0.547322	-0.291470	0.484720	-0.037600	0.454030	-0.192688	0.362669	-0.384072	0.558429	1.000000	0.287771	0.384324	-0.413675
師生比	0.312456	-0.356645	0.330475	-0.117967	0.273242	-0.220673	0.245115	-0.218994	0.252236	0.287771	1.000000	0.324036	-0.394713
低收入比	0.455192	-0.383358	0.462395	-0.042643	0.449213	-0.469532	0.481129	-0.407415	0.290080	0.384324	0.324036	1.000000	-0.666242
房價	-0.404431	0.339110	-0.415849	0.117118	-0.393477	0.484126	-0.384108	0.311898	-0.248842	-0.413675	-0.394713	-0.666242	1.000000

選取中等以上相關的特徵：選擇了 5 個特徵。

```
[5]   1  targetCorr = featuresCorr['房價']
      2  targetCorr = targetCorr.drop('房價')
      3  selectedFeatures = targetCorr[abs(targetCorr) > 0.4]
      4  print("選擇特徵數： {} \n選擇特徵:\n{}".
      5        format(len(selectedFeatures), selectedFeatures))
```

```
選擇特徵數： 5
選擇特徵:
犯罪率     -0.404431
公設比     -0.415849
房間數      0.484126
繳稅率     -0.413675
低收入比    -0.666242
Name: 房價, dtype: float64
```

▎6.5.4 斯皮爾曼 (Spearman) 相關係數

斯皮爾曼相關係數 是將兩個特徵值分別依大小排序後成對等級，再以各對等級差來進行計算而得到。斯皮爾曼相關係數的計算速度比肯德爾相關係數值快。斯皮爾曼相關係數的值也在 -1 與 1 之間，其意義與皮爾森相關係數相同。**斯皮爾曼相關係數適用於非線性分布並且具有異常值的特徵值。**

Pandas 計算斯皮爾曼相關係數的語法為：

> 相關變數 = **DataFrame** 變數 **.corr(method='spearman', min_periods=** 數值 **)**

```
[4]  1  import pandas as pd
     2  df = pd.read_csv('地區房價資料檔.csv')
     3  featuresCorr = df.corr('kendall')
     4  featuresCorr
```

	犯罪率	豪宅比	公設比	臨公園	NO濃度	房間數	屋齡	賣場距離	捷運距離	繳稅率	師生比	低收入比	房價
犯罪率	1.000000	-0.569671	0.734762	0.042197	0.821355	-0.314092	0.706687	-0.744287	0.727641	0.731273	0.463736	0.634460	-0.558502
豪宅比	-0.569671	1.000000	-0.638285	-0.040454	-0.629175	0.361196	-0.541037	0.610052	-0.277894	-0.372251	-0.442181	-0.485576	0.436183
公設比	0.734762	-0.638285	1.000000	0.088866	0.788662	-0.413749	0.676212	-0.755432	0.456539	0.665352	0.427196	0.634162	-0.574273
臨公園	0.042197	-0.040454	0.088866	1.000000	0.067601	0.061829	0.065462	-0.079724	0.026749	-0.044428	-0.138738	-0.052163	0.142943
NO濃度	0.821355	-0.629175	0.788662	0.067601	1.000000	-0.310809	0.794984	-0.880266	0.587780	0.650474	0.384365	0.632562	-0.559078
房間數	-0.314092	0.361196	-0.413749	0.061829	-0.310809	1.000000	-0.272016	0.264631	-0.114412	-0.274610	-0.309278	-0.642547	0.635398
屋齡	0.706687	-0.541037	0.676212	0.065462	0.794984	-0.272016	1.000000	-0.802176	0.423539	0.528556	0.347743	0.652083	-0.542918
賣場距離	-0.744287	0.610052	-0.755432	-0.079724	-0.880266	0.264631	-0.802176	1.000000	-0.496508	-0.576185	-0.316907	-0.561163	0.443469
捷運距離	0.727641	-0.277894	0.456539	0.026749	0.587780	-0.114412	0.423539	-0.496508	1.000000	0.705047	0.318965	0.396541	-0.347042
繳稅率	0.731273	-0.372251	0.665352	-0.044428	0.650474	-0.274610	0.528556	-0.576185	0.705047	1.000000	0.453059	0.533801	-0.560836
師生比	0.463736	-0.442181	0.427196	-0.138738	0.384365	-0.309278	0.347743	-0.316907	0.318965	0.453059	1.000000	0.459183	-0.550923
低收入比	0.634460	-0.485576	0.634162	-0.052163	0.632562	-0.642547	0.652083	-0.561163	0.396541	0.533801	0.459183	1.000000	-0.850714
房價	-0.558502	0.436183	-0.574273	0.142943	-0.559078	0.635398	-0.542918	0.443469	-0.347042	-0.560836	-0.550923	-0.850714	1.000000

選取中等以上相關的特徵：選擇了 10 個特徵。

```
[7]  1  targetCorr = featuresCorr['房價']
     2  targetCorr = targetCorr.drop('房價')
     3  selectedFeatures = targetCorr[abs(targetCorr) > 0.4]
     4  print("選擇特徵數：{} \n選擇特徵:\n{}".
     5       format(len(selectedFeatures), selectedFeatures))
```

```
選擇特徵數： 10
選擇特徵:
犯罪率    -0.558502
豪宅比     0.436183
公設比    -0.574273
NO濃度    -0.559078
房間數     0.635398
屋齡     -0.542918
賣場距離    0.443469
繳稅率    -0.560836
師生比    -0.550923
低收入比   -0.850714
Name: 房價, dtype: float64
```

6.6 使用 Scikit-Learn 進行特徵選擇

Scikit-Learn 也提供多種篩選特徵的方法，在這裡以最常使用的卡方驗證進行說明。**卡方驗證法適用於分類問題的分析**，例如申請房貸是否核准、是否罹患癌症等。

認識卡方驗證

卡方驗證是用來處理分類並以計次資料的統計方法。計算方式是以觀察值及期望值的差異來得到卡方值，進而判斷兩特徵的相關程度：通常卡方值越大則兩特徵的相關程度越高。

這裡將使用 < 乳癌病歷資料檔 .csv> 來進行特徵選擇，內含 680 筆資料，前 9 個特徵為患者各種病理檢查資料，特徵資料皆以 1~10 十個等級表示，最後一個特徵為「種類」，1 表示腫瘤為良性，2 表示腫瘤為惡性：

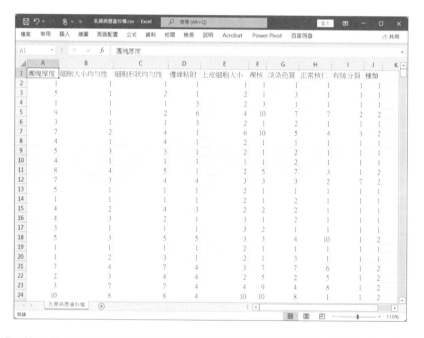

這裡將要使用前 9 個特徵判別第 10 個特徵腫瘤為良性或惡性，這是一個分類問題，適合以卡方驗證做特徵選擇。

載入 **Scikit-Learn** 的卡方驗證模組

在 Scikit-Learn 中使用卡方驗證要先載入模組：

```
from sklearn.feature_selection import SelectKBest
from sklearn.feature_selection import chi2
```

取出判斷特徵與目標特徵

Scikit-Learn 的卡方驗證使用判斷特徵及目標特徵做為參數。在這個範例中，希望使用前 9 個特徵來判別第 10 個特徵，也就是「種類」欄的資料是良性或惡性。

1. **建立判斷特徵**：取出資料集前 9 個特徵當作判斷特徵。這裡使用 df.iloc() 方法取得特徵資料，語法為：

```
DataFrame 變數 .iloc[ 列範圍 ,  行範圍 ]
```

   例如，要取得除了最後一個特徵以外的其他全部特徵：

```
[8]  1  import pandas as pd
     2  import numpy as np
     3  from sklearn.feature_selection import SelectKBest
     4  from sklearn.feature_selection import chi2
```

```
[9]  1  df = pd.read_csv('乳癌病歷資料檔.csv')
     2  data = df.iloc[:, :-1]
     3  data
```

	團塊厚度	細胞大小均勻性	細胞形狀均勻性	邊緣粘附	上皮細胞大小	裸核	淡染色質	正常核仁	有絲分裂
0	1	1	1	1	1	1	1	1	1
1	5	1	2	1	2	1	3	1	1
2	1	1	1	3	2	3	1	1	1
3	9	1	2	6	4	10	7	7	2
4	3	1	1	3	2	1	2	1	1
...	...	...	...	...	...	...	...	...	...

2. **建立目標特徵**：取出資料集最後一個特徵做為目標特徵。

```
[10]   1  target = df.iloc[:, -1]
       2  target
```

```
0    1
1    1
2    1
3    2
4    1
    ..
```

進行卡方驗證

使用 Scikit-Learn 模組卡方驗證功能，首先是建立 SelectKBest 物件，語法為：

> 卡方物件 **= SelectKBest(chi2, k=** 數值 **)**

■ **k**：設定篩選後的特徵數量，預設值為 10。

然後利用卡方變數的 fit_transform 方法進行特徵篩選，語法為：

> 卡方陣列變數 **=** 卡方物件 **.fit_transform(** 判斷特徵 **,** 目標特徵 **)**

下面為篩選出 5 個最佳特徵的程式及執行結果：

```
[11]   1  n = 5
       2  chi = SelectKBest(chi2, k=n)
       3  arrchi = chi.fit_transform(data, target)
       4  arrchi
```

```
array([[1, 1, 1, 1, 1],
       [1, 2, 1, 1, 1],
       [1, 1, 3, 3, 1],
       ...,
       [1, 1, 1, 1, 1],
       [8, 7, 2, 8, 8],
       [1, 1, 1, 1, 1]])
```

傳回值卡方陣列變數是所有選出的特徵組成的矩陣列表。如果是要進行機器學習，可直接以此陣列傳送給機器學習進行訓練。

取得特徵驗證值

在剛才的執行結果中無法得知篩選出的特徵名稱，若要取得特徵名稱，可以將篩選出的特徵值與原始特徵值逐一比對來取得特徵名稱。

若是要以程式取得篩選出的特徵名稱，第一步是以卡方變數的 scores_ 屬性得到所有特徵的卡方驗證值，語法為：

> 卡方值變數 = 卡方變數 **.scores_**

```
[12]   1   score = chi.scores_
       2   score

     array([ 613.78738369, 1349.48325388, 1253.69419874,  962.80470656,
             487.94465088, 1616.63540027,  666.18098173, 1113.86253889,
             229.21688093])
```

傳回值是特徵卡方驗證值依序組成的陣列：例如第 1 個特徵「團塊厚度」的卡方驗證值為 613.7873，第 2 個特徵「細胞大小均勻性」的卡方驗證值為 1349.6941，依此類推。

取得相關特徵名稱

卡方驗證值越大則相關性越高，因此這裡要取出卡方驗證值前 5 大的特徵名稱。這裡可以使用 numpy 的 argsort() 函式，可將數值由小到大排序，再使用 flipud() 函式將陣列反轉變成由大到小排序 (argsort() 函式無法由大到小排序)，再取出原始陣列的索引值組成陣列，語法為：

> 排序變數 = **np.argsort(** 卡方值變數 **)**
> 排序變數 = **np.flipup(** 排序變數 **)**

```
[13]   1   scoresort = np.argsort(score)
       2   scoresort = np.flipud(scoresort)
       3   scoresort

     array([5, 1, 2, 7, 3, 6, 0, 4, 8])
```

最後由索引值取得特徵名稱並顯示：

```
[14]   1  col = df.columns
       2  print('選擇的特徵：')
       3  for i in range(n):
       4    print('{}：{}'.format(col[scoresort[i]], score[scoresort[i]]))
```

```
選擇的特徵：
裸核：1616.6354002736975
細胞大小均勻性：1349.4832538808205
細胞形狀均勻性：1253.6941987391392
正常核仁：1113.8625388898593
邊緣粘附：962.8047065573521
```

程式說明

■ 1 　　　取得所有特徵名稱。

■ 3-4 　　逐一顯示特徵名稱及卡方驗證值。

07

機器學習：非監督式學習

7.1 認識機器學習

▍7.1.1 機器學習是什麼？

西元 1959 年，麻省理工學院工程師亞瑟·塞繆爾 (Arthur Samuel) 創造了「機器學習」一詞，將機器學習描述為「使計算機在沒有明確程式的情況下進行學習」。維基百科將機器學習定義為「機器學習是實現人工智慧的一個途徑，即以機器學習為手段解決人工智慧中的問題。」

機器學習的蓬勃發展是因為網際網路的出現，網際網路提供了一大批累積的資料，有了這麼多訊息，必須找到一種方法，將這些資訊組織成有意義的模式，而機器學習就扮演了重要的角色。大量的資料為機器學習演算法提供「燃料」，使這些演算法能夠獲得一種預測未來行為的方法。購物網站的商品推薦功能就是最常見的例子，它會讀取您的偏好和購買習慣，然後向您推薦您可能感興趣的其他產品。

機器學習、人工智慧與深度學習有何差異呢？簡單的說，人工智慧包含機器學習，而機器學習包含深度學習，如下圖：

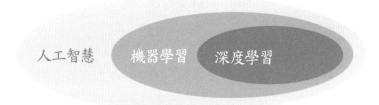

人工智慧的範圍最大，舉凡電腦模仿人類思考進而模擬人類的能力或行為都屬於人工智慧的範疇。機器學習是從資料中學習模型，是實現人工智慧的方法之一，近年在人工智慧的相關研究中，發展最快、研究數量最多的就是機器學習。深度學習是機器學習的演算法之一，利用多層的非線性資料進行學習，剛開始在圖像辨識領域效果非常卓著而廣受注目，現在已廣泛應用於各種領域。

7.1.2 機器學習類別

人類是如何學習的？基本上是從各種經驗中學習，可以是在正規的學校接受教育，也可以自行蒐集資料學習，然後歸納成自己的人生智慧、行為依據。

機器要如何學習呢？學習本質雖與人類接近，只是機器是從大量資料中找出規律、從中學習，在下次面對類似狀況時，就能做出判斷。機器靠演算法分析及歸納，效果可能遠遠超過人類。機器學習主要有兩種訓練方式：**監督式學習 (Supervised learning)** 與 **非監督式學習 (Unsupervised learning)**。

監督式學習

監督式學習 類似正規學校教育，會告訴機器正確答案是什麼，有人類當家教老師調教，讓機器從標準答案、已存在的模式中學習。提供機器學習的資料稱為 **特徵值**，做為答案的資料稱為 **目標值**。

監督式學習主要分為兩類：**分類 (Classification)** 及 **回歸 (Regression)**。

1. **分類** 是指目標值不是連續值 (也稱為「離散值」)，而是表示屬性的資料。例如提供電腦用戶的月收入、房產、年齡等特徵值資料，再提供用戶是否得到貸款的目標值資料，讓電腦進行機器學習並建立模型，往後只要將新的月收入、房產、年齡等資料輸入模型，便能預測該用戶是否能得到貸款。

2. **回歸** 是指目標值是連續值的機器學習。仍以貸款為例：提供電腦用戶的月收入、房產、年齡等特徵值資料，而目標值資料提供的是用戶的貸款額度，即用戶貸到多少錢，而此貸款額度是連續數值。建立模型後，往後只要將新的月收入、房產、年齡等資料輸入模型，便能預測該用戶能貸到多少金額。

常見的監督式學習有 **K 近鄰**、**單純貝氏分類**、**決策樹** 等。

非監督式學習

非監督式學習 類似自我學習，沒有告訴機器正確答案是什麼，讓機器自己從資料中發現模式。例如銀行將客戶的存款、信用評等、消費筆數、消費額度等特徵值資料，利用機器學習將客戶分為一般用戶、優質用戶及 VIP 用戶，此時並未提供分群的條件，完全由機器學習決定分群，這就是非監督式學習。

常見的非監督式學習有 **K-means**、**DBSCAN**。

▋7.1.3 機器學習應用

機器學習目前已經在各行各業中實際應用，整理如下：

- **圖像識別**：機器學習最常見的用途之一就是圖像識別。例如用於手機的人臉檢測、指紋識別等。

- **語音識別**：語音識別是將語音翻譯成文字的過程。例如語音撥號、影片字幕製作、語音助理等。

- **醫療診斷**：在醫學診斷中，機器學習主要運用在確定某種疾病的存在，對其進行準確的識別，透過分析患者的數據來提高醫學診斷的準確性。機器學習可根據某些醫學測試 (例如血壓、溫度和各種血液測試) 或醫學診斷 (例如醫學圖像) 的結果，以及關於患者的基本身體訊息 (年齡、性別、體重等) 來縮小患者可能所患疾病的範圍。

- **統計套利**：在金融領域，統計套利指的是短期內涉及大量證券的自動交易策略，採用機器學習方法可獲得指數套利的策略。

- **學習關聯**：學習關聯是對產品之間各種關聯進行深入研究的過程。機器學習研究人們購買的產品之間的關聯，稱為購物籃分析，有助於向客戶推薦相關產品。客戶購買它的可能性更高，它也可以幫助組合產品獲得更好的銷售。

- **分類**：分類是把每個人從被研究的人群中分成許多類的過程。例如在銀行決定發放貸款之前，透過考慮客戶的收入、年齡、儲蓄和財務歷史等因素，使用機器學習評估客戶償還貸款的能力。

- **提取**：「提取」是從非結構化資料中取得結構訊息的過程，例如從網頁、文章、部落格、商業報告、電子郵件等提取資料產生輸出。現在，「提取」已經成為大數據行業的關鍵。

- **回歸**：回歸分析較常應用在數值的預測，例如溫度預測、 預測股價波動、市場房價行情預測等。

7.2 K-means 演算法

K-means 演算法 是一種非監督機器學習演算法，屬於「聚類」演算法，可以將資料分為指定數量的群組。

7.2.1 K-means 演算法原理

以學校開學時的新班級為例：開學時每個同學互不認識，所以每個同學都是獨立個體，每個同學相當於資料初始狀態。隨著時間流逝，同學間逐漸形成小團體，相當於資料分成不同的群組。

同學為什麼會形成小團體呢？可能是性別因素(男、女)，可能是興趣因素(喜歡打球、音樂等)，以及其他各種因素；相當於資料會因各種特徵值相近而聚集成群組。人類會因彼此相處而熟識，自然而然的形成各種小團體，但資料要如何因特徵值相近而聚集成群組呢？關鍵就是計算資料之間的特徵值歐式距離，歐式距離越小表示資料特徵越接近，然後將特徵相近的資料聚類成群組。

K-means 演算法的「K」表示群組數量，即要將資料分為 K 個群組，「means」表示每個群組的中心，稱為「群心」，K-means 演算法藉由不斷更新「群心」位置來達成將資料聚類成群組。

K-means 運作步驟

下面以將資料分為 2 個群組 (K=2) 做說明：圓圈為原始資料，正方形為第一個群組資料，三角形點為第二個群組資料，運作步驟如下：

1. 在資料範圍內任取兩個位置 X1 及 X2 做為兩個群組的群心。取一個資料計算與兩個群心的距離，將資料劃分為較近群組資料。下面圖形圓點距 X1 較近，故視為 X1 群組資料。

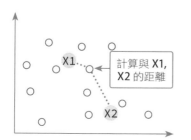 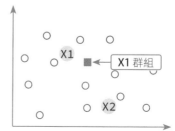

2. 逐一計算每個資料與兩個群心的距離，將每個資料分到較近群組資料。(左下圖)

3. 計算每個群組中所有資料的平均值，將資料平均值做為新的群心，此操作稱為群心移動。(右下圖)

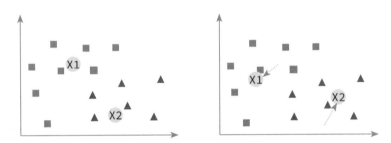

4. 重複操作步驟 2 及 3，直到群心不再移動就完成 K-means 演算法。

優點及缺點

K-means 演算法的優點：

- 容易理解 (把特徵相近的資料分為同一群組)。
- 計算速度快。

K-means 演算法的缺點：

- 易受異常值影響。
- 只適用於數值型的資料。
- 必須確定群組數目，即需確定 K 值。

K-means 應用場景

K-means 演算法常用於為沒有目標值的分類資料集建立目標值，如此就不必耗時費力的手動為資料集逐一標記。

其次是將資料分群後，可從資料群組中得到有用訊息，例如在信用卡資料集以 K-means 演算法分群後，可得知哪些客戶是信用良好者，哪些是高所得低消費的待開發客戶等。

7.2.2 Scikit-Learn 中 K-means 相關模組

Scikit-Learn 的 K-means 模組

1. 在 Scikit-Learn 要使用 K-means 演算法，首先含入模組：

```
from sklearn.cluster import KMeans
```

2. 接著建立 KMeans 物件，語法為：

```
KMeans 變數 = KMeans(n_clusters= 數值 )
```

■ **n_clusters**：要建立的群組數量，即 K 值。

例如，KMeans 變數為 km，將資料分為 5 群：

```
km = KMeans(n_clusters=5)
```

3. 然後就可利用 fit 方法進行訓練，語法為：

```
K-means 變數 .fit( 訓練資料 )
```

例如，KMeans 變數為 km，訓練資料為 df：

```
km.fit(df)
```

訓練完成後的分群結果儲存於傳回值的「labels_」屬性中，是一個 0 到 K-1 數值組成的串列，表示每一個資料分配的群組。

calinski_harabasz_score 模組：評估分群效果

K-means 演算法分群效果的評估原理：群內資料的距離越小越好，而不同群的資料距離越大越好。Scikit-Learn 提供 calinski_harabasz_score 模組可對 K-means 演算法分群結果進行評估，此模組是計算不同群資料平均距離與群內資料平均距離的比值，數值越大表示分群效果越好。

1. 使用 calinski_harabasz_score 之前需先含入模組：

```
from sklearn.metrics import calinski_harabasz_score
```

2. 使用 calinski_harabasz_score 模組的語法為：

```
評估變數 = calinski_harabasz_score(原始資料, KMeans變數.labels_)
```

例如，評估變數為 metric，原始資料為 df，KMeans 變數為 km：

```
metric = calinski_harabasz_score(df, km.labels_)
```

7.2.3 K-means 應用：信用卡客戶分群

信用卡客戶資料來源

這裡將使用 <customer.csv> 以 K-means 演算法將信用卡客戶分群，其中包含 200 筆資料，所有欄位皆為持卡者個人資料：

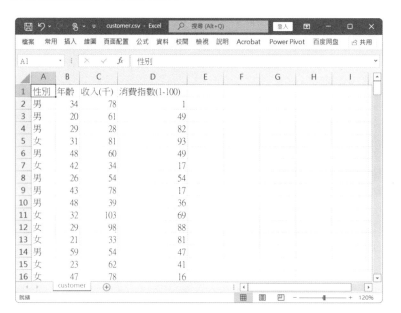

使用 **K-means** 進行信用卡客戶分群

由於「性別」欄位是文字資料，無法進行機器學習的數學運算，所以使用字典對照法將文字資料轉換男為 1，女為 2 的數值資料：

```
[2]    1 import pandas as pd
       2 import numpy as np
       3 from sklearn.cluster import KMeans
       4 from sklearn.metrics import calinski_harabasz_score
       5
       6 df = pd.read_csv('customer.csv')
       7 dict1 = {'男':1, '女':2}
       8 df['性別'].replace(dict1, inplace=True)
       9 df
```

	性別	年齡	收入(千)	消費指數(1-100)
0	1	34	78	1
1	1	20	61	49
2	1	29	28	82
3	2	31	81	93
4	1	48	60	49
...	...	...	...	...

接著就可用 K-means 演算法進行分群：通常會根據需求決定 K 值，即分為多少群，此處以分為 3 群為例：

```
[3]    1 km = KMeans(n_clusters=3)
       2 km.fit(df)
       3 km.labels_
```

```
array([0, 2, 2, 1, 2, 2, 2, 0, 2, 1, 1, 2, 2, 2, 0, 2, 2, 2, 0, 2, 0, 1,
       0, 2, 0, 2, 2, 2, 2, 2, 2, 2, 0, 0, 0, 2, 1, 1, 2, 2, 0, 2, 1, 2,
       2, 1, 2, 2, 2, 2, 1, 2, 2, 2, 2, 2, 0, 1, 2, 0, 2, 2, 2, 1, 1,
       2, 1, 2, 0, 0, 1, 2, 2, 2, 1, 0, 2, 2, 0, 2, 2, 0, 0, 1, 2, 2,
       2, 2, 2, 1, 1, 2, 2, 0, 1, 0, 2, 2, 2, 2, 0, 1, 2, 2, 2, 2,
       2, 1, 1, 1, 2, 2, 1, 1, 2, 0, 1, 2, 2, 2, 2, 0, 1, 2, 2, 2,
       2, 2, 2, 2, 0, 2, 2, 2, 2, 1, 0, 0, 2, 2, 2, 2, 0, 2, 0, 1, 1,
       2, 2, 1, 2, 0, 2, 1, 2, 2, 2, 2, 2, 2, 1, 2, 2, 1,
       2, 1, 2, 2, 2, 2, 2, 0, 2, 2, 0, 1, 2, 0, 0, 2, 1, 0, 2, 1, 2, 2,
       1, 1], dtype=int32)
```

每個人執行結果可能編號順序會與上圖不同，但群組分布是相同的。

可以將分組結果加入原始資料集，例如將新增的欄位命名為「類別」：

```
[4]   1 df['類別'] = km.labels_
      2 df.head()
```

	性別	年齡	收入(千)	消費指數(1-100)	類別
0	1	34	78	1	0
1	1	20	61	49	2
2	1	29	28	82	2
3	2	31	81	93	1
4	1	48	60	49	2

此資料集就可做為監督式機器學習的資料集：原始 4 個欄位為特徵值，新增的「類別」欄位為目標值。

「類別」欄位值 0、1、2 代表什麼意義呢？這需要觀察其資料歸納才能得知。以下程式會列出類別為 0 的前 30 筆資料：

```
[ ]   1 df2 = df[df['類別']==0]
      2 df3 = df2.iloc[0:30, :]
      3 df3
```

將第一列程式中「0」分別改為 1、2，就可分別列出類別為 1、2 的前 30 筆資料，仔細觀察這三組資料。

	性別	年齡	收入(千)	消費指數(1-100)	類別
3	2	31	81	93	0
9	2	32	103	69	0
10	2	29	98	88	0
21	1	32	126	74	0
36	1	28	77	97	0
37	1	32	73	73	0
42	1	39	78	88	0
45	1	30	137	83	0
51	1	28	87	75	0
58	1	40	71	95	0

▲ 類別為 0

	性別	年齡	收入(千)	消費指數(1-100)	類別
1	1	20	61	49	1
2	1	29	28	82	1
4	1	48	60	49	1
5	2	42	34	17	1
6	1	26	54	54	1
8	1	48	39	36	1
11	2	21	33	81	1
12	1	59	54	47	1
13	2	23	62	41	1
15	1	68	63	43	1

▲ 類別為 1

	性別	年齡	收入(千)	消費指數(1-100)	Class
0	1	34	78	1	2
7	1	43	78	17	2
14	2	47	78	16	2
18	1	42	86	20	2
20	2	45	126	28	2
22	2	47	120	16	2
24	2	34	103	23	2
32	1	19	74	10	2
33	1	20	73	5	2
34	1	37	78	1	2

▲ 類別為 2

結論：「類別」為 0 的客戶年收入較低，年齡及消費分布較廣，可視為「一般客戶」；「類別」為 1 的客戶年收入較高，年齡約在 20-40 歲，消費力相當高，可視為「優質客戶」；「類別」為 2 的客戶年收入較高，年齡約在 20-60 歲，但消費力相當低，可視為「待開發客戶」。

評估 K-means 分群效果

如果使用者無法決定群組數量，可對各種群組數量分組結果進行評估，做為決定群組數量的參考依據。以下程式對群組數量 2 到 14 進行評估：

```
[8]   1 for n in range(2,15):
      2   km = KMeans(n_clusters=n)
      3   km.fit(df)
      4   metric = calinski_harabasz_score(df, km.labels_)
      5   print('群組數量：{}，評分：{}'.format(n, metric))
```

```
群組數量：2，評分：89.2106762819744
群組數量：3，評分：113.75242426357462
群組數量：4，評分：128.00296114672895
群組數量：5，評分：150.97200777880911
群組數量：6，評分：166.62762062886958
群組數量：7，評分：160.94012363246821
群組數量：8，評分：163.46267318024073
群組數量：9，評分：157.375165943594
群組數量：10，評分：153.0822101860228
群組數量：11，評分：152.17522251431154
群組數量：12，評分：145.21083385695493
群組數量：13，評分：144.3518531613605
群組數量：14，評分：139.9105781326337
```

評分越高表示分組效果越好，上圖中分為 6 組是分組最佳效果。但分組效果最好不一定符合使用者需求，還要實作看資料分組後各組資料的意義才是最重要的考量。

7.3 DBSCAN 演算法

DBSCAN (Density-based spatial clustering，密度空間分群) 演算法也是一種非監督機器學習演算法，同樣可以將資料分為許多群組。

與 K-means 演算法相較，DBSCAN 演算法不必指定要分為多少個群組，而且可以將異常值排除於群組之外。

7.3.1 DBSCAN 演算法原理

同樣以學校開學時的新班級為例：新同學分組時不會預設要分為多少個群組，而是各個同學因個性、興趣、喜好等因素自然聚合成若干個群組。

DBSCAN 演算法的特點是不依賴於距離，而是依賴於密度：是從某一個資料點出發，不斷向密度可達的區域擴張，從而得到一個最大化的區域，此區域內的資料即為一個群組。

DBSCAN 演算法有兩個參數：**密度半徑 (eps)** 及**最小資料數 (min_samples)**。以起始資料點為圓心，密度半徑為半徑畫圓，若在此圓內的資料數量大於等於最小資料數 (包含圓心資料點)，則這些資料為同一群組；再以新加入的資料點為圓心，密度半徑為半徑畫圓納入新資料點，重複此步驟，直到沒有新資料點可以納入時，就結束該群組。

若以起始資料點為圓心，密度半徑為半徑畫圓，在此圓內的資料數量小於最小資料數，表示該群組只有一個資料，此資料即為「異常值」，不屬於任何群組。

○ **注意**：執行 DBSCAN 演算法的資料需進行**標準化**。

DBSCAN 運作步驟

以下使用最小資料數為 3 個 (min_samples=3) 做說明。

1. 以資料 A 為圓心，密度半徑 (eps) 為半徑畫圓，此圓包含 A、B、C 三個資料，所以 A、B、C 為同一群組。(左下圖)

2. 分別以資料 B、C 為圓心，密度半徑為半徑畫圓，會包含 D、E、G 三個資料。重複畫圓納入資料，最後資料 A 到 G 為同一群組。(右下圖)

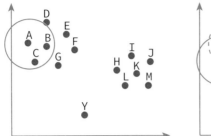
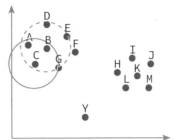

3. 以資料 H 為圓心，密度半徑 (eps) 為半徑畫圓，此圓包含 H、I、K、L 四個資料。分別以資料 I、K、L 為圓心，密度半徑為半徑畫圓，重複畫圓納入資料，最後資料 H 到 M 為同一群組。(左下圖)

4. 以資料 Y 為圓心，密度半徑 (eps) 為半徑畫圓，此圓包含的資料未達 3 個，資料 Y 為異常值，不屬於任何群組。(右下圖)

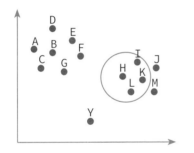
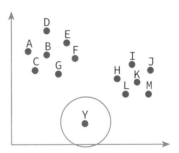

優點及缺點

DBSCAN 演算法的優點：

- 不需要指定群組的數目。

- 不受異常值影響，且可將異常值排除於群組之外。

DBSCAN 演算法的缺點：

- 計算方式較複雜，較耗計算資源。

- 不適合密度差異很大的資料集。

7.3.2 Scikit-Learn 的 DBSCAN 模組

1. 在 Scikit-Learn 要使用 DBSCAN 演算法，首先含入模組：

```
from sklearn.cluster import DBSCAN
```

2. 接著建立 DBSCAN 物件，語法為：

```
DBSCAN 變數 = DBSCAN(eps= 數值 , min_samples= 數值 )
```

- **eps**：密度半徑。預設值為 0.5。

- **min_samples**：以密度半徑畫的圓內包含的最小資料數量。預設值為 5。

例如，DBSCAN 變數為 dbscan，密度半徑為 0.7，最小資料數為 3：

```
dbscan = DBSCAN(eps=0.7, min_samples=3)
```

3. 然後就可利用 fit() 方法進行訓練，語法為：

```
DBSCAN 變數 .fit( 訓練資料 )
```

訓練資料是經過標準化處理的資料。

例如，DBSCAN 變數為 dbscan，訓練資料為 dfScaled：

```
dbscan.fit(dfScaled)
```

訓練完成後的分群結果儲存於傳回值的「labels_」屬性中，表示每一個資料分配的群組。

7.3.3 DBSCAN 應用：信用卡客戶分群

使用 DBSCAN 進行信用卡客戶分群

這裡仍使用 <customer.csv> 信用卡客戶資料，以 DBSCAN 演算法將信用卡客戶分群，其中包含 200 筆資料，所有欄位皆為持卡者個人資料。

除了載入要使用的模組，首先使用字典對照法，將「性別」欄位的文字資料轉換成男為 1，女為 2 的數值資料：

```
[9]    1 import pandas as pd
       2 import numpy as np
       3 from sklearn.cluster import DBSCAN
       4 from sklearn.preprocessing import StandardScaler
       5
       6 df = pd.read_csv('customer.csv')
       7 dict1 = {'男':1, '女':2}
       8 df['性別'].replace(dict1, inplace=True)
       9 df
```

	性別	年齡	收入(千)	消費指數(1-100)
0	1	34	78	1
1	1	20	61	49
2	1	29	28	82
3	2	31	81	93
4	1	48	60	49
...	...	...	...	...

接著就先進行標準化，然後使用 DBSCAN 演算法進行分群：密度半徑為 0.82，最小資料數為 5，訓練後顯示分群結果。

```
[10]   1 scaler = StandardScaler()
       2 scaler.fit(df)
       3 dfScaled = scaler.transform(df)
       4 dbscan = DBSCAN(eps=0.82, min_samples=5)
       5 dbs = dbscan.fit(dfScaled)
       6 dbs.labels_
```

```
array([ 0,  1,  2,  3,  0,  3,  1,  0,  0,  3,  3,  3,  0,  3,  4,  0,  0,
        3,  0,  3, -1, -1,  4,  0,  4, -1,  0,  3,  1, -1,  2,  3,  0,  0,
        0,  1,  1,  1,  3,  3,  3,  0,  1,  3,  1, -1,  3,  3,  3,  0,  3,
        1,  3,  3, -1,  3,  0, -1,  1,  3,  0, -1,  3,  3,  3,  3,  3,  3,
       -1, -1,  4,  1,  3,  3,  2,  3,  4,  1,  3,  3,  3,  4,  3,  0,  0,
        1,  3,  3,  0,  3,  3,  3,  1,  3,  3,  3,  4,  3,  0,  2,
        3, -1,  3,  0,  3,  2,  1,  0,  3,  1,  3,  1,  0,  0,  3,  1,  3,
        3, -1,  3,  3,  0,  3,  3,  3,  0,  3,  2,  3,  0,  3,  3,  0,  3,
        0, -1,  1,  4,  3,  3,  1,  3,  4,  2,  3, -1,  3,  4,  0,  4,  3,
        3,  3,  3,  3,  3,  0,  3,  3,  3,  0, -1,  0,  3,  1,  0,  3,
        3,  3,  3,  3,  0,  3,  3,  1,  0,  3,  0, -1, -1,  4,  3,  3, -1,
        1,  3,  0,  4,  3,  3,  4,  3,  3,  2,  3,  1,  1])
```

每個人執行結果的編號順序可能會與上圖不同,但群組分布是相同的。

最大數值為 4 表示分為 5 個群組,-1 為異常值。

可以將分組結果加入原始資料集,例如將新增的欄位命名為「類別」:

```
[11]   1 df['類別'] = dbs.labels_
       2 df.head()
```

	性別	年齡	收入(千)	消費指數(1-100)	類別
0	1	34	78	1	0
1	1	20	61	49	1
2	1	29	28	82	2
3	2	31	81	93	3
4	1	48	60	49	0

檢視分群結果

「類別」等於 0 到「類別」等於 4 代表的意義需要觀察其資料內容,以下程式會列出「類別」為 0 的前 30 筆資料:(若未達 30 筆則顯示全部資料)

```
[12]   1 df2 = df[df['類別']==0]
       2 df3 = df2.iloc[0:30, :]
       3 df3
```

	性別	年齡	收入(千)	消費指數(1-100)	類別
0	1	34	78	1	0
4	1	48	60	49	0
7	1	43	78	17	0
8	1	48	39	36	0
12	1	59	54	47	0
15	1	68	63	43	0

將第一列程式中「0」分別改為 1 到 4,就可分別列出類別為 1 到 4 的前 30 筆資料。

找出異常值

DBSCAN 演算法的最大特色是可以找出異常值，並且在分群時排除這些異常值，我們應該觀察這些異常值資料的意義。異常值是類別為「-1」的資料，以下程式會列出異常值的前 30 筆資料：

```
[14]    1 df2 = df[df['類別']==-1]
        2 df3 = df2.iloc[0:30, :]
        3 df3
```

	性別	年齡	收入(千)	消費指數(1-100)	類別
20	2	45	126	28	-1
21	1	32	126	74	-1
25	2	20	16	6	-1
29	1	19	15	39	-1
45	1	30	137	83	-1
54	1	64	19	3	-1
57	1	59	71	11	-1
61	2	35	19	99	-1
68	1	67	19	14	-1
69	1	33	113	8	-1
103	1	37	20	13	-1
120	1	32	137	18	-1
137	2	35	18	6	-1

可發現異常值資料是收入特別高或特別低的資料。

調整分群結果

如果對於分群結果不滿意，可調整 eps（密度半徑）及 min_samples（最小資料數）參數值。eps 變大時，分群數量及異常值都會減少；eps 變小時，分群數量及異常值都會增加。min_samples 變大時，分群數量會減少而異常值會增加；min_samples 變小時，分群數量會增加而異常值會減少。

7.4 降維演算法

降維是用來減少資料集中的特徵維度。一般特徵選擇演算法會保留原始特徵空間，降維會將原始特徵轉換或映射到一個新的特徵空間。換句話說，降維可以理解為是一種資料壓縮的方法，可以保留大部分特徵資訊。最常使用的降維演算法為主成份分析。

7.4.1 主成份分析：PCA

主成份分析 (Principal Component Analysis)，簡稱 PCA，是一種資料維數壓縮的技術，在減少少量資料訊息的情況下，盡量降低資料的維度 (即減少特徵數量)。主成份分析會改變原始資料的結構，通常在特徵數量達到上百個以上時才考慮使用。

主成份分析的概念是當特徵數量龐大時，無可避免的會有部分特徵之間是相關的，於是可將這些相關特徵合併呈現。

例如下面兩個特徵資料為：

```
特徵一：1, 2, 3, 4, 5, 6, 7, 8, 9, 10, ……
特徵二：2, 4, 6, 7, 10, 13, 14, 16, 18, 20, ……
```

特徵二的值大約是特徵一的兩倍，這兩個特徵資料在經過數值縮放後只有少許不同，如果將特徵二視同特徵一，雖然會有少許誤差，卻可減少一個維度 (特徵)。

主成份分析也可利用下面圖形理解：左邊是正常人臉圖形，右邊是經過主成份分析降維後的圖形，降維後雖然人臉變得不清晰，但仍可看出是人臉，也就是仍可維持機器學習的結果正確性。

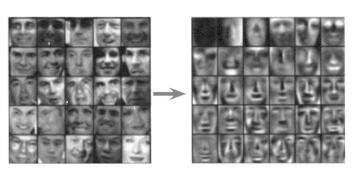

7.4.2 Scikit-Learn 的 PCA 模組

1. 要使用 Scikit-Learn 主成份分析功能，首先要含入主成份分析模組：

```
from sklearn.decomposition import PCA
```

2. 接著建立 PCA 物件，語法為：

```
主成份變數 = PCA(n_components= 數值 )
```

  ■ **n_components**：此參數值有兩種設定方式：

  ● **小數**：表示要保留原始資料的比例，其值一般在 0.9 至 0.95 之間，即保留 90% 到 95% 的原始資料。

  ● **整數**：表示要保留原始資料的特徵數量。由於要保留的特徵數量不易決定，通常都是設定為小數。

  例如，主成份變數為 pca，要保留 95% 的原始資料：

```
pca = PCA(n_components=0.95)
```

3. 然後用 PCA 物件的 fit_transform 方法轉換，語法為：

```
轉換變數 = 主成份變數 .fit_transform( 數值資料串列 )
```

例如，以下程式會將 3 個 6 維資料進行主成份分析處理：

```
[14]    1 from sklearn.decomposition import PCA

[19]    1 pca = PCA(n_components=0.95)
        2 data = pca.fit_transform([[2,8,4,5,9,3], [6,3,0,8,7,1],
        3                           [5,4,9,1,8,2]])
        4 print(data)

[[-0.27506139  4.0732061 ]
 [ 5.92362693 -1.89137796]
 [-5.64856554 -2.18182813]]
```

主成份分析後，資料由 6 維降為 2 維。

○ **注意**：主成份分析後的 2 個特徵並非原始資料的任 2 個特徵，而是綜合原始資料 6 個特徵產生的 2 個特徵，也就是主成份分析會改變整個資料結構。

7.4.3 主成份分析應用：消費者購買哪些商品

這裡將使用 Kaggle 網站所提供的 Instacart 購物系統資料集 (https://www.kaggle.com/c/instacart-market-basket-analysis/data)。這個資料集包含來自超過 200,000 個 Instacart 顧客所產生超過 300 萬份訂單的資料。這裡將建立一個含有一百多個特徵的資料來示範主成份分析降維的效果。

在開啟資料集網頁後，除了有資料集詳細的說明之外，還可以在頁面最下方看到下載資料集的按鈕。請登入系統，即可按 **Download All** 鈕下載資料集。如果還沒有帳號，可以用 Google 或 FB 帳號登入。

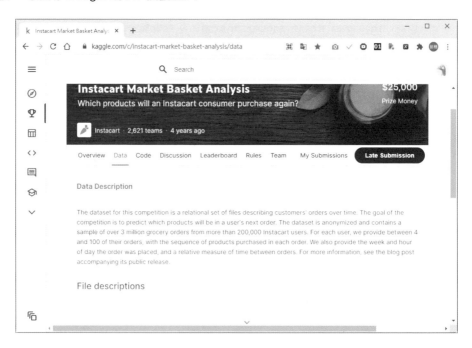

解壓縮下載的 <instacart-market-basket-analysis.zip> 檔，再分別對產生的 7 個壓縮檔解壓縮，即可得到資料檔。最後請將這些資料檔上傳到準備操作的 Colab 檔案資料夾中。

本範例是要找出每一位消費者購買了哪些類別的商品，消費者的欄位名稱為「user_id」，商品類別為「aisle」。此處需用到 4 個資料表：

■ **products.csv**：商品名稱。

■ **order_products__prior.csv**：訂單中的商品名稱。

■ **orders.csv**：訂單資訊及屬於哪一個消費者。

■ **aisles.csv**：商品是屬於哪一個類別。

觀察各資料表的欄位後，以下列程式碼結合資料表：

```
[16]    1 import pandas as pd
        2 prior = pd.read_csv('order_products__prior.csv')
        3 products = pd.read_csv('products.csv')
        4 orders = pd.read_csv('orders.csv')
        5 aisles = pd.read_csv('aisles.csv')
        6 t1 = pd.merge(prior, products, on=['product_id',
        7                                    'product_id'])
        8 t1 = pd.merge(t1, orders, on=['order_id', 'order_id'])
        9 mt = pd.merge(t1, aisles, on=['aisle_id', 'aisle_id'])
       10 print(mt.shape)
       11 mt
```

(32434489, 14)

	order_id	product_id	add_to_cart_order	reordered	product_name	aisle_id	departm
0	2	33120	1	1	Organic Egg Whites	86	
1	26	33120	5	0	Organic Egg Whites	86	
2	120	33120	13	0	Organic Egg Whites	86	
3	327	33120	5	1	Organic Egg Whites	86	
4	390	33120	28	1	Organic Egg Whites	86	
...	...	...	...	...	...	...	

可看到資料有三千多萬筆，14 個欄位，其中「user_id」欄位是消費者名稱，「aisle」欄位是商品類別名稱。接著可使用交叉表分析 (crosstab) 功能取得消費者所購買的商品類別名稱。

```
[17]    1 cross = pd.crosstab(mt['user_id'], mt['aisle'])
        2 print(cross.shape)
        3 cross
```

(206209, 134)

aisle	air fresheners candles	asian foods	baby accessories	baby bath body	baby food formula	bakery desserts	baking ingredients	baking supplies decor	beau
user_id									
1	0	0	0	0	0	0	0	0	
2	0	3	0	0	0	0	2	0	
3	0	0	0	0	0	0	0	0	
4	0	0	0	0	0	0	0	0	
5	0	2	0	0	0	0	0	0	
...	...	...	...	...	...	...	...	...	

消費者

購買的商品類別

執行結果可見到有 206209 位消費者，商品共有 134 類，即有 134 個特徵。特徵數超過百個，且多數特徵值為 0，非常適合使用主成份分析降維。

```
[18]    1 pca = PCA(n_components=0.95)
        2 # pca = PCA(n_components=0.9)
        3 data = pca.fit_transform(cross)
        4 print(data.shape)
```

(206209, 44)

可見到使用保留 95% 資料的主成份分析時，特徵數量成為 44 個。若是使用保留 90% 資料的主成份分析，則特徵數量大幅削減成為 27 個。

08

機器學習：監督式學習分類演算法

8.1 Scikit-Learn 資料集

進行機器學習時,需要資料集做為訓練及驗證的資料,但資料的收集與整理往往需要花費高額的時間與成本。為了方便初學者學習,Scikit-Learn 本身就包含了許多資料集。

8.1.1 資料集種類

Scikit-Learn 資料集分為小規模資料集及大規模資料集兩種:小規模資料集是在安裝 Scikit-Learn 模組時已包含在模組中,其資料數量較少;大規模資料集則是需要由網路上下載,其資料數量較多。

小規模資料集

小規模資料集的模組為「load_ 名稱」,例如鳶尾花資料集為「load_iris」、波士頓房價資料集為「load_boston」。

1. 首先載入資料集模組,語法為:

```
from sklearn.datasets import 資料集模組
```

例如,載入鳶尾花資料集模組:

```
from sklearn.datasets import load_iris
```

2. 然後取得資料集,語法為:

```
資料集變數 = 資料集模組()
```

例如,資料集變數為 iris,取得鳶尾花資料集模組:

```
iris = load_iris()
```

3. 資料集變數有下列常用的屬性：

- **data**：特徵值串列。
- **target**：目標值串列。
- **DESCR**：資料集描述。說明資料集特徵值及目標值的意義。
- **feature_names**：特徵欄位名稱。
- **target_names**：目標值名稱。

○ **注意**：不是每一個資料集都有上面全部屬性，例如，新聞資料集因為資料是新聞文章，沒有 feature_names 屬性。

例如，載入鳶尾花資料集，並顯示所有屬性：

```
[1]    1 from sklearn.datasets import load_iris
       2 iris = load_iris()
       3 print('資料集描述：')
       4 print(iris.DESCR)
       5 print('特徵值：')
       6 print(iris.data)
       7 print('目標值：')
       8 print(iris.target)
       9 print('特徵名稱：')
      10 print(iris.feature_names)
      11 print('目標名稱：')
      12 print(iris.target_names)

資料集描述：
.. _iris_dataset:

Iris plants dataset
--------------------

**Data Set Characteristics:**

    :Number of Instances: 150 (50 in each of three classes)
```

鳶尾花資料集有 150 筆資料，每筆資料有 4 個特徵：分別為花萼的長、寬及花瓣的長、寬。目標值為 3 種鳶尾花類別：0 為山鳶尾 (setosa)、1 為變色鳶尾 (versicolor)、2 為維吉尼亞鳶尾 (virginica)。

傳回的特徵值為：(每筆資料 4 個特徵值)

```
[[5.1 3.5 1.4 0.2] [4.9 3.  1.4 0.2] [4.7 3.2 1.3 0.2] ……]
```

傳回的目標值為：(每筆資料 1 個目標值)

```
[0 0 0 0 …… 1 1 1 1 …… 2 2 2 2 ……]
```

```
特徵值：
[[5.1 3.5 1.4 0.2]
 [4.9 3.  1.4 0.2]
 [4.7 3.2 1.3 0.2]
 [4.6 3.1 1.5 0.2]
 [5.  3.6 1.4 0.2]
```

```
目標值：
[0 0 0 0 0 0 0 0 0 0 0 0 0 0 0 0 0 0 0 0 0 0 0 0 0 0 0 0 0 0 0 0 0 0 0 0 0 0
 0 0 0 0 0 0 0 0 0 0 0 0 1 1 1 1 1 1 1 1 1 1 1 1 1 1 1 1 1 1 1 1 1 1 1 1 1 1
 1 1 1 1 1 1 1 1 1 1 1 1 1 1 1 1 1 1 1 1 1 1 1 1 2 2 2 2 2 2 2 2 2 2 2 2 2 2
 2 2 2 2 2 2 2 2 2 2 2 2 2 2 2 2 2 2 2 2 2 2 2 2 2 2 2 2 2 2 2 2 2 2 2 2 2 2
 2 2]
```

▲ 特徵值傳回值　　　　　　　▲ 目標值傳回值

傳回的特徵名稱為：(花萼的長、寬及花瓣的長、寬)

```
['sepal length (cm)', 'sepal width (cm)', 'petal length (cm)', 'petal width (cm)']
```

傳回的目標名稱為：(山鳶尾、變色鳶尾、維吉尼亞鳶尾)

```
['setosa' 'versicolor' 'virginica']
```

```
特徵名稱：
['sepal length (cm)', 'sepal width (cm)', 'petal length (cm)', 'petal width (cm)']
目標名稱：
['setosa' 'versicolor' 'virginica']
```

大規模資料集

大規模資料集的模組為「fetch_ 名稱」，例如新聞資料集為 fetch_20newsgroups。

大規模資料集的用法與小規模資料集大致相同，例如，載入新聞資料集模組：

```
from sklearn.datasets import fetch_20newsgroups
```

然後取得大規模資料集，此處語法略有不同，語法為：

```
資料集變數 = 資料集模組 (data_home= 存檔路徑 , subset= 資料種類 )
```

■ **data_home**：此參數設定下載的資料集檔案儲存路徑，若設為「None」表示存於系統預設路徑。預設值為 None。

■ **subset**：此參數設定下載資料集的種類，設定值有三種：

- **train**：只下載訓練資料。
- **test**：只下載測試資料。
- **all**：下載全部資料 (包含訓練及測試資料)。此為預設值。

例如，資料集變數為 news，下載全部資料並存於 Colab 的根目錄：

```
news = fetch_20newsgroups(data_home='.', subset='all')
```

○ **注意**：執行下載資料集程式時，系統會檢視儲存路徑中是否已有資料集檔案存在，若沒有就會由網路下載並存於指定路徑。

例如，以下程式會下載並載入新聞資料集全部資料，並顯示目標值及目標名稱，因資料是新聞文章，沒有特徵值，此處僅顯示第一篇新聞：

```
1 from sklearn.datasets import fetch_20newsgroups
2 news = fetch_20newsgroups(data_home='.', subset='all'
3 print('目標值：')
4 print(news.target)
5 print('目標名稱：')
6 print(news.target_names)
7 print('第一篇新聞內容：')
8 print(news.data[0])   #列印第一篇新聞
```

```
目標值：
[10  3 17 ...  3  1  7]
目標名稱：
['alt.atheism', 'comp.graphics', 'comp.os.ms-windows.misc', 'comp.sys.ibm.pc.hard
第一篇新聞內容：
From: Mamatha Devineni Ratnam <mr47+@andrew.cmu.edu>
Subject: Pens fans reactions
Organization: Post Office, Carnegie Mellon, Pittsburgh, PA
Lines: 12
NNTP-Posting-Host: po4.andrew.cmu.edu

I am sure some bashers of Pens fans are pretty confused about the lack
of any kind of posts about the recent Pens massacre of the Devils. Actually,
```

檔案清單：
- mnist1000
- mnist500
- sample_data
- 20news-bydate_py3.pkz ← 下載的資料集檔案
- mnist1000.zip
- mnist500.pkl
- titanic.csv
- toutiao_cat_data.txt
- wine.csv

傳回的目標值是 0 至 19 的數值，代表新聞分類，而目標名稱則是各分類名稱。執行後可見到下載的資料集檔案 <20news-bydate_py3.pkz>。

8.1.2 資料集分割

在機器學習中,要如何知道一個訓練的模型進行其效果好不好呢?最簡單的方式是拿一些已知答案的資料對模型進行測試,因此通常會將資料集以隨機方式分為兩部分:訓練資料及測試資料。

在 Scikit-Learn 中,我們不必手動進行資料集分割,Scikit-Learn 提供 train_test_split 模組可隨機分割資料集。

1. 在 Scikit-Learn 要使用 train_test_split 模組,首先要載入:

```
from sklearn.model_selection import train_test_split
```

2. train_test_split 模組進行資料集分割的語法為:

```
訓練特徵 , 測試特徵 , 訓練目標 , 測試目標 = train_test_split( 原始特徵 ,
      原始目標 , test_size= 數值 , random_state= 數值 )
```

- ■ **訓練特徵,測試特徵,訓練目標,測試目標**:分割後傳回的訓練及測試資料。
- ■ **原始特徵,原始目標**:分割前的原始資料。
- ■ **test_size**:設定測試資料的比例,通常數值在 0.1 到 0.3 之間。
- ■ **random_state**:亂數種子。預設每次分割的資料是隨機產生的,故每次都不相同。若設定此參數,則相同的亂數種子值會產生相同的分割資料。此參數的用途是使用者希望以相同資料進行訓練以比較模型準確度時使用,大部分情況會省略此參數設定。

例如,訓練特徵、測試特徵、訓練目標、測試目標分別為 x_train、x_test、y_train、y_test,原始特徵、原始目標分別為 iris.data、iris.target,分割 20% 原始資料為測試資料:

```
x_train, x_test, y_train, y_test =
        train_test_split(iris.data, iris.target, test_size=0.2)
```

例如，將鳶尾花資料集的 20% 原始資料分割為測試資料，並顯示各資料的數量：

```
[3]    1 from sklearn.datasets import load_iris
       2 from sklearn.model_selection import train_test_split
       3 iris = load_iris()
       4 print('原始_特徵：{}, 原始_目標：{}'.
       5     format(iris.data.shape, iris.target.shape))
       6 x_train, x_test, y_train, y_test = train_test_split(
       7     iris.data,  iris.target, test_size=0.2)
       8 print('訓練_特徵：{}, 訓練_目標：{}'.
       9     format(x_train.shape, y_train.shape))
      10 print('測試_特徵：{}, 測試_目標：{}'.
      11     format(x_test.shape, y_test.shape))
```

```
原始_特徵：(150, 4), 原始_目標：(150,)
訓練_特徵：(120, 4), 訓練_目標：(120,)
測試_特徵：(30, 4), 測試_目標：(30,)
```

可見到原始資料為 150 筆，分割後訓練資料為 120 筆 (80%)，測試資料為 30 筆 (20%)。目標值「(150,)」表示 150x1 的二維陣列，即 150 筆資料，1 個目標值。

8.2　K 近鄰演算法

監督式學習的演算法分為 **分類演算法** 及 **迴歸演算法**：分類演算法是目標值為不連續數值時使用，例如手寫數字分類、貸款資格判定等；迴歸演算法是目標值為連續數值時使用，例如房價預測、股價預測等。

K 近鄰演算法 (K-Nearest Neighbor)，簡稱 KNN，是最簡單的分類演算法。

▌8.2.1　K 近鄰演算法原理

有句諺語：「物以類聚，人以群分」，這就是 K 近鄰演算法的思想核心，利用此原理對資料進行分類。

▋K 近鄰演算法的公式

K 近鄰演算法是指若一個資料在特徵空間中的 k 個最相似 (即特徵空間中最鄰近) 的資料中的大多數屬於某一個類別，則該資料也屬於這個類別。例如某人不知居住地是屬於哪一個行政區，於是他請 100 個朋友告知居住地及行政區，他選出 5 個離他最近的朋友，由此 5 個朋友居住地最多的行政區做為他的居住地行政區。

K 近鄰演算法最重要的計算是如何算出資料的距離，一般是採用歐式距離。歐式距離的計算公式為：

$$歐式距離 = \sqrt{\sum_{i=1}^{n}\left(X_i - Y_i\right)^2}$$

X_i 及 Y_i 為特徵值。

例如資料有 3 個特徵，第一個資料為 A，其特徵為 a_1、a_2、a_3，第二個資料為 B，其特徵為 b_1、b_2、b_3，則 A 與 B 的歐式距離為：

$$歐式距離 = \sqrt{\left(a_1 - b_1\right)^2 + \left(a_2 - b_2\right)^2 + \left(a_3 - b_3\right)^2}$$

歐式距離越小，表示資料越相似。

○ **注意**：特徵的數值大小會影響歐式距離，因此如果各特徵值的差異較大時，**在 K 近鄰演算法計算歐式距離前，需將資料進行特徵值標準化**。

優點及缺點

K 近鄰演算法的優點是原理簡單，非常容易理解，使用也非常方便。

K 近鄰演算法的缺點是計算量非常龐大，每一個資料要進行預測都要與全部訓練資料計算距離並排序，才能找到距離最短的 K 個資料。其次是 K 值大小會影響分類結果，而最佳 K 值則沒有一定規則，必須實際測試獲得。

8.2.2 Scikit-Learn 的 K 近鄰模組

1. 在 Scikit-Learn 要使用 K 近鄰演算法，首先載入模組：

```
from sklearn.neighbors import KNeighborsClassifier
```

2. 接著建立 KNeighborsClassifier 物件，語法為：

```
近鄰變數 = KNeighborsClassifier(n_neighbors= 數值 ,
                algorithm= 演算法 ,  weights= 權重計算方式 )
```

■ **n_neighbors**：此參數即「K」值，就是設定取幾個最接近的資料。

■ **algorithm**：設定使用的演算法，可以設定 auto、ball_tree、kd_tree 及 brute。如果設為「auto」，表示由系統根據資料特性自動判斷使用何種演算法。預設值為 auto。

■ **weights**：設定資料的權重。設定值有：

 ● **uniform**：所有資料的權重都相同。預設值為 uniform。

 ● **distance**：歐式距離越小的資料，其權重越大。

例如，近鄰變數為 knn，取 10 個最接近值進行判斷：

```
knn = KNeighborsClassifier(n_neighbors=10)
```

3. 然後就可利用 fit 方法進行訓練,語法為:

> 近鄰變數 **.fit(** 訓練資料, 訓練目標值 **)**

例如,近鄰變數為 knn,訓練資料為 x_train,訓練目標值為 y_train:

```
knn.fit(x_train, y_train)
```

4. 訓練完成後可使用 predict 方法對未知資料進行預測,語法為:

> 預測變數 **=** 近鄰變數 **.predict(** 預測資料 **)**

例如,預測變數為 y_predict,預測資料為 x_test:

```
y_predict = knn.predict(x_test)
```

5. 或者使用 score() 方法對未知資料進行預測,並計算準確率,語法為:

> 準確率變數 **=** 近鄰變數 **.score(** 預測資料, 預測目標值 **)**

例如,準確率變數為 score(),預測資料為 x_test,預測目標值為 y_test:

```
score = knn.score(x_test, y_test)
```

例如,將鳶尾花資料集原始資料的 20% 做為測試資料,80% 做為訓練資料,然後以訓練資料進行訓練,訓練後以測試資料進行預測並計算準確率:

```
[4]  1 from sklearn.datasets import load_iris
     2 from sklearn.model_selection import train_test_split
     3 from sklearn.neighbors import KNeighborsClassifier
     4 from sklearn.preprocessing import StandardScaler
     5 import numpy as np
     6 iris = load_iris()
     7 x_train , x_test , y_train , y_test = train_test_split(
     8     iris.data,iris.target,test_size=0.2)
     9 std = StandardScaler()
    10 x_train = std.fit_transform(x_train)
    11 x_test = std.transform(x_test)
```

```
12 knn = KNeighborsClassifier(n_neighbors=5)
13 knn.fit(x_train, y_train)
14 y_predict = knn.predict(x_test)
15 print('　目標值：{}'.format(y_test))
16 print('預測結果：{}'.format(y_predict))
17 print('　準確率：{}'.format(knn.score(x_test, y_test)))
```

```
目標值：[0 0 1 0 1 0 2 1 0 0 0 0 1 2 2 0 0 1 0 2 1 2 2 1 2 1 1 1 0 0]
預測結果：[0 0 1 0 1 0 2 1 0 0 0 0 1 2 1 0 0 1 0 2 1 2 1 1 1 2 1 1 1 0 0]
準確率：0.9333333333333333
```

程式說明

■ 5　　　　讀取鳶尾花資料集。

■ 6-7　　　分割訓練資料及測試資料。

■ 8-10　　進行標準化。

■ 11-12　　進行訓練。

■ 13　　　進行預測。

■ 14-15　　顯示原始目標值及預測結果讓使用者進行比對。

■ 16　　　計算準確率並顯示結果。

由結果可見準確率相當高，達到 0.93。

因為訓練資料及測試資料是隨機選取，因此每次執行的準確率可能不相同，有時準確率會達到 1.0。

8.2.3 K 近鄰演算法應用：手寫數字辨識

MNIST 手寫數字辨識資料集可以說是機器學習很熱門的入門範例，可由官方網站 (http://yann.lecun.com/exdb/mnist) 或其他的資料集網站下載。為了方便練習，可以利用隨書範例檔練習。

在這個應用中，由於 MNIST 資料集圖片數量多達 60000 張，其中都是黑白的手寫數字圖片，其長、寬都是 28 像素，特徵值高達 28X28=784 個。這裡抽取 0 到 9 的圖片各 500 張壓縮成 <mnist500.zip> 檔。另外，為了比較資料數量對準確率的影響，這裡再抽取 0 到 9 的圖片各 1000 張壓縮成 <mnist1000.zip> 檔。

首先載入模組，解壓縮 <mnist500.zip> 檔，解壓縮後產生 <mnist500> 資料夾，其中有 0 到 9 共 10 個目錄。

各個數字資料夾中存放所屬數字 0 的圖片，每個資料夾中有 500 張圖片。

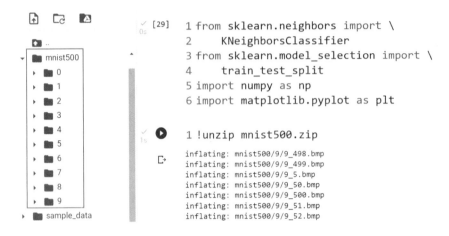

```
[29]  1 from sklearn.neighbors import \
      2     KNeighborsClassifier
      3 from sklearn.model_selection import \
      4     train_test_split
      5 import numpy as np
      6 import matplotlib.pyplot as plt
```

```
   1 !unzip mnist500.zip
```

```
inflating: mnist500/9/9_498.bmp
inflating: mnist500/9/9_499.bmp
inflating: mnist500/9/9_5.bmp
inflating: mnist500/9/9_50.bmp
inflating: mnist500/9/9_500.bmp
inflating: mnist500/9/9_51.bmp
inflating: mnist500/9/9_52.bmp
```

接著讀取手寫數字圖檔建立資料集：

```
[7]  1 data = []
     2 for i in range(10):
     3     for j in range(1,501):
     4         data.append(plt.imread('mnist500/%d/%d_%d.bmp'%(i,i,j)))
     5 x = np.array(data)
     6 print(x.shape)

     (5000, 28, 28)
```

程式說明

■ 2　　外層迴圈讀取 0 到 9 資料夾。

■ 3　　內層迴圈讀取資料夾中 500 張圖片。

■ 4　　數字「0」的第 1 圖片路徑為 <mnist500/0/0_1.bmp>，其餘圖片路徑依此類推，故「mnist500/%d/%d_%d.bmp」對應圖片路徑。

■ 6　　資料結構為 (5000, 28, 28)，表示 5000 張長、寬皆為 28 的圖片：前 500 張圖片為 0 的圖片，第 501 到 1000 張圖片為 1 的圖片，依此類推。

然後建立目標值串列：

```
[8]  1 y = [0,1,2,3,4,5,6,7,8,9]*500
     2 y = np.array(y)
     3 y.sort()
     4 print(y)

     [0 0 0 ... 9 9 9]
```

程式說明

■ 1-2　建立 500 次 0 到 9 的陣列：[0,1,2,3,4,5,6,7,8,9,0,1,2,3,4,
5,6,7,8,9,……]。

■ 3　　排序後，前 500 個元素為 0，第 501 到 1000 個元素為 1，依此類推：
[0,0,0,……,1,1,1,……,9,9,9,……]。

資料準備齊全就可以進行訓練及辨識了：

```
1 x_train , x_test , y_train , y_test = \
2     train_test_split(x,y,test_size=0.2)
3 knn = KNeighborsClassifier(n_neighbors=5)
4 knn.fit(x_train.reshape(4000,-1),y_train)
5 score = knn.score(x_test.reshape(1000,-1),y_test)
6 print(score)
```

[9]

```
0.945
```

程式說明

■ 1-2　將資料分割為訓練資料及測試資料，測試資料佔 20%。

■ 3-4　進行 K 近鄰演算法訓練。注意原始訓練資料結構為 (4000,28,28)，
而訓練時的結構必須是二維，因此要轉為 (4000,784)，較簡便的方式
為 reshape(4000,-1)，系統會自動計算第二維的數量。

■ 5　　計算準確率。同樣要將測試資料轉換為二維。

■ 6　　準確率大約為 0.92 至 0.95 之間。由於每次分割資料後的訓練及測試
資料不同，故執行時準確率會略有不同。

在這個應用中準確度已經算不錯，如果還要再提昇準確率，可以增加資料數量：範
例資料夾中的 <mnist1000.zip> 就是 0 到 9 圖片各取 1000 張，共計 10000 張圖片的
資料集，可將上面程式中所有「mnist500」都改為「mnist1000」，執行後會發現準
確率提高到 0.93 到 0.96 之間。

如果要比較不同資料數量的訓練結果，可在 train_test_split 方法加入相同 random_
state 參數值，即可用相同分割資料訓練進行比較。

在實際運用時，增加資料數量並不容易，且龐大資料量不但耗費執行時間，也常造
成記憶體不足而當機。所以常會使用另一個提昇準確率的方法，那就是調整演算法
的參數，這是實作時最常使用的方式。

8.2.4 交叉驗證與網格搜索

機器學習演算法中可以藉由的參數調整改變訓練的結果，以 K 近鄰演算法來說，常用的參數有 n_neighbors、algorithm 及 weights：

```
KNeighborsClassifier(n_neighbors= 數值 , algorithm= 演算法 ,
                                    weights= 權重計算方式 )
```

改變參數值的目的是要提高機器學習準確度，這個過程稱為「調校」。若是逐一手動調整參數值後測試準確度，將是一件繁重且耗時的工作，Scikit-Learn 提供 **交叉驗證** (Cross Validation) 與 **網格搜索** (Grid Search) 的方式來完成參數調校。

交叉驗證

交叉驗證 是將訓練資料分為 N 等份，將其中一份做為驗證集，其他資料做為訓練集進行訓練並驗證得到準確率，然後依序將另一份做為驗證集，其他資料做為訓練集進行訓練並驗證得到準確率，如此進行 N 次得到 N 個準確率，最終準確率為此 N 個準確率的平均值。將訓練資料分為 N 等份，稱為「N 折交叉驗證」。交叉驗證可在訓練時就得到可靠穩定的準確率做為調整參數的參考。

例如，下面為 4 折交叉驗證，其平均準確率為 89.5%：

驗證集	訓練集	訓練集	訓練集	準確率：90%
訓練集	**驗證集**	訓練集	訓練集	準確率：91%
訓練集	訓練集	**驗證集**	訓練集	準確率：88%
訓練集	訓練集	訓練集	**驗證集**	準確率：89%

通常交叉驗證會與網格搜索同時使用。

網格搜索

網格搜索 是一種遍歷搜索法：在所有可能參數值組合中，嘗試每一種可能的參數值組合，每組參數值組合都採用交叉驗證進行評估，準確率最高的參數值組合就是最終的結果。

以 K 近鄰演算法為例：n_neighbors 參數值要測試 3、5、10 三個值，weights 參數值要測試 uniform、distance 兩個值，則其組合有 (3 uniform)、(3 distance)、(5 uniform)、(5 distance)、(10 uniform)、(10 distance) 六種，網格搜索會逐一以這六種參數組合進行交叉驗證，以找出最好的參數組合。

○ **備註**：網格搜索適用於少於三、四個參數的情況，若參數組合數量太大，執行會耗費太多時間。

1. Scikit-Learn 同時執行交叉驗證及網格搜索的模組為 GridSearchCV，請先載入：

```
from sklearn.model_selection import GridSearchCV
```

2. 接著建立參數值字典，語法為：

```
參數變數 = { 參數 1:[ 值 1, 值 2,……], 參數 2:[ 值 1, 值 2,……], ……}
```

例如，參數變數為 param，建立 n_neighbors 及 weights 兩個參數字典：

```
param = {'n_neighbors':[3,5,8,10], 'weights':['uniform','distance']}
```

3. 然後就能建立 GridSearchCV 物件，語法為：

```
網格變數 = GridSearchCV( 演算法物件變數 , param_grid= 參數變數 , cv= 數值 )
```

■ **param_grid**：設定參數值字典。

■ **cv**：設定交叉驗證的「折」數。例如 cv=4 表示使用 4 折交叉驗證。

例如，網格變數為 gc，演算法物件變數為 K 近鄰變數 knn，參數變數為 param，使用 5 折交叉驗證：

```
gc = GridSearchCV(knn, param_grid=param, cv=5)
```

4. 最後使用 fit 方法進行網格搜索，語法為：

```
網格變數 .fit( 訓練特徵值 , 訓練目標值 )
```

例如，網格變數為 gc，訓練特徵值為 x_train，訓練目標值為 y_train：

```
gc.fit(x_train, y_train)
```

5. 網格搜索後的結果主要有 3 個：

■ **best_score_**：交叉驗證中最佳準確率。

■ **best_estimator_**：最佳參數組合。

■ **cv_results_**：每次交叉驗證準確率。

例如，以 <mnist500.zip> 做為資料集進行手寫數字網格搜索：

1. 解壓縮資料庫檔案 <mnist500.zip>，如果前面已執行過解壓縮 <mnist500.zip> 檔，因 <mnist500> 資料夾已存在，就不必執行此儲存格程式碼。：

```
[12]  1 # 若前面已執行過解壓縮<mnist500.zip>就跳過此儲存格
      2 !unzip mnist500.zip
```

2. 若 <mnist500> 資料夾已存在又執行此儲存格程式碼，會詢問是否要覆蓋檔案：

```
      1 # 若前面已執行過解壓縮<mnist500.zip>就跳過此儲存格
      2 !unzip mnist500.zip                          在此點選滑鼠左鍵

   Archive:  mnist500.zip
   replace mnist500/0/0_1.bmp? [y]es, [n]o, [A]ll, [N]one, [r]ename: ▮
```

3. 在詢問項目最後按滑鼠左鍵才能輸入，輸入字母意義為 (注意大小寫字母)：

■ **y、n、r**：「y」為覆蓋檔案，「n」為不儲存檔案，「r」為為檔案重新命名，此三者都會不斷詢問，所以不要回答此三個字母。

■ **A**：覆蓋所有檔案，等於重建 <mnist500> 資料夾。

■ **N**：不儲存檔案也不再詢問。通常是回答「N」。

```
[13]  1 from sklearn.neighbors import KNeighborsClassifier
      2 from sklearn.model_selection import \
      3    train_test_split, GridSearchCV
      4 import numpy as np
      5 import matplotlib.pyplot as plt
      6 data = []
```

```
 7 for i in range(10):
 8    for j in range(1,501):
 9        data.append(plt.imread('mnist500/%d/%d_%d.bmp'%(i,i,j)))
10 x = np.array(data)
11 y = [0,1,2,3,4,5,6,7,8,9]*500
12 y = np.array(y)
13 y.sort()
14 x_train , x_test , y_train , y_test = train_test_split(
15    x,y,test_size=0.2)
16 param = {'n_neighbors':[3,5,8,10],
17          'weights':['uniform','distance']}
18 knn = KNeighborsClassifier()
19 gc = GridSearchCV(knn, param_grid=param, cv=5)
20 gc.fit(x_train.reshape(4000,-1),y_train)
21 print('最佳準確率：')
22 print(gc.best_score_)
23 print('最佳參數組合：')
24 print(gc.best_estimator_)
```

```
最佳準確率：
0.9324999999999999
最佳參數組合：
KNeighborsClassifier(n_neighbors=3, weights='distance')
```

程式說明

■ 2-3　　　載入 GridSearchCV 網格搜索模組。

■ 16-17　　設定網格搜索參數字典：n_neighbors 及 weights。

■ 18-19　　建立 K 近鄰演算法的網格搜索物件。

■ 20　　　　進行網格搜索。

■ 21-22　　列印交叉驗證中最佳準確率。

■ 23-24　　列印最佳參數組合。

在結果中看到交叉驗證中最佳準確率為 0.93275，最佳參數組合為 (n_neighbors=3 ,weights='distance')。找到最佳參數組合後，可使用此參數對測試資料進行測試：

```
[14]  1 knn = KNeighborsClassifier(n_neighbors=3,
      2                           weights='distance')
      3 knn.fit(x_train.reshape(4000,-1),y_train)
      4 score = knn.score(x_test.reshape(1000,-1),y_test)
      5 print(score)
```

```
0.949
```

執行結果準確率為 0.949，可見準確率已有顯著提升。

8.2.5 模型儲存與讀取

模型建立完成後可儲存起來，以後就不必每次都要重新訓練，只需載入模型就可對未知資料進行預測了！

1. 儲存及讀取的模組為 joblib，此模組 Colab 預設已安裝，只需載入即可：

```
import joblib
```

2. 使用 joblib 的 dump 方法就可儲存模型，語法為：

```
joblib.dump( 演算法物件變數 , 儲存路徑 )
```

例如，演算法物件變數為 knn，儲存路徑為 mnist500.pkl（通常模型的附加檔名為「pkl」）：

```
joblib.dump(knn, 'mnist500.pkl')
```

3. 讀取模型則使用 joblib 的 load 方法，語法為：

```
模型變數 = joblib.load( 儲存路徑 )
```

例如，模型變數為 knnmodel，儲存路徑為 mnist500.pkl：

```
knnmodel = joblib.load('mnist500.pkl')
```

例如，將手寫數字訓練的模型存於 <mnist500.pkl> 檔：

```
[16]    1 from sklearn.neighbors import \
        2     KNeighborsClassifier
        3 from sklearn.model_selection \
        4     import train_test_split
        5 import numpy as np
        6 import matplotlib.pyplot as plt
        7 import joblib
        8 data = []
        9 for i in range(10):
       10     for j in range(1,501):
       11         data.append(plt.imread(
       12             'mnist500/%d/%d_%d.bmp'%(i,i,j)))
       13 x = np.array(data)
       14 y = [0,1,2,3,4,5,6,7,8,9]*500
       15 y = np.array(y)
       16 y.sort()
       17 x_train , x_test , y_train , y_test = \
       18     train_test_split(x,y,test_size=0.2)
       19 knn = KNeighborsClassifier(n_neighbors=5)
       20 knn.fit(x_train.reshape(4000,-1),y_train)
       21 joblib.dump(knn, 'mnist500.pkl')
```

```
['mnist500.pkl']
```

執行後在根目錄產生 <mnist500.pkl> 模型檔。

接著可以讀取此模型檔對測試資料進行預測並計算準確率。

```
[17]    1 knnmodel = joblib.load('mnist500.pkl')
        2 score = knnmodel.score(x_test.reshape(1000,-1),y_test)
        3 print(score)
```

```
0.937
```

8.3 單純貝氏演算法

單純貝氏分類 (Naive Bayes classifier) 演算法中，單純是表示特徵獨立，即特徵之間沒有關聯，貝氏演算法是一種基於機率理論的分類演算法。單純貝氏演算法常用於文章分類機器學習，例如判斷新聞類別、過濾垃圾郵件等。

▌8.3.1 單純貝氏演算法原理

單純貝氏演算法是根據資料各個特徵計算每個類別的機率，機率最大的類別就是該資料的類別。貝氏演算法計算機率的公式相當複雜，我們將其簡化為下面較易理解的公式：(此簡化公式不影響貝氏演算法分類結果)

$$P(Ri) = P(Ci) \times P(A1|Ci) \times P(A2|Ci) \times \cdots\cdots$$

- **P(Ri)**：第 i 個類別的機率。

- **P(Ci)**：第 i 個類別在原始資料中的比率。

- **P(A1|Ci)**：第 1 個特徵在第 i 個類別的比率。同理，P(A2|Ci) 為第 2 個特徵在第 i 個類別的比率，依此類推。

例如，以下是一個業務員推銷商品給客戶的資料。如果有一個新客戶為男性、26 歲、已婚，要如何以下面的資料來判斷是否會賣出商品：

客戶	性別	年齡	已婚	賣出商品
1	男	21	是	否
2	男	28	否	是
3	女	62	是	否
4	男	19	否	否
5	女	27	是	是
6	女	35	是	是
7	女	42	否	是

1. 資料要先進行整理：將「年齡」特徵值分為三個區間方便計算比率：40 歲以上、30 歲 (含) 到 40 歲 (含)、30 歲以下。目標值為「賣出商品」，有 2 個類別：賣出商品 (R1) 及未賣出商品 (R2)。

2. 首先計算賣出商品類別的機率 P(R1)：(粗體為合乎預測客戶的資料)

客戶	性別	年齡	已婚	賣出商品
2	**男**	**28**	否	是
5	女	**27**	**是**	是
6	女	35	**是**	是
7	女	42	否	是

■ P(C1)：賣出商品類別在原始資料中的比率：4/7。

■ P(A1|C1)：性別特徵在賣出商品類別的比率：1/4。

■ P(A2|C1)：年齡特徵在賣出商品類別的比率：2/4。

■ P(A3|C1)：已婚特徵在賣出商品類別的比率：2/4。

P(R1) = (4/7) x (1/4) x (2/4) x (2/4) = 0.035714

3. 再計算未賣出商品類別的機率 P(R2)：

客戶	性別	年齡	已婚	賣出商品
1	**男**	**21**	**是**	否
3	女	62	**是**	否
4	**男**	19	否	否

■ P(C2)：未賣出商品類別在原始資料中的比率：3/7。

■ P(A1|C2)：性別特徵在未賣出商品類別的比率：2/3。

■ P(A2|C2)：年齡特徵在未賣出商品類別的比率：1/3。

■ P(A3|C2)：已婚特徵在未賣出商品類別的比率：2/3。

P(R$_2$) = (3/7) x (2/3) x (1/3) x (2/3) = 0.063492

4. 未賣出商品類別的機率大於賣出商品類別的機率，所以判斷為未賣出商品類別。

貝氏演算法要特別注意的一點，就是當某個特徵在第 i 個類別的比率為 0 時，根據上述公式其 P(Ri) 就為 0，這顯然不合理。解決方法是當某個特徵在第 i 個類別的比率為 0 時，就給它一個預設值，通常為 1。

8.3.2 文句特徵處理

處理文章分類問題需先進行文句處理，Scikit-Learn 有提供文句特徵處理功能。文句特徵處理會將文句依照「空格」分解為單詞，並統計各單詞的數量。

英文文句特徵處理：CountVectorizer

1. 首先載入 Scikit-Learn 的文句特徵處理模組 CountVectorizer：

```
from sklearn.feature_extraction.text import CountVectorizer
```

2. 接著建立 CountVectorizer 物件，語法為：

```
文句變數 = CountVectorizer()
```

例如文句物件變數為 cv：

```
cv = CountVectorizer()
```

3. 使用 CountVectorizer 物件的 fit_transform() 方法即可進行轉換：

```
數值變數 = 文句變數 .fit_transform( 文句串列 )
```

例如，利用一段英文文句段落進行單詞分解的動作：

```
[1]  1  from sklearn.feature_extraction.text import CountVectorizer
     2  cv = CountVectorizer()
     3  data = cv.fit_transform(['code is easy, i like python',
     4                           'code is too hard, i dislike python'])
     5  #print(data)
     6  print(data.toarray())
     7  print(cv.get_feature_names_out())
     [[1 0 1 0 1 1 1 0]
      [1 1 0 1 1 0 1 1]]
     ['code' 'dislike' 'easy' 'hard' 'is' 'like' 'python' 'too']
```

程式說明

■ 1-2　　　載入 CountVectorizer 模組，建立 CountVectorizer 物件。

■ 3-4　　　利用 fit_transform() 方法轉換英文段落的內容為 data。

■ 6　　　　上時傳回值 data 為 sparse 格式，若要顯示為易閱讀的格式，可用
　　　　　　toarray() 方法轉換為陣列格式，顯示在畫面上。

■ 7　　　　這是二維陣列，每一個文句處理為一個一維陣列。要了解數值代表的意
　　　　　　義需以 get_feature_names_out() 方法取得各數值的意義。這是所
　　　　　　有文句單詞組成的陣列。

● **注意**：這些單詞並不包括單一字母的單詞，如「i」、「a」等。上面範例文句中的「i」
就不在單詞陣列中。

CountVectorizer 模組回傳值的意義

CountVectorizer 模組回傳值會統計單詞數量，這是為了後續的應用。例如要判斷
某則新聞是屬於哪個類型，可由其包含特定單詞數量的多寡來決定。

在剛才範例中，程式執行會以空隔將二個英文文句中的英文單字分開。其中會新增
有一個特徵串列，負責記錄這些句子中有哪些單字，不能重複。所以程式會開始檢
查分出來的英文單字，如果不存在特徵之中就加入。完成後就依序檢查文句中單字
在特徵中出現的次數。請使用 **get_feature_names_out()** 方法取得特徵的傳回值為：

```
['code', 'dislike', 'easy', 'hard', 'is', 'like', 'python', 'too']
```

也就是這二個英文文句曾經出現這些單字。以範例來說，第一句文句為：

```
code is easy, i like python
```

程式會去除單一字母的單詞，接著一個一個單字去檢查在特徵中出現的次數。以第
一句為例回傳值是：[1 0 1 0 1 1 1 0]，這是對應特徵值中出現的單字次數，這裡顯
示了有出現的字為特徵中第 1、3、5、6、7 的單字，如下粗體單字，各出現一次。

```
['code', 'dislike', 'easy', 'hard', 'is', 'like', 'python', 'too']
```

所以回傳的資料中，一段英文句子的計算結果會是一個元素，例如上面範例的傳回
值就是二段英文句子的計算結果：

```
[[1 0 1 0 1 1 1 0]
 [1 1 0 1 1 0 1 1]]
```

中文文句特徵處理

Scikit-Learn 的 CountVectorizer 模組並不能處理中文段落，因為中文的單詞並沒有以空格分開。如果要使用 CountVectorizer 模組處理中文段落，可用中文分詞模組，例如 jieba，將中文段落進行分詞的動作，再將各單詞以空格分開，這樣就符合 CountVectorizer 物件的條件，即可進行單詞統計了！

1. 首先載入 jieba 模組，Colab 預設已安裝 jieba 模組，可以直接使用：

```
import jieba
```

2. 利用 cut() 方法進行分詞，分詞後的傳回值為產生器，將其轉換為串列，語法為：

```
串列變數 = list(jieba.cut( 中文文句段落 ))
```

3. 然後利用 join() 方法將單詞以空格分開的方式結合起來，語法為：

```
中文變數 = ' '.join( 串列變數 )
```

例如，利用二段中文段落進行分詞動作：

```
[20]  1 import jieba
      2 t1 = list(jieba.cut('今天台北天氣晴朗，風景區擠滿了人潮。'))
      3 t2 = list(jieba.cut('台北的天氣常常下雨。'))
      4 c1 = ' '.join(t1)
      5 c2 = ' '.join(t2)
      6 print(c1)
      7 print(c2)

      Building prefix dict from the default dictionary ...
      Dumping model to file cache /tmp/jieba.cache
      Loading model cost 1.041 seconds.
      Prefix dict has been built successfully.
      今天 台北 天氣 晴朗 ， 風景區 擠 滿 了 人潮 。
      台北 的 天氣 常常 下雨 。
```

最後只要將每一個中文文句分詞後再傳給 CountVectorizer 模組處理即可，以下程式碼要處理兩句中文：

```
[21]    1 cv = CountVectorizer()
        2 data = cv.fit_transform([c1, c2])
        3 print(data.toarray())
        4 print(cv.get_feature_names_out())

[[0 1 1 1 1 0 1 1]
 [1 0 0 1 1 1 0 0]]
['下雨' '人潮' '今天' '台北' '天氣' '常常' '晴朗' '風景區']
```

同樣的，一個字的單詞不會被統計，所以標點符號以及「的」、「了」等單字就被移除了！

8.3.3 tf-idf 文句處理

CountVectorizer 模組統計單詞數量的方式有一個問題：每一個單詞的重要性都相等，這樣很容易造成錯誤結果。例如中文文句中常會使用因為、所以、我們、你們等單詞，若兩篇文章中的這些單詞數量接近，我們能說這兩篇文章內容相似嗎？

tf-idf 模組的文句處理就是針對此問題進行改善的演算法。

tf-idf 演算法包含 tf 及 idf 兩部分，其意義為：

■ **tf**：term frequence，單詞頻率。表示單詞在一個文句中出現的次數。

■ **idf**：inverse document frequence，逆文件頻率。表示有出現單詞文句數量：如果出現的文句數量越大，表示此單詞重要性越低。例如共有100個文句，「因為」單詞在 80 個文句都出現，表示「因為」單詞重要性很低；「匯率」單詞在 3 個文句中出現，表示「匯率」單詞重要性較高。

1. 要使用 tf-idf 首先載入 Scikit-Learn 的 tf-idf 模組：

```
from sklearn.feature_extraction.text import TfidfVectorizer
```

2. 接著建立 TfidfVectorizer 物件，語法為：

```
文句變數 = TfidfVectorizer()
```

產生文句變數後其餘用法與 CountVectorizer 模組相同。

例如，請使用 tf-idf 處理之前範例中的兩句中文文句。

```
[22]  1 from sklearn.feature_extraction.text import TfidfVectorizer
      2 tf = TfidfVectorizer()
      3 data = tf.fit_transform([c1, c2])
      4 print(data.toarray())
      5 print(cv.get_feature_names_out())

[[0.         0.44665616 0.44665616 0.31779954 0.31779954 0.
  0.44665616 0.44665616]
 [0.57615236 0.         0.         0.40993715 0.40993715 0.57615236
  0.         0.         ]]
['下雨' '人潮' '今天' '台北' '天氣' '常常' '晴朗' '風景區']
```

可看到各個單詞的重要性不同，數值越大者其重要性越高。此處因單詞很少，許多數值重複。

8.3.4 Scikit-Learn 的單純貝氏分類模組

單純貝氏分類模組的運作步驟

1. 在 Scikit-Learn 要使用單純貝氏演算法，首先載入模組：

```
from sklearn.naive_bayes import MultinomialNB
```

2. 接著建立 MultinomialNB 物件，語法為：

```
貝氏變數 = MultinomialNB(alpha= 數值 )
```

■ **alpha**：拉普拉斯平滑系數。此係數是修正當某個特徵在第 i 個類別的比率為 0 時，會使第 i 個類別的機率為 0 的缺失。預設值為 1。

例如，設定貝氏變數為 mlt，拉普拉斯平滑系數值為 1：

```
mlt = MultinomialNB(alpha=1.0)
```

3. 然後就可利用 fit 方法進行訓練，語法為：

> 貝氏變數 **.fit(** 訓練資料， 訓練目標值 **)**

例如，貝氏變數為 mlt，訓練資料為 x_train，訓練目標值為 y_train：

```
mlt.fit(x_train, y_train)
```

4. 訓練完成後可使用 predict() 方法對未知資料進行預測，語法為：

> 預測變數 = 貝氏變數 **.predict(** 預測資料 **)**

例如，預測變數為 y_predict，預測資料為 x_test：

```
y_predict = mlt.predict(x_test)
```

5. 或者使用 score() 方法對未知資料進行預測，並計算準確率，語法為：

> 準確率變數 = 貝氏變數 **.score(** 預測資料， 預測目標值 **)**

例如，準確率變數為 score，預測資料為 x_test，預測目標值為 y_test：

```
score = mlt.score(x_test, y_test)
```

優點及缺點

單純貝氏演算法的優點是其理論根據為古典數學理論，有穩定的分類效率，而且對缺失資料不太敏感，演算法也比較簡單。單純貝氏演算法的分類準確度高，速度快。

單純貝氏演算法的缺點是適用於特徵獨立的情況，如果特徵之問有較高的相關性，其準確度會下降。

8.3.5 單純貝氏演算法應用：判斷新聞類別

Scikit-Learn 的大規模資料集 fetch_20newsgroups 包含 18000 餘篇英文新聞，新聞共分為 20 類別。

在這個應用中，請將 fetch_20newsgroups 資料集的 20% 原始資料做為測試資料，80% 原始資料做為訓練資料，訓練後以測試資料進行預測並計算準確率：

```
[23]   1 from sklearn.datasets import fetch_20newsgroups
       2 from sklearn.model_selection import train_test_split
       3 from sklearn.feature_extraction.text import TfidfVectorizer
       4 from sklearn.naive_bayes import MultinomialNB
       5 news = fetch_20newsgroups(subset='all')
       6 x_train, x_test, y_train, y_test = train_test_split(
       7     news.data, news.target, test_size=0.20)
       8 tf = TfidfVectorizer()
       9 x_train = tf.fit_transform(x_train)
      10 x_test = tf.transform(x_test)
      11 mlt = MultinomialNB(alpha=1.0)
      12 mlt.fit(x_train, y_train)
      13 score = mlt.score(x_test, y_test)
      14 print(score)
```

0.8578249336870026

程式說明

■	1	載入新聞資料集模組。
■	3	載入 tf-idf 模組。
■	4	載入單純貝氏演算法模組。
■	5	載入完整新聞資料集。
■	8-10	對訓練資料及測試資料建 tf-idf 詞庫。
■	11-12	進行單純貝氏演算法訓練。
■	13-14	對測試資料進行預測並計算準確率。

執行結果準備率大約 0.85，這在文章分類的準確度已經算相當高了。

8.3.6 單純貝氏演算法應用：中文新聞類別

單純貝氏演算法對英文文章的類別判斷效果不錯，是否可應用於中文文章的判別呢？若要單純貝氏演算法判斷中文文章類別，需先用 jieba 模組對中文文章斷詞，再以單純貝氏演算法進行文章類別判斷。

本應用的資料集使用今日頭條的新聞資料集 (https://github.com/aceimnorstuvwxz/toutiao-text-classfication-dataset)，在開啟網頁後，點選 <toutiao_cat_data.txt.zip>檔後再按 **Download** 鈕即可下載，解壓縮後的 <toutiao_cat_data.txt> 檔即為資料集檔案。

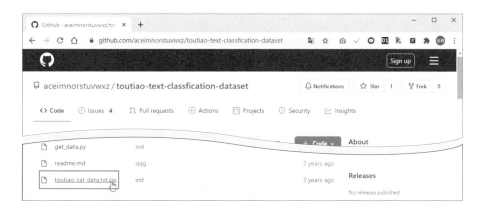

資料集有 382688 筆資料，分為 15 個類別如下表：

代碼	中文類別	英文類別	代碼	中文類別	英文類別
100	故事	news_story	109	科技	news_tech
101	文化	news_culture	110	軍事	news_military
102	娛樂	news_entertainment	112	旅遊	news_travel
103	體育	news_sports	113	國際	news_world
104	財經	news_finance	114	證券	stock
106	房產	news_house	115	農業	news_agriculture
107	汽車	news_car	116	遊戲	news_game
108	教育	news_edu			

每一則資料的格式為：

資料包含類別編號、代碼、英文類別、資料內容及關鍵詞五項，項目之間以「_!_」分隔。訓練需要代碼及資料內容，可用「_!_」做為分隔符號分解資料字串，傳回串列的第 2 個元素就是代碼，第 4 個元素是資料內容。

以下程式讀取 <toutiao_cat_data.txt> 資料集，取得代碼及資料內容，然後以 jieba 對資料內容進行斷詞。接著以 20% 原始資料做為測試資料，80% 原始資料做為訓練資料，訓練後以測試資料進行預測並計算準確率：

```
[24]  1 from sklearn.model_selection import train_test_split
      2 from sklearn.feature_extraction.text import TfidfVectorizer
      3 from sklearn.naive_bayes import MultinomialNB
      4 import jieba
      5 f = open('toutiao_cat_data.txt',encoding='utf-8')
      6 data = []
      7 target = []
      8 for line in f:
      9   linelist = line.split('_!_')
     10   target.append(linelist[1])
     11   tem = list(jieba.cut(linelist[3]))
     12   data.append(' '.join(tem))
     13 x_train, x_test, y_train, y_test = train_test_split(
     14     data, target, test_size=0.20)
     15 tf = TfidfVectorizer()
     16 x_train = tf.fit_transform(x_train)
     17 x_test = tf.transform(x_test)
     18 mlt = MultinomialNB(alpha=1.0)
     19 mlt.fit(x_train, y_train)
     20 score = mlt.score(x_test, y_test)
     21 print(score)
```

0.8302019911677859

程式說明

- ■ 5   讀取中文新聞資料集。
- ■ 6   `data` 串列儲存資料內容，即特徵值。
- ■ 7   `target` 串列儲存類別代碼，即目標值。
- ■ 8-12   逐筆處理資料。
- ■ 9   以「_!_」分解資料字串。
- ■ 10-11 取得資料內容並以 `jieba` 斷詞。
- ■ 12   取得類別代碼。
- ■ 13-21 進行單純貝氏演算法訓練並對測試資料進行預測取得準確率。

執行需花一段時間，執行後準確率大約為 0.83，可見單純貝氏演算法對中文文章也有不錯的效果。

8.4 決策樹演算法

決策樹 (Decision Tree) 演算法是使用一連串屬性值逐步進行判斷，每一步會根據判斷結果決定進入哪個分支，就像一顆樹由根部向枝條延伸，直到到達某葉節點處，得到分類結果。決策樹是一種基於 if-then-else 規則的機器學習演算法，進行分支判斷的規則是通過訓練得到，而不是人工制定的。

8.4.1 決策樹演算法原理

決策樹演算法是根據資料各個特徵逐一進行判斷，以決定資料屬於哪一個分類。

認識決策樹

以女性是否同意與相親對象見面為例：考慮的條件 (特徵) 有年齡、房產及月薪，依據下面決策樹來決定是否同意。

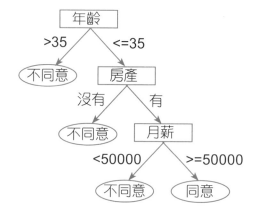

決策樹演算法的關鍵是機器學習如何設定這些判斷條件呢？決策樹常用的計算分支演算法有兩種：

■ **ID3**：原理是計算訊息增益 (Information Gain)，將較高同質性的資料放置於相同的類別，以產生各個分支。此種方法可以同時判斷多個類別。

■ **基尼指數 (Gini Index)**：原理是利用基尼指數計算基尼不純度，基尼不純度越低，則分支中的資料相似度越高。此種方法只能判斷兩個類別。

基尼指數的效果較 ID3 好，但計算較繁複，且很容易造成過度擬合。Scikit-Learn 預設的決策樹演算法使用的是基尼指數。

優點及缺點

決策樹演算法的優點：

- 容易理解和解釋。
- 提供輸出決策樹圖形的工具。
- 對於資料數量不多，或是資料中有空值的資料較不影響機器學習效果。
- ID3 演算法可以處理多分類。

決策樹演算法的缺點：

- 容易形成過擬合，影響正確率。
- 特徵之間若有相關性時的效果較差。

8.4.2 Scikit-Learn 的決策樹模組

1. 在 Scikit-Learn 要使用決策樹演算法，首先載入模組：

```
from sklearn.tree import DecisionTreeClassifier
```

2. 接著建立 DecisionTreeClassifier 物件，語法為：

```
決策樹變數 = DecisionTreeClassifier(criterion= 演算方式 ,
                                max_depth= 數值 )
```

- **criterion**：此參數非必填。設定值有：
  - gini：使用基尼指數演算法。此為預設值。
  - entropy：使用 ID3 演算法。
- **max_depth**：此參數非必填，是設定決策樹的最大層數。預設值為 None，表示盡可能擴展決策樹的層數。

例如，決策樹變數為 dec，使用基尼指數演算法，最大層數為 5：

```
dec = DecisionTreeClassifier(max_depth=5)
```

3. 然後就可利用 fit 方法進行訓練，語法為：

> **決策樹變數 .fit(** 訓練資料, 訓練目標值 **)**

例如，決策樹變數為 dec，訓練資料為 x_train，訓練目標值為 y_train：

```
dec.fit(x_train, y_train)
```

4. 訓練完成後可使用 predict 方法對未知資料進行預測，語法為：

> **預測變數 = 決策樹變數 .predict(** 預測資料 **)**

例如，預測變數為 y_predict，預測資料為 x_test：

```
y_predict = dec.predict(x_test)
```

5. 或者使用 score 方法對未知資料進行預測，並計算準確率，語法為：

> **準確率變數 = 決策樹變數 .score(** 預測資料, 預測目標值 **)**

例如，準確率變數為 score，預測資料為 x_test，預測目標值為 y_test：

```
score = dec.score(x_test, y_test)
```

8.4.3 決策樹演算法應用：鐵達尼號生存判斷

鐵達尼號預測生還機率是 Kaggle 最有名的機器學習競賽之一。鐵達尼號資料集共有 1313 筆資料，10 個欄位：生存 (survived) 欄位為目標值，此處選擇與生還機率最相關的社經地位 (pclass)、年齡 (age) 及性別 (sex) 做為特徵值。

年齡資料有很多空值，我們以年齡的平均值來填充空值。社經地位及性別特徵值是文字資料，需先進行 onehot 編碼才能進行機器學習訓練。

pclass	survived	name	age	embarked	home.dest	room	ticket	boat	sex
1st	1	Allen, Miss Elisabeth Walton	29.0000	Southampton	St Louis, MO	B-5	24160 L221	2	female
1st	0	Allison, Miss Helen Loraine	2.0000	Southampton	Montreal, PQ / Chesterville, ON	C26	NaN	NaN	female
1st	0	Allison, Mr Hudson Joshua Creighton	30.0000	Southampton	Montreal, PQ / Chesterville, ON	C26	NaN	(135)	male
1st	0	Allison, Mrs Hudson J.C. (Bessie Waldo Daniels)	25.0000	Southampton	Montreal, PQ / Chesterville, ON	C26	NaN	NaN	female
1st	1	Allison, Master Hudson Trevor	0.9167	Southampton	Montreal, PQ / Chesterville, ON	C22	NaN	11	male
...	...		...						...

以下程式讀取鐵達尼號資料集並進行資料預處理：執行結果顯示訓練資料 (onehot 編碼) 及特徵名稱。

```
[25]    1 from sklearn.model_selection import train_test_split
        2 from sklearn.feature_extraction import DictVectorizer
        3 from sklearn.tree import DecisionTreeClassifier
        4 import pandas as pd
        5
        6 df = pd.read_csv('titanic.csv')
        7 x = df[['pclass', 'age', 'sex']]
        8 y = df['survived']
        9 x['age'].fillna(x['age'].mean(), inplace=True) #空值填充
       10 x_train, x_test, y_train, y_test = train_test_split(
       11     x, y, test_size=0.2)
       12 dict = DictVectorizer(sparse=False)
       13 x_train = x_train.to_dict(orient='records')
       14 x_train = dict.fit_transform(x_train)
       15 x_test = x_test.to_dict(orient='records')
       16 x_test = dict.transform(x_test)
       17 print('訓練資料：')
       18 print(x_train)
       19 print('onehot 特徵名稱：')
       20 print(dict.get_feature_names_out())
```

```
訓練資料：
[[31.19418104  0.          1.          0.          0.          1.         ]
 [31.19418104  1.          0.          0.          1.          0.         ]
 [ 9.           0.          0.          1.          0.          1.         ]
 ...
 [31.19418104  0.          1.          0.          0.          1.         ]
 [ 1.           0.          1.          0.          1.          0.         ]
 [31.19418104  0.          0.          1.          0.          1.         ]]
onehot 特徵名稱：
['age' 'pclass=1st' 'pclass=2nd' 'pclass=3rd' 'sex=female' 'sex=male']
```

程式說明

■ 6　　　讀入鐵達尼號資料。

■ 7　　　以社經地位 (pclass)、年齡 (age) 及性別 (sex) 欄位做為特徵值。

■ 8　　　以生存 (survived) 欄位為目標值。

■ 9　　　以年齡的平均值來填充年齡欄位的空值。

■ 10-11　將資料分割為訓練資料及測試資料，測試資料佔全部資料的 20%。

■ 12-14　進行訓練資料 onehot 編碼。

■ 15-16　進行測試資料 onehot 編碼。

接著進行訓練，訓練後以測試資料進行預測並計算準確率：

```
[26]  1 dec = DecisionTreeClassifier()
      2 dec.fit(x_train, y_train)
      3 score = dec.score(x_test, y_test)
      4 print(score)
```

```
0.8098859315589354
```

執行結果準確率大約為 0.81。

8.5　隨機森林演算法

隨機森林 (Random Forest) 演算法是一種決策樹演算法的擴充，它利用多個決策樹的判斷結果進行決策。顧名思義，這是一片由樹組成的「森林」！這種多個單獨演算法組合的演算法稱為「集成」演算法，隨機森林屬於集成演算法。

8.5.1　隨機森林演算法原理

用個生活上的故事來舉例：小明有幾天假期想要去度假，於是他向朋友尋求建議度假地點。朋友會詢問他對度假地點的需求後提出建議，此時朋友的建議就相當於決策樹。小明問了許多朋友，朋友們也都熱心的提供建議，相當於建立了許多決策樹，因此這些決策樹形成了「隨機森林」。每個朋友建議的度假地點可能不相同，最後小明如何決定度假地點呢？很簡單，「投票」是最公平且合理的方法，最多朋友建議的度假地點就是最佳度假地點。在隨機森林中，每個決策樹會對資料判斷一個類別，票數最多的類別就是最終結果。

隨機森林演算法的運作步驟

對於含有 N 個資料、M 個特徵的資料集，隨機森林的具體實現方法為：

1. 從資料集中隨機選取 n 個資料 (n<N)，取完後放回。注意：每次取完資料就立刻放回，因此可能取到相同資料。

2. 隨機選取 m 個特徵 (m<M)。m 個特徵都是不相同的特徵。

3. 利用選取的 n 個資料、m 個特徵建立決策樹。

4. 重複操作 K 次步驟 1 到 3 建立 K 個決策樹。這樣就完成隨機森林模型。

5. 進行預測　以隨機森林中每個決策樹對資料進行分類，再對決策樹分類結果進行投票，將最高投票預測結果視為隨機森林演算法的最終預測結果。

優點及缺點

隨機森林演算法的優點：

- 對於特徵很多的資料集效果很好。
- 不必為資料做特徵篩選的預處理。(因過程中會隨機選取特徵)
- 較不會產生過擬合現象。
- 屬於集成演算法，準確度較決策樹高。

隨機森林演算法的缺點：

- 對於異常資料較敏感。
- 當決策樹個數很多時，訓練時需要的空間和時間較大。

8.5.2 Scikit-Learn 的隨機森林模組

1. 在 Scikit-Learn 要使用隨機森林演算法，首先載入模組：

```
from sklearn.ensemble import RandomForestClassifier
```

2. 接著建立 RandomForestClassifier 物件，語法為：

```
隨機森林變數 = RandomForestClassifier(criterion= 演算方式 ,
              n_estimators= 數值 , max_features= 最大特徵 ,
              min_samples_split= 數量 , random_state= 數值 )
```

- **criterion**：此參數非必填。設定值有：
  - gini：使用基尼指數演算法。此為預設值。
  - entropy：使用 ID3 演算法。
- **n_estimators**：非必填，是設定隨機森林中決策樹的數量。預設值為 100。
- **max_features**：此參數非必填，設定決策樹中最大特徵數。設定值有：
  - auto：使用全部特徵。此為預設值。
  - sqrt：使用特徵數平方根。
  - 浮點數：使用特徵數比例，例如 0.7 表示使用特徵數的 70%。

■ **min_samples_split**：非必填，是設定決策樹的最小資料數量。預設值為 2。

■ **random_state**：非必填，若設定此參數則每次執行的決策樹相同。

例如，森林變數為 rf，決策樹數量為 10，決策樹最小資料數量為 60：

```
rf = RandomForestClassifier(n_estimators=10, min_samples_split=60)
```

3. 然後就可利用 fit 方法進行訓練，語法為：

> 森林變數 **.fit(** 訓練資料，訓練目標值 **)**

例如，決策樹變數為 rf，訓練資料為 x_train，訓練目標值為 y_train：

```
rf.fit(x_train, y_train)
```

4. 訓練完成後可使用 predict 方法對未知資料進行預測，語法為：

> 預測變數 **=** 森林變數 **.predict(** 預測資料 **)**

例如，預測變數為 y_predict，預測資料為 x_test：

```
y_predict = rf.predict(x_test)
```

5. 或者使用 score 方法對未知資料進行預測，並計算準確率，語法為：

> 準確率變數 **=** 森林變數 **.score(** 預測資料，預測目標值 **)**

例如，準確率變數為 score，預測資料為 x_test，預測目標值為 y_test：

```
score = rf.score(x_test, y_test)
```

▌8.5.3 隨機森林演算法範例：葡萄酒種類判斷

在範例資料夾中的 <wine.csv> 是一個葡萄酒資料集，內含 160 筆資料，第一個欄位為「酒種類」，1 表示紅葡萄酒，2 表示粉紅葡萄酒，3 表示白葡萄酒；第 2 到 14 個欄位為葡萄酒各種持性資料。這裡使用 2 到 14 個個欄位為特徵值，第 1 個欄位「種類」為目標值進行隨機森林演算法訓練。

	酒種類	酒精	蘋果酸	灰分	灰分鹼性	鎂	總酚	黃酮類	非黃酮酚	原花青素	顏色強度	色相	透光度	脯氨酸
0	1	13.74	1.67	2.25	16.4	118	2.60	2.90	0.21	1.62	5.85	0.92	3.20	1060
1	1	13.87	1.90	2.80	19.4	107	2.95	2.97	0.37	1.76	4.50	1.25	3.40	915
2	3	12.96	3.45	2.35	18.5	106	1.39	0.70	0.40	0.94	5.28	0.68	1.75	675
3	3	12.25	3.88	2.20	18.5	112	1.38	0.78	0.29	1.14	8.21	0.65	2.00	855
4	2	11.65	1.67	2.62	26.0	88	1.92	1.61	0.40	1.34	2.60	1.36	3.21	562

下面程式以葡萄酒資料集進行隨機森林演算法判斷葡萄酒是哪一個種類。

```
[27]  1 from sklearn.model_selection import train_test_split
      2 from sklearn.ensemble import RandomForestClassifier
      3 import pandas as pd
      4
      5 df = pd.read_csv('wine.csv')
      6 x = df.iloc[:, 1:14]
      7 y = df.iloc[:, 0]
      8 x_train, x_test, y_train, y_test = train_test_split(
      9     x, y, test_size=0.2)
     10 rf = RandomForestClassifier(n_estimators=10,
     11                             min_samples_split=30)
     12 rf.fit(x_train, y_train)
     13 score = rf.score(x_test, y_test)
     14 print(score)

     0.9375
```

程式說明

▋ 2	載入隨機森林模組。
▋ 5	讀入酒種類資料集。
▋ 6	以第 2 到 14 個欄位做為特徵值。
▋ 7	以第 1 個欄位「類別」做為目標值。
▋ 10-12	進行隨機森林模型訓練。
▋ 13-14	進行預測並顯示準確率。

由結果可見準確率在 0.91~0.97 之間，準確率相當高。

09

CHAPTER

機器學習：監督式學習迴歸演算法

9.1 線性迴歸演算法

迴歸 (Regression) 演算法適用於目標值是連續數值的機器學習，例如房價預測、貸款額度評估等。**線性迴歸** (Linear Regression) 演算法是迴歸演算法中較簡單的一種。

9.1.1 線性迴歸演算法原理

線性迴歸演算法是在已知資料點中找出規律，畫出一條最接近資料點的直線，再以此直線對未知資料進行預測的演算法。

以下面的例子說明：結婚十週年，老婆想要一顆 1.1 克拉的鑽石，我到珠寶店購買，發現沒有 1.1 克拉的鑽石，但願意幫我代購。我詢問大概價錢以便提款，珠寶店因未賣過此重量鑽石無法回答，於是我向珠寶店索取過去鑽石重量與價錢資料自行估算。我將鑽石重量與價錢資料繪製圖形如下，再自行畫一條最接近資料點的直線，於是估計 1.1 克拉鑽石大約 26 萬元。

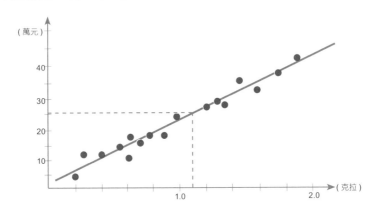

此方法的關鍵是機器學習如何找到最接近資料點的直線呢？

損失函式

找到最接近資料點直線的方法是利用損失函式計算預測值與真實值的誤差，誤差最小時就是最佳直線。最常用的損失函式為最小平均方差。

數學上的直線方程式為： $y = Wx + b$

w 稱為 **權重** (Weight)，b 稱為 **偏置** (Bias)：此時問題變成如何找到最適當直線的 w 及 b 呢？方法是將資料點 (x) 逐一代入直線方程式求出預測值 (y)，然後計算每一個預測值與真實值差的平方總和，此總和稱為「平均方差」。

$$V = \sum_{i=1}^{n} \left(X_{pred} - X_{real} \right)^2$$

V 為平均方差，X_{pred} 為預測值，X_{real} 為真實值。，

不斷改變 w 及 b 的值，平均方差最小時的 w 及 b 值就是最佳直線。

上面是一個特徵的情況，如果是多個特徵時該如何呢？以前面鑽石的例子來說，影響鑽石價格的因素不是只有重量而已，鑽石的顏色、純度、切割等都會影響價格。在多特徵的線性迴歸演算法中，只要將所有特徵結合在一起即可，例如多個特徵值分別為 x_1、x_2、......，則其方程式為：

y = w_1x_1 + w_2x_2 + ... + b

同樣將所有資料點代入方程式，找到最小平均方差的 w_1、w_2、......、b 即可。

線性迴歸演算法找到最小平均方差的的權重值及偏置值常用的方法有正規方程法及梯度下降法。

9.1.2 正規方程法線性迴歸

正規方程法 (Normal Equation) 是最簡單的線性迴歸演算法，它利用特徵值矩陣的轉置及反矩陣複雜運算直接計算出最佳權重值及偏置值。

認識正規方程法線性迴歸

正規方程法線性迴歸僅適用於特徵數量較少的情況，因反矩陣運算的複雜度很高，當特徵較多時，正規方程法會耗費非常龐大的計算資源與時間，並可能無法計算出最佳權重值及偏置值。

○ **注意**：使用線性迴歸演算法時，各特徵的數值大小會影響結果，因此訓練前需將各特徵值進行標準化。

正規方程法線性迴歸模組的運作步驟

1. 在 Scikit-Learn 要使用正規方程法線性迴歸，首先載入模組：

```
from sklearn.linear_model import LinearRegression
```

2. 接著建立 LinearRegression 物件，語法為：

```
正規變數 = LinearRegression()
```

例如正規變數為 lr：

```
lr = LinearRegression()
```

3. 然後就可利用 fit 方法進行訓練，語法為：

```
正規變數 .fit( 訓練資料, 訓練目標值 )
```

例如，正規變數為 lr，訓練資料為 x_train，訓練目標值為 y_train：

```
lr.fit(x_train, y_train)
```

訓練完成後即可得到最佳權重值及偏置值：權重值存於正規變數的「coef_」屬性，偏置值存於正規變數的「intercept_」屬性。

4. 訓練完成後可使用 predict() 方法對未知資料進行預測，語法為：

```
預測變數 = 正規變數 .predict( 預測資料 )
```

例如，預測變數為 y_predict，預測資料為 x_test：

```
y_predict = lr.predict(x_test)
```

評估正規方程法線性迴歸的性能

因為迴歸演算法目標值是連續數值，預測值不太可能完全等於真實值，因此無法計算準確率。迴歸演算法評估模型的性能是以誤差大小來判斷，即平均方差越小則性能越好。

1. Scikit-Learn 計算平均方差的模組為 mean_squared_error，首先載入模組：

```
from sklearn.metrics import mean_squared_error
```

2. 計算平均方差的語法為：

```
mean_squared_error( 真實目標值 , 預測值 )
```

例如，真實目標值為 y_test，預測值為 y_predict：

```
mean_squared_error(y_test, y_predict)
```

例如，<housePrice.csv> 房價資料集內含 500 筆資料，前 12 個欄位為影響房價的特徵資料為特徵值，最後一個欄位為「房價」為目標值，進行房價預測。

	犯罪率	豪宅比	公設比	臨公園	NO濃度	房間數	屋齡	賣場距離	捷運距離	繳稅率	師生比	低收入比	房價
0	0.06211	40.0	2.50	0	0.429	6.490	44.4	8.7921	1	335	19.7	5.98	22.9
1	0.55778	0.0	43.78	0	0.624	6.335	98.2	2.1107	4	437	21.2	16.96	18.1
2	3.69311	0.0	36.20	0	0.713	6.376	88.4	2.5671	24	666	20.2	14.65	17.7
3	0.00906	90.0	5.94	0	0.400	7.088	20.8	7.3073	1	285	15.3	7.85	32.2
4	0.03537	34.0	12.18	0	0.433	6.590	40.4	5.4917	7	329	16.1	9.50	22.0
...	...	...	...	...	...	...	...	...	...	...	...	...	...

下面程式將房價資料集的 20% 原始資料做為測試資料，80% 原始資料做為訓練資料，然後以正規方程法進行訓練，訓練後取得權重值及偏置值：

```
[1]  1 from sklearn.model_selection import train_test_split
     2 from sklearn.linear_model import LinearRegression
     3 from sklearn.preprocessing import StandardScaler
     4 from sklearn.metrics import mean_squared_error
     5 import pandas as pd
     6
```

```
 7 hp = pd.read_csv('housePrice.csv')
 8 x = hp.iloc[:, 0:12]
 9 y = hp.iloc[:, 12]
10 x_train, x_test, y_train, y_test = train_test_split(
11     x, y, test_size=0.2)
12 std_x = StandardScaler()
13 x_train = std_x.fit_transform(x_train)
14 x_test = std_x.transform(x_test)
15 std_y = StandardScaler()
16 y_train = std_y.fit_transform(y_train.to_numpy().reshape(-1, 1))
17 y_test = std_y.transform(y_test.to_numpy().reshape(-1, 1))
18 lr = LinearRegression()
19 lr.fit(x_train, y_train)
20 print('權重值：{}'.format(lr.coef_))
21 print('偏置值：{}'.format(lr.intercept_))
```

```
權重值：[[-0.12988248  0.1286484   0.04504647  0.07666705 -0.24371194  0.25516089
   0.02414183 -0.34271887  0.33645114 -0.26733091 -0.22061242 -0.47491702]]
偏置值：[2.11804406e-16]
```

程式說明

- **2** 　　　載入正規方程法線性迴歸模組。
- **4** 　　　載入計算平均方差誤差模組。
- **7** 　　　讀入波士頓房價資料集。
- **8** 　　　以前 12 個欄位做為特徵值。
- **9** 　　　以第 13 個欄位「房價」做為目標值。
- **10-11** 　分割資料，以 20% 資料做為測試資料。
- **12-14** 　使用正規方程法線性迴歸需將資料標準化，此 3 列程式標準化特徵集資料。
- **15-17** 　對目標資料進行標準化。傳入標準化的資料必須是二維，而目標資料是一維，故先用「to_numpy()」轉為 numpy 陣列，再以「reshape(-1, 1)」轉成二維，若未經此轉換執行時會產生錯誤。
- **18-19** 　進行正規方程法線性迴歸。
- **20-21** 　顯示權重值及偏置值。

執行結果中因為有 12 個特徵，所以有 12 個權重值及 1 個偏置值。

接著對測試資料進行預測：預測值不可能等於真實值，因此列印前 10 筆預測值與真實值，讓使用者對照查看。

[2]
```
1 y_predict = std_y.inverse_transform(lr.predict(x_test))
2 y_real = std_y.inverse_transform(y_test)
3 for i in range(10):
4   print('預測值：{}，真實值：{}'.format(y_predict[i], y_real[i]))
```

```
預測值：[30.99071768]，真實值：[30.8]
預測值：[17.93825481]，真實值：[19.9]
預測值：[11.41944112]，真實值：[16.5]
預測值：[31.70797048]，真實值：[29.]
預測值：[24.92866523]，真實值：[28.1]
預測值：[24.41103106]，真實值：[24.4]
預測值：[6.69426577]，真實值：[7.2]
預測值：[4.95499401]，真實值：[5.]
預測值：[13.94283046]，真實值：[14.3]
預測值：[23.53776309]，真實值：[26.2]
```

程式說明

■ 1　　　「`lr.predict(x_test)`」是對測試資料進行預測，因為訓練時是以標準化後的資料進行訓練，所以預測資料也是標準化的資料，必須以 `inverse_transform()` 恢復為原來資料。

■ 2　　　還原測試資料目標值（真實值）。

■ 3-4　　顯示前 10 筆預測值及真實值。

最後，計算平均方差：

[3]
```
1 merror = mean_squared_error(y_real, y_predict)
2 print('平均方差：{}'.format(merror))
```

```
平均方差：18.807378170073367
```

執行後得到平均方差為 **18.8074**。

9.1.3 梯度下降法線性迴歸

正規方程法線性迴歸僅適用於特徵數量較少的情況，**梯度下降法** (Gradient Descent) 則無論特徵數量多寡都適用。

認識梯度下降法線性迴歸

因為損失函式（平均方差）是預設值與真實值差的平方，即損失函式是一個二次方程式，而二次方程式的圖形是拋物線，平均方差最小的地方就是拋物線的谷底，我們只要找到谷底的權重值及偏置值就完成機器學習了！

梯度下降法就像是在下山，先走一步後看看此處有沒有比較低，若有就繼續往前走一步，沒有則倒退，藉由這樣慢慢地走到山谷。

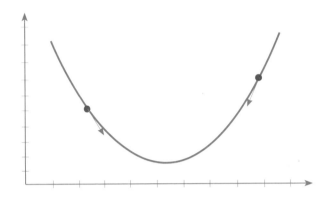

以一個特徵來說明梯度下降法：開始時以亂數隨機設定 w 及 b 值，此時計算平均方差；然後將 w 值略為增加後計算平均方差，若平均方差變小則將此增加的 w 值做為新的 w 值，若平均方差變大則將原 w 值略減小做為新的 w 值；b 值也做相同操作。以新的 w 值及 b 值計算平均方差，重複剛才操作，直到平均方差無法變小為止，這就是最小平均方差，此時的 w 值及 b 值即為最佳權重值及偏置值。

梯度下降法線性迴歸模組的運作步驟

1. 在 Scikit-Learn 要使用梯度下降法線性迴歸，首先載入模組：

```
from sklearn.linear_model import SGDRegressor
```

2. 接著建立 SGDRegressor 物件，語法為：

```
梯度變數 = SGDRegressor()
```

    例如，梯度變數為 sgd：

```
sgd = SGDRegressor()
```

3. 然後就可利用 fit 方法進行訓練，語法為：

> 梯度變數 **.fit(** 訓練資料 , 訓練目標值 **)**

例如，梯度變數為 sgd，訓練資料為 x_train，訓練目標值為 y_train：

```
sgd.fit(x_train, y_train)
```

4. 訓練完成後即可得到最佳權重值及偏置值：權重值存於正規變數的「coef_」屬性，偏置值存於正規變數的「intercept_」屬性。

訓練完成後可使用 predict() 方法對未知資料進行預測，語法為：

> 預測變數 = 梯度變數 **.predict(** 預測資料 **)**

例如預測變數為 y_predict，預測資料為 x_test：

```
y_predict = sgd.predict(x_test)
```

例如，資料與前一小節的正規方程法線性迴歸完全相同，請改用梯度下降法訓練及預測：

```
[1]  1  from sklearn.model_selection import train_test_split
     2  from sklearn.linear_model import SGDRegressor
     3  from sklearn.preprocessing import StandardScaler
     4  from sklearn.metrics import mean_squared_error
     5  import pandas as pd
     6
     7  hp = pd.read_csv('housePrice.csv')
     8  x = hp.iloc[:, 0:12]
     9  y = hp.iloc[:, 12]
    10  x_train, x_test, y_train, y_test = train_test_split(x, y, test_size=0.2)
    11  std_x = StandardScaler()
    12  x_train = std_x.fit_transform(x_train)
    13  x_test = std_x.transform(x_test)
    14  std_y = StandardScaler()
    15  y_train = std_y.fit_transform(y_train.to_numpy().reshape(-1, 1))
    16  y_test = std_y.transform(y_test.to_numpy().reshape(-1, 1))
```

```
17   sgd = SGDRegressor()
18   sgd.fit(x_train, y_train)
19   print('權重值:{}'.format(sgd.coef_))
20   print('偏置值:{}'.format(sgd.intercept_))
21   y_predict = std_y.inverse_transform(sgd.predict(x_test).reshape(-1, 1))
22   y_real = std_y.inverse_transform(y_test)
23   for i in range(10):
24       print('預測值:{},真實值:{}'.format(y_predict[i], y_real[i]))
25   merror = mean_squared_error(y_real, y_predict)
26   print('平均方差:{}'.format(merror))
```

```
權重值:[-0.07099359  0.10868226 -0.05083439  0.12096582 -0.16131473  0.31451336
  0.03429864 -0.25799864  0.17064823 -0.10969534 -0.19796035 -0.4147111 ]
偏置值:[0.00198545]
預測值:[26.00212708],真實值:[23.1]
預測值:[19.86820805],真實值:[19.2]
預測值:[16.13268522],真實值:[11.]
預測值:[23.78413949],真實值:[29.6]
預測值:[9.07227135],真實值:[9.7]
預測值:[28.20226233],真實值:[36.2]
預測值:[19.13647049],真實值:[18.5]
預測值:[15.94978279],真實值:[10.4]
預測值:[21.86792019],真實值:[11.9]
預測值:[17.08719527],真實值:[22.5]
平均方差:32.28242514882645
```

程式說明

■ 2　　　　載入梯度下降法線性迴歸模組。

■ 17-20　　進行梯度下降法線性迴歸。

■ 21　　　　sgd.predict(x_test).reshape(-1, 1)」是對測試資料進行預測,但這個模型只能使用一維的資料,所以要使用 reshape() 轉換資料形狀。」請改為「「sgd.predict(x_test).reshape(-1, 1)」是對測試資料進行預測,預測結果是一維資料,所以要使用 reshape(-1, 1) 轉換成二維資料。

■ 22　　　　還原測試資料目標值(真實值)。

■ 23-24　　顯示前 10 筆預測值及真實值。

9.2 　邏輯迴歸演算法

邏輯迴歸 (Logistic Regression) 演算法是使用迴歸運算方式進行分類實作，僅適用於二分類，是準確率相當高的二分類機器學習演算法。

9.2.1 　邏輯迴歸演算法原理

邏輯迴歸演算法會先以迴歸演算法計算各特徵的權重及偏置，然後以迴歸演算法的結果做為 sigmoid 函式的輸入值來計算機率。

sigmoid 函式的公式

sigmoid 函式公式與圖形為：

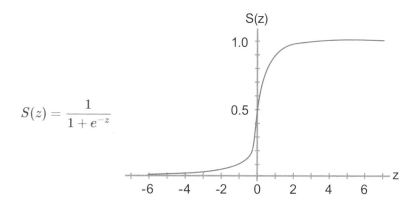

$$S(z) = \frac{1}{1 + e^{-z}}$$

sigmoid 函式的輸出值為 0 到 1 之間的浮點數，這正是機率數值的範圍，也就是將迴歸演算法的結果轉換為機率，再利用機率大小來判斷是哪一個類別。做為判斷類別的機率值稱為「閾值」，預設的閾值為 0.5：即機率大於 0.5 就判斷為「正例」類別，小於 0.5 就判斷為「假例」類別。

Scikit-Learn 將數量較少的類別視為正例，數量較多的類別視為假例，例如判斷是否罹患癌症的資料集中，癌症患者有 200 人，非癌症患者有 600 人，則 Scikit-Learn 使用邏輯迴歸演算法機率大於 0.5 就判斷為癌症患者，機率小於 0.5 就判斷為非癌症患者。

邏輯迴歸演算法的過程整理如下圖：

特徵值				迴歸結果			預測值	真實值

特徵值	迴歸運算	迴歸結果	sigmoid		預測值	真實值
2.8 12.5 6.7		75.3			1	1
8.9 45.2 9.0	xW =	78.1		0.57	1	0
1.6 10.8 3.5		67.5		0.73	0	1
5.4 82.3 7.6		52.9		0.42	0	0
4.0 32.1 2.9		82.1		0.24	1	1
				0.92		

梯度下降 (損失函式)

利用迴歸演算法計算各特徵的權重，將迴歸運算的結果輸入 sigmoid 函式計算機率，以機率進行類別判斷，計算預測值與真實值的損失函式來調整各特徵的權重，重覆此過程直到損失函式達到最小值。

優點及缺點

邏輯迴歸演算法的優點：

- 易於理解和實現，廣泛的應用於工業問題上。
- 分類時計算量非常小，速度很快，使用資源少。
- 便利觀測資料機率數值。

邏輯迴歸演算法的缺點：

- 當特徵數量很多時，邏輯迴歸的性能不是很好。
- 只能處理二分類問題。

9.2.2 Scikit-Learn 的邏輯迴歸模組

1. 在 Scikit-Learn 要使用邏輯迴歸演算法，首先載入模組：

```
from sklearn.linear_model import LogisticRegression
```

2. 接著建立 LogisticRegression 物件，語法為：

> 迴歸變數 = **LogisticRegression()**

例如，迴歸變數為 estimator：

```
estimator = LogisticRegression()
```

3. 然後就可利用 fit 方法進行訓練，語法為：

> 迴歸變數 **.fit(** 訓練資料, 訓練目標值 **)**

例如，迴歸變數為 estimator，訓練資料為 x_train，訓練目標值為 y_train：

```
estimator.fit(x_train, y_train)
```

4. 訓練完成後可使用 predict 方法對未知資料進行預測，語法為：

> 預測變數 = 迴歸變數 **.predict(** 預測資料 **)**

例如，預測變數為 y_predict，預測資料為 x_test：

```
y_predict = estimator.predict(x_test)
```

5. 或者使用 score 方法對未知資料進行預測，並計算準確率，語法為：

> 準確率變數 = 迴歸變數 **.score(** 預測資料, 預測目標值 **)**

例如，準確率變數為 score，預測資料為 x_test，預測目標值為 y_test：

```
score = estimator.score(x_test, y_test)
```

9.2.3 邏輯迴歸應用：判斷是否罹癌

<breastCancer.csv> 是一個乳癌資料集，內含 680 筆資料，前 9 個欄位為患者各種病理檢查資料為特徵值，欄位資料皆以 1~10 十個等級表示，最後一個欄位為「種類」為目標值，1 表示腫瘤為良性，2 表示腫瘤為惡性。

	團塊厚度	細胞大小均勻性	細胞形狀均勻性	邊緣粘附	上皮細胞大小	裸核	淡染色質	正常核仁	有絲分裂	種類
0	1	1	1	1	1	1	1	1	1	1
1	5	1	2	1	2	1	3	1	1	1
2	1	1	1	3	2	3	1	1	1	1
3	9	1	2	6	4	10	7	7	2	2
4	3	1	1	3	2	1	2	1	1	1
...	...	...	...	...	...	...	...	...	...	...

以下程式是以乳癌罹癌資料集進行邏輯迴歸演算法，以特徵值來判斷是否罹患癌症。

```
[5]   1 import pandas as pd
      2 from sklearn.model_selection import train_test_split
      3 from sklearn.preprocessing import StandardScaler
      4 from sklearn.linear_model import LogisticRegression
      5
      6 df = pd.read_csv("breastCancer.csv")
      7 x = df.iloc[:, 0:9]
      8 y = df.iloc[:, 9]
      9 x_train, x_test, y_train, y_test = train_test_split(
     10     x, y, test_size=0.2)
     11 transfer = StandardScaler()
     12 x_train = transfer.fit_transform(x_train)
     13 x_test = transfer.transform(x_test)
     14 estimator = LogisticRegression()
     15 estimator.fit(x_train, y_train)
     16 score = estimator.score(x_test, y_test)
     17 print("準確率：{}".format(score))
```

準確率：0.9779411764705882

程式說明

■	4	載入邏輯迴歸模組。
■	6	讀入乳癌資料集。
■	7	以前 9 個欄位做為特徵值。
■	8	以第 10 個欄位「種類」做為目標值。

- ▦ 11-13　由於這也是迴歸演算法，因此特徵值資料必須進行標準化，而目標資料是分類值，故目標資料不必標準化。
- ▦ 14-15　進行邏輯迴歸訓練。
- ▦ 16-17　進行預測並顯示準確率。

準確率約為 0.90~0.98，這是相當不錯的準確率。

9.2.4 精確率與召回率

通常分類模型的效能是以**準確率** (accuracy) 來評估，但某些情況會有特殊考量。以剛才的範例判斷是否罹癌為例，將所有罹患癌症的患者全部篩選出來比準確率更為重要，因為如果有癌症患者未被找到，則該病患可能有生命危險，因此寧願多將一些病患列為罹癌而降低準確率，也盡量不要遺漏癌症患者。**精確率** (precision) 與**召回率** (recall) 是另外兩種評估模型優劣的指標，尤其召回率更是重要。

混淆矩陣

預測值與目標值可能的組合情況有四種如下：

		目標值	
		正例	假例
預測值	正例	TP(TruePositive)	FP(FalsePositive)
	假例	FN(FalseNegative)	TN(TrueNegative)

這樣由 TP、FP、FN、TN 組成的矩陣稱為混淆矩陣。

精確率 (P) 是指預測值為正例的資料中目標值為正例所佔的比例，公式為：

$$P = \frac{TP}{TP + FP}$$

召回率 (R) 是指目標值為正例的資料中預測值為正例所佔的比例，公式為：

$$R = \frac{TP}{TP + FN}$$

準確度 (A) 是指預測準確所佔的比例，公式為：

$$A = \frac{TP + TN}{TP + FP + FN + TN}$$

每一個類別都會有一個混淆矩陣，以剛才的範例罹癌資料集為例，「良性」及「惡性」類別各有一個混淆矩陣。若罹癌資料集「惡性」類別的混淆矩陣如下：

		目標值	
		惡性	不是惡性（良性）
預測值	惡性	12	3
	不是惡性（良性）	5	52

```
P(精確率) = 12 / (12+3) = 0.8
R(召回率) = 12 / (12+5) = 0.71
A(準確度) = (12+52) / (12+3+5+52) = 0.89
```

9.2.5 Scikit-Learn 的精確率、召回率與準確度模組

1. Scikit-Learn 提供 classification_report 模組為使用者計算精確率、召回率與準確度。首先載入模組：

```
from sklearn.metrics import classification_report
```

2. classification_report 的語法為：

```
classification_report(目標值, 預測值, labels= 類別值,
                target_names= 類別顯示值)
```

■ **目標值**：資料集的目標值。

■ **預測值**：使用模型進行預測得到的結果值。

■ **labels**：資料集中的類別值。例如癌症資料為 1 及 2。

■ **target_names**：傳回值中的類別名稱。因 labels 通常是數值，使用者無法得知類別意義，此參數設定類別名稱，例如 1 為「良性」類別，2 為「惡性」類別。

例如，目標值為 y_test，預測值為 y_pre，類別為「1,2」，類別顯示值為「良性，惡性」。

```
classification_report(y_test, y_pre, labels=(1,2),
                                      target_names=("良性", "惡性"))
```

9.2.6 召回率應用：提高罹癌患者檢測率

下面程式是計算癌症資料集的精確率、召回率與準確度：

```
[6]    1 import pandas as pd
       2 import numpy as np
       3 from sklearn.model_selection import train_test_split
       4 from sklearn.preprocessing import StandardScaler
       5 from sklearn.linear_model import LogisticRegression
       6 from sklearn.metrics import classification_report
       7
       8 df = pd.read_csv("breastCancer.csv")
       9 x = df.iloc[:, 0:9]
      10 y = df.iloc[:, 9]
      11 x_train, x_test, y_train, y_test = train_test_split(
      12     x, y, test_size=0.2, random_state=1)
      13 transfer = StandardScaler()
      14 x_train = transfer.fit_transform(x_train)
      15 x_test = transfer.transform(x_test)
      16 estimator = LogisticRegression()
      17 estimator.fit(x_train, y_train)
      18 y_pre = estimator.predict(x_test)
      19 #pred_proba = estimator.predict_proba(x_test)[:, 1]
      20 #thres = 0.15
      21 #y_pre = np.where(pred_proba > thres, 2, 1)
      22 ret = classification_report(y_test, y_pre, labels=(1, 2),
      23                             target_names=("良性", "惡性"))
      24 print(ret)
```

```
              precision    recall  f1-score   support

        良性       1.00      0.95      0.97        96
        惡性       0.89      1.00      0.94        40    ← 「惡性」類別召回率

    accuracy                           0.96       136    ← 準確度
   macro avg       0.94      0.97      0.96       136
weighted avg       0.97      0.96      0.96       136
```

程式說明

- 2 　　匯入 numpy 模組。

- 6 　　匯入計算精確率、召回率與準確度的模組。

- 11-12 　分割資料加入「random_state」參數， 使得每次分割的資料都會相同，這是為了後續要使用相同資料來比較召回率數值。

- 18 　　以 predict 方法進行預測，此時邏輯迴歸的閾值為預設的 0.5。

- 19-21 　改變邏輯迴歸的閾值來觀察召回率。

- 19 　　predict_proba 方法會取得資料進行預測得到的機率值。

- 20 　　設定閾值。

- 21 　　建立預測值：若機率大於閾值表示為正例，邏輯迴歸預設以類別數量較少者為正例，即「惡性」為正例，故將值設為 2，否則設為 1（良性）。

- 22-23 　計算所有評估數值。

- 24 　　顯示所有評估數值。

結果中項目說明：

- **precision**：精確率。

- **recall**：召回率。

- **f1-score**：精確率與召回率的綜合評估，其值在 0 到 1 之間，數值越大表示模型越好。

- **support**：資料數量。

- **macro avg**：各類別的平均值。

- **weighted avg**：加權平均值：各類別數值乘以資料數量的平均值。

9.2.7 提高「惡性」召回率

此處最要關心的是「惡性」類別的召回率，因為檢測不希望遺漏任何一位癌症患者：此處召回率為 0.95，還有改進空間。

如何提高「惡性」類別的召回率？ Scikit-Learn 的 classification_report 方法是以閾值為 0.5 進行判斷類別，即機率大於 0.5 就判斷為「惡性」類別，如果要增加判斷為「惡性」類別的數量，只要降低閾值就可以了！

classification_report 方法沒有設定閾值的參數，因此需自行撰寫程式改變閾值。以剛才的範例來說，第 19-21 列程式就是改變閾值的程式碼。註解第 18 列程式，移除第 19-21 列程式註解後執行程式。

執行結果：

```
              precision    recall  f1-score   support

        良性       1.00      0.95      0.97        96
        惡性       0.89      1.00      0.94         4    ← 「惡性」類別召回率

    accuracy                          0.96       136
   macro avg       0.94      0.97      0.96       136
weighted avg       0.97      0.96      0.96       136
```

可看到「惡性」類別召回率為 1.0，這是不斷嘗試得到的數值：將第 20 列的閾值由 0.5 逐漸變小，「惡性」類別召回率會逐漸變大，直到「惡性」類別召回率為 1.0 的閾值，就是最佳閾值。

9.3 支持向量機演算法

支持向量機 (Support Vector Machine)，簡稱 SVM，是一種可以用於分類及迴歸的強大演算法，不但適用於線性迴歸，對於非線性迴歸也有不錯的效果。

9.3.1 支持向量機演算法原理

支持向量機演算法的基本原理可以這樣推論：對於二維 (2 個特徵值) 線性資料可以找到一條最佳直線將資料分離，那麼三維 (3 個特徵值) 資料就可以找到一個最佳平面將資料分離，因此 N 維 (N 個特徵值) 資料就可以找到一個 (N-1) 維的超平面將資料分離。問題是如何找到最佳超平面呢？

認識支持向量機演算法

為了說明方便，以二維資料為例：X1 及 X2 兩個特徵值的兩類資料 (圓點及方點) 分布如下左圖，可畫出無限多條直線將資料分開 (下右圖畫出 4 條直線)。

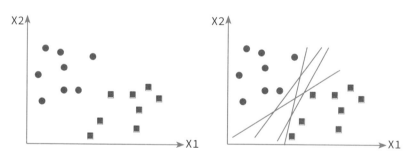

支持向量的分隔線是距離資料點最遠的直線，這樣分離的效果最好：方法是經過兩類資料邊緣的點各畫一條距離另類資料點最遠的平行線 (下左圖)，則此兩條平行線中央的平行線就是最佳分隔線 (下右圖)。兩個邊緣點稱為「支持向量」。

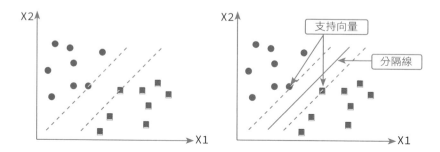

優點及缺點

支持向量機演算法的優點：

- 適用於特徵數量較多的資料集。
- 對於資料數量較少時 (小樣本) 的效果不錯。
- 可用於分類及迴歸問題，也可用於線性及非線性問題。

支持向量機演算法的缺點：

- 資料數量龐大時 (大樣本) 的效果較差。
- 非線性問題沒有通用解決方案，常需嘗試各種方式尋找最佳方案。
- 資料若有缺失值影響較大。

9.3.2 Scikit-Learn 的支持向量機分類模組

Scikit-Learn 中支持向量機演算法的分類及迴歸使用的是不同模組。分類是使用 SVC 模組，迴歸是使用 SVR 模組。

1. 要使用支持向量機的分類演算法，首先載入 SVC 模組：

```
from sklearn.svm import SVC
```

2. 接著建立 SVC 物件，語法為：

```
分類變數 = SVC(kernel= 核函式 , C= 數值 , gamma= 核函式係數 ,
            degree= 數值 )
```

- **kernel**：設定核函式種類。常用的值有：
  - **lineaer**：線性函式。
  - **poly**：多項式函式，多項式的次方由 degree 參數設定。
  - **rbf**：高斯函式。此為預設值。
- **C**：正規化係數。C 越大，對訓練資料的準確率越高，但預測資料的能力越差。預設值為 1.0。

■ **gamma**：核函式係數。可能值有：

- **scale**：值為特徵數量與標準差乘積的倒數。此為預設值。
- **auto**：值為特徵數量的倒數。
- **浮點數**：直接設定數值。

■ **degree**：多項式的次方，此參數只有在 kernel 參數值為 poly 時才有效。預設值為 3。

例如，分類變數為 clf，kernel 參數值為 poly，gamma 參數值為 auto，C 為 1：

```
clf = SVC(kernel='poly', gamma='auto', C=1)
```

3. 然後就可利用 fit 方法進行訓練，語法為：

> **分類變數 .fit(訓練資料 , 訓練目標值)**

例如，分類變數為 clf，訓練資料為 x_train，訓練目標值為 y_train：

```
clf.fit(x_train, y_train)
```

4. 訓練完成後可使用 predict 方法對未知資料進行預測，語法為：

> **預測變數 = 分類變數 .predict(預測資料)**

例如，預測變數為 y_predict，預測資料為 x_test：

```
y_predict = clf.predict(x_test)
```

5. 或者使用 score 方法對未知資料進行預測，並計算準確率，語法為：

> **準確率變數 = 分類變數 .score(預測資料 , 預測目標值)**

例如，準確率變數為 score，預測資料為 x_test，預測目標值為 y_test：

```
score = clf.score(x_test, y_test)
```

▌9.3.3 支持向量機分類範例：稻米種類判斷

\<rice.csv> 稻米資料集內含 3800 筆資料，前 7 個欄位為稻米的各種特性資料為特徵值，最後一個欄位為「米種類」為目標值，1 表示蓬來米，2 表示在來米。

	面積	周長	長軸長度	短軸長度	偏心率	凸殼面積	延伸比率	米種類
0	14505	492.682007	205.412140	90.762550	0.897086	14834	0.582952	1
1	11026	425.010010	179.958771	79.052628	0.898349	11185	0.558618	2
2	11941	434.803986	174.229889	89.474525	0.858064	12249	0.754137	2
3	12440	434.804993	173.392792	92.690483	0.845125	12716	0.680339	2
4	12495	443.678009	184.987671	87.130180	0.882130	12690	0.742601	2

下面程式將稻米資料以 SVC 模組進行訓練，訓練後以測試資料計算準確率：

```
[7]  1 import pandas as pd
     2 from sklearn.svm import SVC
     3 from sklearn.model_selection import train_test_split
     4
     5 df = pd.read_csv("rice.csv")
     6 x = df.iloc[:, 0:7]
     7 y = df.iloc[:, 7]
     8 x_train, x_test, y_train, y_test = train_test_split(
     9     x, y, test_size=0.2)
    10 clf = SVC(kernel='poly', gamma='auto', C=1, degree=1)
    11 clf.fit(x_train,y_train)
    12 score = clf.score(x_test, y_test)
    13 print("準確率：{}".format(score))
```

準確率：0.9381578947368421

程式說明

▨ 2	匯入支持向量機分類模組。
▨ 6	以前 7 個欄位做為特徵集資料。
▨ 7	以最後 1 個欄位「米種類」做為目標資料。
▨ 10-11	以一維多項式做為核函式進行支持向量機分類訓練。

由結果可見準確率相當高，在 0.91 到 0.95 之間。

▌9.3.4 支持向量機分類應用：人臉辨識

支持向量機對圖形的辨識具有不錯的效果，這裡以 Scikit-Learn 的內建資料集：人臉資料集進行人臉辨識。「人臉偵測」是在圖形中找出人臉的位置，一般是一個矩形區域；「人臉辨識」則是進一步辨識出人臉的身份。

關於 **Scikit-Learn** 人臉資料集

Scikit-Learn 的人臉資料集包含數十人的人臉圖形，每個人的人臉圖形數量不等。載入人臉資料集的語法為：

```
from sklearn.datasets import fetch_lfw_people
人臉變數 = fetch_lfw_people(min_faces_per_person= 數值 ,
                           resize= 數值 , color= 布林值 )
```

- **min_faces_per_person**：設定人臉最小數目。資料集中每個人的人臉圖形數量不等，取得數量大於等於此參數值的人臉圖片。預設值為 0，即預設取得資料集所有圖片。

- **resize**：圖片縮放比例。預設值為 0.5，即長、寬縮小一半。

- **color**：True 為彩色圖片，False 為黑白圖片。預設值為 False。

例如，人臉變數為 lfw_people，取得圖片數量大於等於 70 的黑白圖片，圖片尺寸縮為原來的 60%：

```
lfw_people = fetch_lfw_people(min_faces_per_person=70, resize=0.6)
```

讀取圖片後，圖片資料存於人臉變數的 data 屬性，目標值存於人臉變數的 target 屬性，目標值為 0、1、2、...... 類別，而這些類別的人臉姓名則存於 target_names 屬性，由 target_names[0]、target_names[1]、...... 即可取得人臉姓名。

支持向量機人臉辨識分類應用

1. 首先讀取 Scikit-Learn 人臉資資料集，取得圖片數量大於等於 70 的黑白圖片：第一次執行會下載資料集存於 <lfw_home> 資料夾中。

   執行結果為「(1288, 62, 47)」，表示共有 1288 張圖片，圖片的寬度為 62 像素，高度為 47 像素。

[8]
```
1 from sklearn.model_selection import \
2     train_test_split
3 from sklearn.datasets import \
4     fetch_lfw_people
5 from sklearn.decomposition import PCA
6 from sklearn.svm import SVC
7 lfw_people = fetch_lfw_people(data_home='.',
8                     min_faces_per_person=70)
9 print(lfw_people.images.shape)
```

```
(1288, 62, 47)
```

2. 接著取得特徵值及目標值。

[9]
```
1 x = lfw_people.data
2 print('特徵維度:{}'.format(x.shape))
3 y = lfw_people.target
4 names = lfw_people.target_names
5 print('人臉姓名：')
6 print(lfw_people.target_names)
```

```
特徵維度:(1288, 2914)
人臉姓名：
['Ariel Sharon' 'Colin Powell' 'Donald Rumsfeld' 'George W Bush'
 'Gerhard Schroeder' 'Hugo Chavez' 'Tony Blair']
```

每張圖片有 62X47=2914 個特徵 (每個像素為一個特徵)，目標值為 0、1、
2、...... 類別，而這些類別的人臉姓名則存於 target_names 屬性。

3. 然後就進行訓練及預測。

[10]
```
1 %%time
2 x_train, x_test, y_train, y_test = train_test_split(
3     x, y, test_size=0.2, random_state=1)
4 clf = SVC(kernel='rbf', C=100, gamma='auto')
5 clf = clf.fit(x_train, y_train)
6 predict = clf.predict(x_test)
7 score = clf.score(x_test, y_test)
8 print("準確率：{}".format(score))
9 for i in range(20):
10   print('預測值：{}，真實值：{}'.format(names[predict[i]],
11                         names[y_test[i]]))
```

```
準確率：0.4108527131782946
預測值：George W Bush，真實值：Ariel Sharon
預測值：George W Bush，真實值：Tony Blair
預測值：George W Bush，真實值：Ariel Sharon
預測值：George W Bush，真實值：Donald Rumsfeld
預測值          Rumsfeld
預測值：George W Bush，真實值：Colin Powell
預測值：George W Bush，真實值：Gerhard Schroeder
CPU times: user 6.81 s, sys: 2.5 ms, total: 6.82 s
Wall time: 6.8 s
```

「%%time」會計算程式執行的時間，做為後面執行 PCA 後的時間比較。

結果顯示正確率只有 0.41，預測結果值大部分為「George W Bush」。程式執行時間為 6.82 秒。

4. 由於特徵近三千個，可使用 PCA 降低維度：

```
[11]  1 %%time
      2 x_train, x_test, y_train, y_test = train_test_split(
      3     x, y, test_size=0.2, random_state=1)
      4 pca =PCA(svd_solver='randomized', n_components=100, whiten=Tru
      5 pca.fit(x, y)
      6 x_train_pca = pca.transform(x_train)
      7 x_test_pca = pca.transform(x_test)
      8 clf = SVC(kernel='rbf', C=100, gamma='auto')
      9 clf = clf.fit(x_train_pca, y_train)
     10 predict = clf.predict(x_test_pca)
     11 score = clf.score(x_test_pca, y_test)
     12 print("準確率：{}".format(score))
     13 for i in range(20):
     14   print('預測值：{}，真實值：{}'.format(names[predict[i]],
     15                                 names[y_test[i]]))
```

```
準確率：0.8255813953488372
預測值：Colin Powell，真實值：Ariel Sharon
預測值：Tony Blair，真實值：Tony Blair
預測值：Ariel Sharon，真實值：Ariel Sharon
預測值：Donald Rumsfeld，真實值：Donald Rumsfeld
預測值：Donald Rumsfeld，真實值：Donald Rumsfeld
預測值：Tony Blair，真實值：Gerhard Schroeder
預測值：Colin Powell，真實值：Ariel Sharon
預測值：Colin Powell，真實值：Colin Powell
預測值：George W Bush，真實值：George W Bush
預測值：Colin Powell，真實值：Colin Powell
預測值：George W Bush，真實值：Gerhard Schroeder
CPU times: user 1.37 s, sys: 987 ms, total: 2.36 s
Wall time: 1.36 s
```

程式說明

■ 2-3　　加入「random_state=1」使資料分割固定。

■ 4-5　　　設定 PCA 特徵數量為 100 個進行 PCA 降維。

■ 6-7　　　特徵值經過轉換（目標值不需轉換）。

正確率提升了超過一倍，並且因為特徵數量大幅降低，程式執行快了很多，不到 3 秒就結束了！

9.3.5　支持向量機迴歸範例：廣告效益預測

支持向量機在迴歸問題上的應用

支持向量機也可用於迴歸問題：要使用 SVR 的模組。使用時首先載入模組：

```
from sklearn.svm import SVR
```

接著建立 SVR 物件，其主要參數與 SVC 相同，語法為：

```
迴歸變數 = SVR(kernel= 核函式 , C= 數值 , gamma= 核函式係數 ,
             degree= 數值 )
```

SVR 物件的使用方法與 SVC 物件相同，不再贅述。

廣告效益預測

<advSale.csv> 廣告效益資料集內含 4500 筆資料，前 3 個欄位為投入各類廣告的金額，「網紅廣告」欄位是代言網紅的粉絲人數，最後一個欄位「銷售額」是投入廣告後的業績。這裡使用前 4 個欄位為特徵值，第 5 個欄位「銷售額」為目標值。

	電視廣告	廣播廣告	社群媒體廣告	網紅廣告	銷售額
0	03.0	26.647047	5.124376	一萬到十萬	334.542585
1	79.0	28.862860	1.487848	小於一萬	283.111546
2	30.0	4.328536	0.477257	一萬到十萬	102.350794
3	36.0	15.826442	1.740744	小於一萬	127.546660
4	33.0	16.567955	3.220240	小於一萬	117.856095

由於「網紅廣告」欄位是文字資料，無法進行機器學習，所以要使用字典對照法將文字資料轉換為 1 到 4 的數值資料。

```
[15]  1 import pandas as pd
      2 from sklearn.model_selection import train_test_split
      3 from sklearn.svm import SVR
      4 from sklearn.preprocessing import StandardScaler
      5 from sklearn.metrics import mean_squared_error
      6
      7 df = pd.read_csv("advSale.csv")
      8 dict1 = {'大於百萬':1, '十萬到百萬':2, '一萬到十萬':3, '小於一萬':4}
      9 df['網紅廣告'].replace(dict1, inplace=True)
     10 df
```

	電視廣告	廣播廣告	社群媒體廣告	網紅廣告	銷售額
0	93.0	25.647047	5.124376	3	334.542585
1	79.0	28.862860	1.487848	4	283.111546
2	30.0	4.328536	0.477257	3	102.350794
3	36.0	15.826442	1.740744	4	127.546660
4	33.0	16.567955	3.220240	4	117.856095
...	...	...	...	...	...

接著將訓練資料標準化後進行支持向量機迴歸訓練，訓練後對測試資料進行預測並顯示前 10 筆資料及平均方差讓使用者查看。

```
[13]  1 x = df.iloc[:, 0:4]
      2 y = df.iloc[:, 4]
      3 x_train, x_test, y_train, y_test = train_test_split(
      4     x, y, test_size=0.2)
      5 std_x = StandardScaler()
      6 x_train = std_x.fit_transform(x_train)
      7 x_test = std_x.transform(x_test)
      8 std_y = StandardScaler()
      9 y_train = std_y.fit_transform(y_train.to_numpy().reshape(-1, 1))
     10 y_test = std_y.transform(y_test.to_numpy().reshape(-1, 1))
     11 clf = SVR(kernel='rbf', C=1, gamma='auto')
     12 clf.fit(x_train, y_train)
     13 y_predict = clf.predict(x_test)
     14 y_predict = std_y.inverse_transform(y_predict.reshape(-1, 1))
     15 y_real = std_y.inverse_transform(y_test)
     16 for i in range(10):
     17     print('預測值：{}，真實值：{}'.format(y_predict[i], y_real[i][0]))
     18 merror = mean_squared_error(y_real, y_predict)
     19 print('平均方差：{}'.format(merror))
```

```
預測值：[185.17351454]，真實值：192.110626
預測值：[280.42962985]，真實值：279.998199
預測值：[336.94121359]，真實值：354.292515
預測值：[307.06949054]，真實值：311.670241
預測值：[352.24045744]，真實值：360.109683
預測值：[208.55594167]，真實值：214.269115
預測值：[54.73763829]，真實值：47.042182999999994
預測值：[275.59752106]，真實值：279.061514
預測值：[127.31255046]，真實值：130.10523
預測值：[76.50701872]，真實值：70.07728099999999
平均方差：18.041233854635003
```

程式說明

■ 1　　　以前 4 個欄位做為特徵值。

■ 2　　　以第 5 個欄位「銷售額」做為目標值。

■ 5-7　　使用支持向量機迴歸演算法需將資料標準化，此 3 列程式標準化特徵集
　　　　　資料。

■ 8-10　 對目標資料進行標準化。

■ 11-12　進行支持向量機迴歸訓練。

■ 13　　 對測試資料進行預測。

■ 14　　 反標準化預測結果資料，使其恢復原始數值。

■ 15　　 反標準化測試資料，使其恢復原始數值。

■ 16-17　顯示前 10 筆預測值及真實值讓使用者對照。

■ 18-19　計算及顯示平均方差。

10

10.1 認識深度學習

深度學習 (Deep Learning) 就是透過各種 **神經網路** (Neural Network)，將一大堆的數據輸入神經網路中，讓電腦透過大量數據的訓練找出規律並自動學習，最後讓電腦能依據自動學習累積的經驗作出預測。

█ 10.1.1 認識神經網路

人類如何辨識一個物體呢？以辨識手寫數字為例：當眼睛看到一張手寫數字「5」的圖片時，會將圖片資訊傳入大腦，大腦的神經細胞會對傳入資訊進行判斷，大腦判定該圖片為「5」時，就將「5」傳達給嘴巴說出答案。

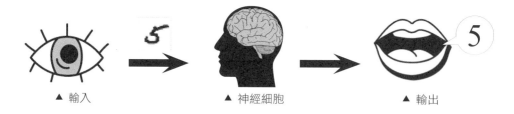

▲ 輸入　　　　　　　　▲ 神經細胞　　　　　　　　▲ 輸出

深度學習就是利用電腦模擬人類的大腦，以神經網路模擬大腦的神經系統，**神經元** (Neuron) 模擬大腦的神經細胞。上面範例中眼睛是輸入層，處理資訊是大腦神經系統，嘴巴是輸出層；深度學習的神經網路也是由 **輸入層**、**隱藏層** 和 **輸出層** 構成，隱藏層就是處理資訊所在，也是神經網路的核心。

◯ **備註**：神經網路的輸入層及輸出層只有 1 個。

隱藏層是由神經元構成，一個隱藏層可以包含 1 個或是多個神經元，數量多寡可視實際需要而定。一個神經網路可包含 1 個隱藏層，也可包含多個隱藏層。深度學習的強大功能來自於它可以堆疊很多隱藏層，但要注意的是，神經網路並不一定是越多層就越好，有時候太多層反而會得到反效果。

以往定義包含 3 個 (含) 以上隱藏層才稱為深度學習，導致許多設計者刻意增加隱藏層數量，目前共識為只要包含隱藏層的神經網路，都稱為深度學習。

神經網路依照隱藏層的不同構造可分為三大類：**深度神經網路**、**卷積神經網路**及**遞迴神經網路**。

神經網路的基本架構為：(以 2 層隱藏層為例)

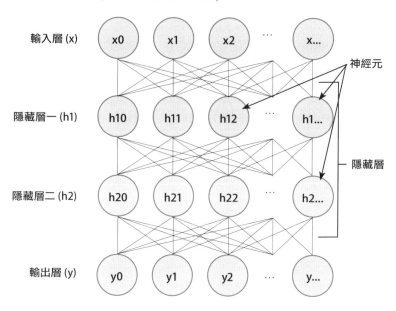

10.1.2 深度學習工具：TensorFlow

這裡以 TensorFlow 及 Keras 來開發深度學習程式，Colab 預設已安裝這 2 個模組。
首先介紹 TensorFlow 模組。

▲ TenserFlow 官方網站 (https://www.tensorflow.org)

TensorFlow 最早是由 Google Brain 團隊基於 Google 第一代深度學習系統 DistBelief 改進而產生，用於 Google 的研究和生產。

2015 年 11 月在 Apache 2.0 開源許可證下發布，並將這個專案的程式碼與相關工具 放在 Github 上，所有的開發者都可以免費使用，並且於 2016 年 4 月加入分散式版本。

2019 年 10 月發布 TensorFlow 2.0 版本，提高了在 GPU 上的性能表現，且新增 TensorFlow Datasets，為包含大量資料類型的大型資料集提供了標準接口。

TensorFlow 是屬於比較低階的深度學習 API，開發者可以自由配置運算環境進行深 度學習神經網路研究。

TensorFlow 的特點如下：

■ **處理器**：可以在 CPU、GPU、TPU 上執行。

■ **跨平台**：可在 Windows、Linux、Android、iOS、Raspberry Pi 執行。

■ **分散式執行**：具有分散式運算能力，可以同時在數百台電腦上執行訓練，大幅縮 短訓練的時間

■ **前端程式語言**：Tensorflow 可以支援多種前端程式語言，例如：Python、C++、 Java 等，目前以 Python 的表現最佳。

■ **高階 API**：Tensorflow 可以開發許多種高階的 API，例如：Keras、TF-Learn、 TF-Slim、TF-Layer 等，其中以 Keras 功能最完整。

除了這些特點還不夠，必須使用足夠厲害的硬體才行，Google 推出的 TPU (Tensor Processing Units) 就是專為 TensorFlow 而研發的硬體加速器。目前第二代又稱為 Cloud TPU，已經具有訓練機器學習模型，及處理推理任務兩種能力。

10.1.3 深度學習工具：Keras

Keras 是一個高階的神經網路 API，其中內容採用 Python 撰寫，主要由 Francois Chollet 及其他開放原始碼社群成員一同開發，以 MIT 開放原始碼授權，可以在 TensorFlow 或 Theano 上運行。

Keras 內建了許多常用的深度學習神經網路元件，開發者可以簡單又快速地建構出龐 大又複雜的深度學習神經網路架構，比起 TensorFlow 及 Theano 效率高出許多。

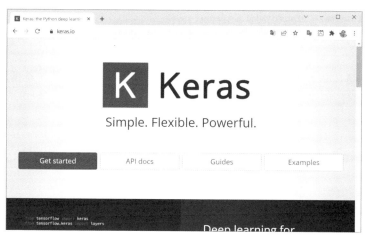

▲ Keras 官方網站 (https://keras.io)

Keras 已經將訓練模型的輸入層、隱藏層、輸出層架構做好，只需要加入正確的參數，如輸入層神經元個數、隱藏層神經元個數、輸出層神經元個數、激勵函式等，訓練上較 TensorFlow 容易許多。

Keras 內部的深度學習計算可以使用 TensorFlow 或 Theano 作為底層，本書是採用 TensorFlow，因此所有 TensorFlow 的優點也都會具備。

Keras 的訓練流程也很簡單，建立深度學習的神經網路架構後，只要對訓練模型作設定，接著呼叫函式並傳入如指定參數，就可以開始訓練了。

Keras 可說是最適合初學者及研究人員的深度學習套件，不像 TensorFlow 必須自行設計一大堆的計算公式，讓使用者可以在很短的時間內學習並開發應用。當然 Keras 也有小小的缺點，就是自由度不如 TensorFlow，且沒有辦法使用到底層套件的全部功能。

TensorFlow 2.x 版已內建 Keras 高階 API，使得 Keras 與 TensorFlow 的相容性、方便性和效率更高，在 TensorFlow 中使用 Keras 也更方便。

10.2 認識深度神經網路 (DNN)

深度神經網路 (Deep Neural Network，DNN) 是最基礎的神經網路，卷積神經網路及遞迴神經網路都是深度神經網路的擴充。

10.2.1 隱藏層及多神經元

單一神經元

神經網路是由神經元構成，神經元就像是大腦的神經細胞，是神經網路最基礎的結構，在它們相互結合下，建構整個龐大的運作網路，實現學習、處理及預測等功能。

神經元是彼此相連的，以下是單獨取出單一神經元的運作模型，以輸入資料有 3 個特徵為例：

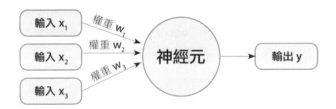

神經元的輸入可以是 1 個，也可以是多個，而輸出必然只有 1 個。

神經元主要的工作有兩項：**計算權重總和** 及 **激勵函式轉換**。

計算權重總和

神經元的第一項任務是根據傳入資料的權重及偏置計算總和，公式為：

$$\sum_{i=1}^{n} (W_i * X_i) + b$$

X_i 是輸入的資料值，W_i 是權重，b 是偏置值。最初的權重及偏置是以亂數設定，再於訓練過程中不斷調整其值。

例如，資料值為 1.2、0.8、2.5，權重值為 -2、2、3，偏置值為 -4，則權重總和為：

```
1.2*(-2) + 0.8*2 + 2.5*3 + (-4) = 2.7
```

激勵函式轉換

激勵函式 (Activation) 是用來轉換計算後的權重總和值，做為神經元的輸出值。它的作用有兩個：

■ **捨棄極端值**：權重總和偶爾會產生一些負數值或很大、很小的值，這些值可能對訓練造成不利影響。

■ **避免線性資料**：激勵函式是非線性函式。權重總和的計算公式為：

```
W1*X1 + W2*X2 + …… + b
```

這是一個線性函式，因此會產生線性資料，而深度學習資料不一定是線性的，所以要用非線性的激勵函式將權重總和轉為非線性資料。

常用的激勵函式有：ReLU、Sigmoid、tanh 等。

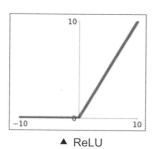

▲ ReLU

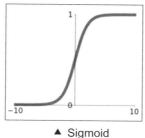

▲ Sigmoid

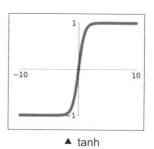

▲ tanh

■ **ReLU**：移除負值。權重總和為負值則輸出 0，正值則維持原來值不變。此激勵函式計算方式最簡單，速度最快，效果還不錯，是目前使用最廣泛的激勵函式。

■ **Sigmoid**：將值限制在 0 與 1.0 之間。權重總和為負值則輸出 0 到 0.5，正值則輸出 0.5 到 1.0。

■ **tanh**：將值限制在 -1.0 與 1.0 之間。權重總和為負值則輸出 -1.0 到 0，正值則輸出 0 到 1.0。

以前面計算的權重總和為例：若激勵函式使用 ReLU 則輸出 2.7，使用 Sigmoid 或 tanh 輸出約 0.99。

多隱藏層及多神經元

真實的深度神經網路可能包含多個隱藏層，每個隱藏層通常包含了不只 1 個神經元，每個隱藏層包含的神經元數量可能不相同。隱藏層的神經元會將輸出值傳送給下一層隱藏層的所有神經元做為輸入值，直到最後一層隱藏層輸出資料，如下圖：(以 3 個隱藏層為例)

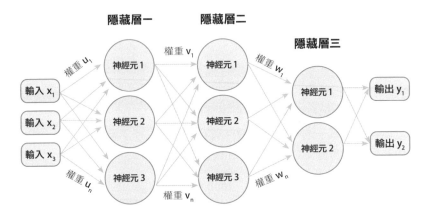

所有輸入資料、神經元及輸出資料都會互相連結，因此這種神經網路也稱為 **全連結神經網路** (Fully-Connected Neural Network，簡稱 FNN)。

▌10.2.2 損失函式與最佳化函式

前面提過，初始的權重值及偏置值都是由亂數隨機產生，在神經網路訓練過程中會不斷調整權重值及偏置值，當得到最佳權重值及偏置值時，那就是神經網路的模型了！問題是：如何調整權重值及偏置值呢？

損失函式

輸入資料經過激勵函式運算後即可得到輸出值，此輸出值正確性可經由輸出值與真實值比對得知。**損失函式** (Loss) 是預測值與真實值的差異，若損失函式值越小，表示預測結果越正確，因此調整權重值及偏置值的方向就是朝減小損失函式值的方向即可。

常用的損失函式有：

■ **平均方差** (Mean Square Error，MSE)：也稱為 **變異數** (Variance)，是預測值與真實值差平方的平均值，計算公式為：

$$MSE = \frac{\sum_{i=1}^{n} (X_{pred} - X_{real})^2}{n}$$

MSE 為平均方差，X_{pred} 為預測值，X_{real} 為真實值，n 為資料筆數。

■ **交叉熵** (Cross Entropy)：預測值機率分佈與真實值機率分布的誤差範圍，計算公式為：

$$H = -\sum_{i=1}^{n} p_i log_2(q_i)$$

H 為交叉熵，p_i 為真實值機率分布，q_i 為預測值機率分布。

最佳化函式

損失函式可決定調整權重值及偏置值的方向，但一次要調整多少呢？調整權重值及偏置值大小是由 **學習率** (Learning Rate) 決定。學習率若設定很小，則學習的時間將會很長，即深度學習的訓練將耗費極長時間才能完成。若將學習率設定過大，則可能在接近損失函式最小值時，因調整過量造成來回振盪而無法得到最佳解。(左下圖)

較理想的方式為學習率可因訓練位置而變動：當損失函式值較大時，表示距離最佳權重值及偏置值尚遠，此時可以設定較大學習率；當損失函式值逐漸變小時，學習率也逐漸變小，這樣就可兼顧訓練效率及避免產生振盪現象。(右下圖)

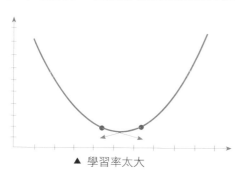

▲ 學習率太大

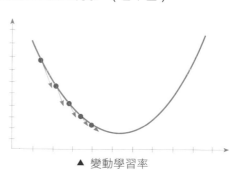

▲ 變動學習率

最佳化函式 (Optimizer) 就是設定學習率的方式，較常用的方式有：

■ **SGD** (Stochastic Gradient Descent)：即是 **隨機梯度下降法**，每次由資料集隨機選取一定數量資料計算梯度平均值，再利用此梯度平均值更新權重值及偏置值。

■ **Momentum**：Momentum 原意為動量，當一顆球沿山坡滾下時會加速，上坡時會減速。Momentum 使得梯度方向不變時更新速度變快，梯度方向有所改變時更新速度變慢，這樣就可以減小震盪。

■ **RMSprop**：原理與 Momentum 相同，其計算方式為指數加權平均，效果較 Momentum 更好。遞迴神經網路通常使用 RMSprop 做為最佳化函式。

■ **Adam**：Adam 演算法來自於 RMSprop 的改進，其效果相當於 SGD 加上 Momentum，是目前使用最多的最佳化函式。

反向傳播

由損失函式及最佳化函式計算得到的權重及偏置更新值，是以反向傳播方式對權重值及偏置值進行更新。由於損失函式及最佳化函式的計算是在輸出層之後執行，所以要以反向傳播將誤差值往回傳遞資訊，使權重可以利用這樣的資訊進行梯度下降法來更新權重，進一步降低誤差。

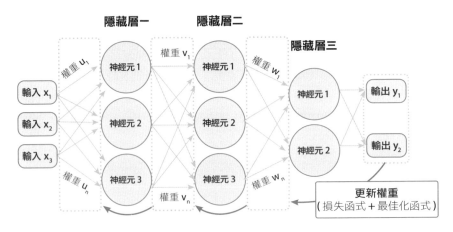

權重值及偏置值更新後，重複進行神經元計算元運算及反向傳播，直到損失函式值不再減小就完成深度學習訓練了！

10.3 實作 MNIST 手寫數字圖片辨識

了解深度神經網路運作原理之後，就可以動手訓練一個深度神經網路模型了！

10.3.1 神經網路模型建立步驟

建立神經網路模型的步驟為：

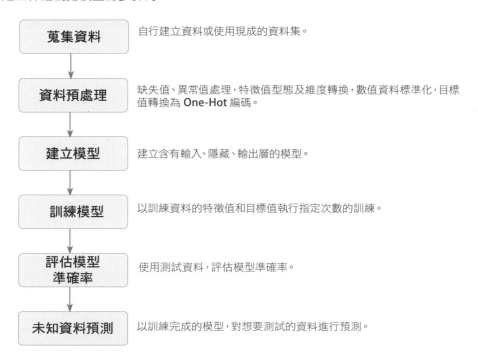

蒐集資料　　　　自行建立資料或使用現成的資料集。

資料預處理　　　缺失值、異常值處理，特徵值型態及維度轉換，數值資料標準化，目標值轉換為 **One-Hot** 編碼。

建立模型　　　　建立含有輸入、隱藏、輸出層的模型。

訓練模型　　　　以訓練資料的特徵值和目標值執行指定次數的訓練。

評估模型準確率　使用測試資料，評估模型準確率。

未知資料預測　　以訓練完成的模型，對想要測試的資料進行預測。

○ **注意**：本章專案在開發時需要在 Colab 筆記本開啟 GPU 功能。

10.3.2 蒐集資料：MNIST 資料集

MNIST (Modified National Institute of Standards and Technology database) 資料集，是由紐約大學 Yann LeCun 教授蒐集整理許多人 0 到 9 的手寫數字圖片所形成的資料集，其中包含了 60000 筆的訓練資料，10000 筆的測試資料。在 MNIST 資料集中，每一筆資料都是由 images（數字圖片）和 labels（真實數字）組成的單色圖片資料，很適合機器學習的初學者，練習建立模型、訓練和預測。

MNIST 資料集的應用範圍很廣，除了進行機器學習的練習，還可以真正使用在生活中，例如用來辨識支票的手寫金額、電話號碼、車牌號碼，甚至改考卷呢！

讀取 MNIST 資料集

透過 Keras 就可以讀取 MNIST 資料集，請先載入 mnist 模組，再利用 mnist 模組的 load_data 方法，即可讀取 MNIST 資料，語法如下：

```
[1]  1 from tensorflow.keras.datasets import mnist
     2 (train_feature, train_label), (test_feature, test_label) = \
     3     mnist.load_data()
```

```
Downloading data from https://storage.googleapis.com/tensorflow/tf-keras-datasets/mnist.npz
11493376/11490434 [==============================] - 0s 0us/step
11501568/11490434 [==============================] - 0s 0us/step
```

執行 mnist.load_data() 時會先檢查 MNIST 資料集的檔案是否已經存在，如果不存在則會進行下載。資料集檔案下載完畢後，即會將資料載入到記憶體，分別放在 (train_feature, train_label) 和 (test_feature, test_label) 變數中，其中 (train_feature, train_label) 是訓練資料，(test_feature, test_label) 是測試資料，

查看 MNIST 資料型態

訓練資料是由單色的數字圖片 (images) 和數字圖片標籤值 (labels) 所組成，兩者都是 60000 筆，可以使用 len() 函式查看資料的長度：

```
[2]  1 print(len(train_feature),len(train_label))
```

```
60000 60000
```

每一筆單色的數字圖片是一個 28*28 的圖片檔，標籤值則是一個 0~9 的數字。可以使用 shape 屬性查看其維度：

深度學習：深度神經網路（DNN）

[3]　　1 print(train_feature.shape,train_label.shape)

(60000, 28, 28) (60000,)

shape 分別為 (60000, 28, 28) 和 (60000,)，「(60000,)」意為「(60000,1)」，表示有 60000 張 28*28 的數字圖片和 60000 個數字圖片標籤值，示意如下：

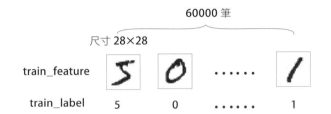

測試資料則是由 10000 張數字圖片和 10000 個數字圖片標籤值所組成。

查看訓練圖片與標籤值

往後常會需要查看圖片及其對應的標籤值，訓練圖片資料存於 train_feature，標籤值存於 train_label，下面程式會顯示第 13 張黑白數字圖片及其標籤值。

[4]　　1 import matplotlib.pyplot as plt
　　2
　　3 print('數字圖形如下，標籤為：{}'.format(train_label[12]))
　　4 plt.imshow(train_feature[12], cmap='binary')

```
數字圖形如下，標籤為：3
<matplotlib.image.AxesImage at 0x7f8c6ab3ccd0>
```

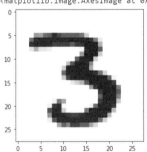

要查看其他圖片，只需修改程式中的數值即可，數值範圍在 0~59999。

這樣查看圖片有點麻煩，可利用互動模組 ipywidgets 建立滑桿快速查看圖片。Colab 預設已安裝 ipywidgets 模組，建立滑桿的語法為：

> **interact(** 函式名稱 **,** 參數名稱 **=** 數值範圍 **)**

- **函式名稱**：拖動滑桿時執行的函式。
- **參數名稱**：傳送給執行函式的參數，資料型態為元組。

下面程式執行後，只要拖動滑鼠就會顯示滑桿數值的圖片及標籤值。

```
[5]    1 from ipywidgets import interact
       2
       3 def show_number(n):
       4   print('數字圖形如下，標籤為：{}'.format(train_label[n]))
       5   plt.imshow(train_feature[n], cmap='Greys')
       6
       7 interact(show_number, n=(0, 59999))
```

程式說明

- 1　　　　載入互動滑桿模組。
- 3-5　　　顯示參數數值的圖片及標籤值。
- 7　　　　執行滑桿互動程式。

下面為幾個執行結果：

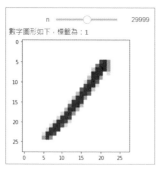

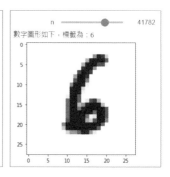

10.3.3 資料預處理

在進入訓練前，必須針對深度神經網路的資料進行預處理，以增加模型效率。

特徵值資料預處理

深度神經網路的輸入資料就是數字圖片資料，每一個 MNIST 數字圖片都是一張 28*28 的 2 維向量圖片，必須轉換為 784 個數值的 1 維向量，並將數值標準化，才能增加模型訓練的效率。在資料轉換後，最終共有 784 個輸入值。

1. 首先將輸入資料轉為 1 維向量：以 reshape() 函式將 28*28 的數字圖片轉換為 784 個數字的 1 維向量，再以 shape 屬性查看，數字圖片已轉換為 784 個數字的 1 維向量。

```
[6]   1 train_feature =train_feature.reshape(len(train_feature),784)
      2 test_feature = test_feature.reshape(len(test_feature),784)
      3 print(train_feature.shape,test_feature.shape)
```

```
(60000, 784) (10000, 784)
```

2. 以 「print(train_feature[0]」 顯示第 1 張圖片資料內容，可看到資料是 0~255 的數值，這些數字就是圖片中每一個點的灰階值。如下：

```
[7]   1 print(train_feature[0])
```

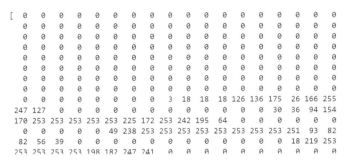

3. 接著進行標準化：由於資料都是 0~255 的數值，只要除以 255 就能將資料轉換為 0~1 之間的數值。標準化之後可以提高模型預測的準確度，並增加訓練效率。

```
[8]   1 train_feature = train_feature/255
      2 test_feature = test_feature/255
      3 print(train_feature[0])
```

```
[0.         0.         0.         0.         0.         0.
 0.         0.         0.         0.         0.         0.
 0.         0.         0.         0.         0.         0.
 0.         0.         0.         0.         0.         0.
 0.         0.         0.         0.         0.         0.
                                             0.         0.
 0.         0.         0.         0.         0.         0.
 0.         0.         0.         0.         0.         0.
 0.         0.         0.01176471 0.07058824 0.07058824 0.07058824
 0.49411765 0.53333333 0.68627451 0.10196078 0.65098039 1.
 0.96862745 0.49803922 0.         0.         0.         0.
 0.         0.         0.11764706 0.14117647 0.36862745 0.60392157
 0.66666667 0.99215686 0.99215686 0.99215686 0.99215686 0.99215686
 0.88235294 0.6745098  0.99215686 0.94901961 0.76470588 0.25098039
```

標籤資料預處理

標籤值是 0~9 的數字，為了避免數值大小的干擾，將其轉換為 One-Hot 編碼。使用 np_utils.to_categorical() 方法可以將數字轉換成 One-Hot 編碼。如此一來，輸出的所有位元中只有 1 個是 1，其餘都是 0。

0~9 數字的 One-Hot 編碼如下：

真實值	0	1	2	3	4	5	6	7	8	9
0	1	0	0	0	0	0	0	0	0	0
1	0	1	0	0	0	0	0	0	0	0
2	0	0	1	0	0	0	0	0	0	0
....										
9	0	0	0	0	0	0	0	0	0	1

1. 首先顯示訓練資料的前 5 筆標籤值為 [5 0 4 1 9]：

```
[9]   1 print(train_label[0:5])
```

```
[5 0 4 1 9]
```

2. 然後由 Keras 載入 np_utils 模組，以 to_categorical 方法轉換為 One-Hot 編碼，顯示訓練資料的前 5 筆標籤值 One-Hot 編碼做為對照：

```
[10]   1 from keras.utils import np_utils
       2 train_label = np_utils.to_categorical(train_label)
       3 test_label = np_utils.to_categorical(test_label)
       4 print(train_label[0:5])

     [[0. 0. 0. 0. 0. 1. 0. 0. 0. 0.] ──────▶ 5
      [1. 0. 0. 0. 0. 0. 0. 0. 0. 0.] ──────▶ 0
      [0. 0. 0. 0. 1. 0. 0. 0. 0. 0.] ──────▶ 4
      [0. 1. 0. 0. 0. 0. 0. 0. 0. 0.] ──────▶ 1
      [0. 0. 0. 0. 0. 0. 0. 0. 0. 1.]]──────▶ 9
```

10.3.4 建立深度神經網路模型

此處以建立 3 個隱藏層的深度神經網路模型為例：

1. 要建立模型需先載入 Sequential 及 Dense 模組，語法為：

```
from tensorflow.keras.models import Sequential
from tensorflow.keras.layers import Dense
```

2. 接著建立 Sequential 物件，語法為：

```
模型變數 = Sequential()
```

例如模型變數為 model：

```
model = Sequential()
```

3. 建立全連結層的語法為：

```
模型變數.add(Dense(units= 數值, input_dim= 數值,
                         activation= 激勵函式名稱))
```

■ **units**：神經元數量。

■ **input_dim**：此參數非必填。若設定此參數，表示建立輸入層及第一層隱藏層，參數值為輸入資料數量；若未設定此參數，表示建立隱藏層或輸出層。

■ **activation**：設定激勵函式。

首先建立輸入層及第 1 層隱藏層：輸入資料有 784 個，隱藏層有 50 個神經元，激勵函式為 ReLU。

```
model.add(Dense(units=50, input_dim=784, activation='relu'))
```

接著建立兩層隱藏層：第 2 層隱藏層有 100 個神經元，第 3 層隱藏層有 200 個神經元，激勵函式皆為 ReLU。第 2 層以後就不需設定輸入資料數量，因為其輸入是由前一層而來，系統會自動計算輸入資料數量。

```
model.add(Dense(units=100, activation='relu'))
model.add(Dense(units=200, activation='relu'))
```

最後建立輸出層：輸出資料有 10 個，激勵函式為 SoftMax。

```
model.add(Dense(units=10, activation='softmax'))
```

SoftMax 激勵函式會計算所有輸出值的機率。通常分類深度學習的輸出層激勵函式都會使用 SoftMax，因為輸出值機率最大者就是模型預測的類別。

查看權重數量

模型的權重數量會影響模型訓練所耗費的時間，所以建立完模型後，最好查看模型的權重數量是否合乎預期。查看模型權重數量的語法為：

> 模型變數 **.summary()**

本模型的權重數量為：

```
[15]   1 model.summary()

   Model: "sequential"

   Layer (type)            Output Shape          Param #
   =================================================================
   dense (Dense)           (None, 50)            39250  ◀── 輸入層及第 1 隱藏層

   dense_1 (Dense)         (None, 100)           5100   ◀── 第 2 隱藏層

   dense_2 (Dense)         (None, 200)           20200  ◀── 第 3 隱藏層

   dense_3 (Dense)         (None, 10)            2010   ◀── 輸出層

   =================================================================
   Total params: 66,560  ◀── 權重總數
   Trainable params: 66,560
   Non-trainable params: 0
```

計算方式：

- **輸入層及第 1 隱藏層**：輸入資料 768 個，神經元 50 個，偏置 50 個：
  768 X 50 + 50 = 39250。

- **第 2 隱藏層**：輸入資料 50 個 (上一層神經元數量)，神經元 100 個，偏置 100 個：
  50 X 100 + 100 = 5100。

- **第 3 隱藏層**：輸入資料 100 個 (上一層神經元數量)，神經元 200 個，偏置 200 個：
  100 X 200 + 200 = 20200。

- **輸出層**：輸入資料 200 個 (上一層神經元數量)，神經元 10 個，偏置 10 個：
  200 X 10 + 10 =2010。

10.3.5 訓練模型

1. 進行模型訓練之前需先設定模型的訓練方式，語法為：

> 模型變數 **.compile(loss=** 損失函式 **, optimizer=** 最佳化函式 **,**
> **metrics=** 評估標準 **)**

- **loss** ：設定損失函式，常用函式有 mean_squared_error (平均方差) 或 categorical_crossentropy (交叉熵)。

- **optimizer**：設定最佳化函式，常用函式有 sgd、rmsprop 或 adam。

- **metrics**：此參數非必填。設定評估模型方式，常用值 accuracy (準確率) 或 mse (平均方差)。

2. 然後就可用 fit() 方法進行訓練，語法為：

> 模型變數 **.fit(x=** 特徵值 **,y=** 標籤 **,validation_split=** 驗證資料比率 **,**
> **epochs=** 訓練次數 **,shuffle=** 布林值 **,**
> **batch_size=** 批次資料數量 **,verbose=** 顯示模式 **)**

- **x** ：設定訓練特徵值。

- **y** ：設定訓練標籤值。

- **validation_split** ：此參數非必填。設定驗證資料比率，例如 0.2 表示將訓練資料保留 20% 當作驗證資料。預設值為 0，即全部資料都會作訓練用。

- **epochs**：此參數非必填。設定訓練次數，預設值為 1。

- **shuffle**：此參數非必填。設為 True 時是先將資料打亂再進行訓練，False 則依資料順序進行訓練。預設值為為 True。

- **batch_size**：此參數非必填。設定每次處理的資料筆數，預設值為 1。

- **verbose**：此參數非必填。設定是否顯示訓練過程，可能值有 0 為不顯示，1 為詳細顯示，2 為簡易顯示，auto 為由系統決定。預設值為 auto。

例如，設定損失函式為 categorical_crossentropy，最佳化函式為 adam，評估標準為準確率。訓練特徵值為 train_feature，標籤值為 train_label，訓練資料保留 20% 作為驗證資料，也就是說會有 48,000 筆資料作為訓練資料，12,000 筆資料作為驗證資料，訓練 10 次，每批次處理 200 筆資料，顯示簡易訓練過程。

```
[16]  1 model.compile(loss='categorical_crossentropy',
      2                optimizer='adam', metrics=['accuracy'])
```

```
[17]  1 model.fit(x=train_feature, y=train_label, validation_split=0.
      2           epochs=10, batch_size=200, verbose=2)
```

```
Epoch 1/10
240/240 - 2s - loss: 0.4861 - accuracy: 0.8625 - val_loss: 0.2171 - val_accuracy: 0.9388 - 2
Epoch 2/10
240/240 - 1s - loss: 0.1842 - accuracy: 0.9462 - val_loss: 0.1559 - val_accuracy: 0.9523 - 1
Epoch 3/10
240/240 - 1s - loss: 0.1333 - accuracy: 0.9607 - val_loss: 0.1413 - val_accuracy: 0.9567 - 1
Epoch 9/10
240/240 - 1s - loss: 0.0456 - accuracy: 0.9859 - val_loss: 0.1021 - val_accuracy: 0.9693 - 1
Epoch 10/10
240/240 - 1s - loss: 0.0371 - accuracy: 0.9887 - val_loss: 0.0997 - val_accuracy: 0.9707 - 1
```

每次訓練都會出現以下的訊息：

- **loss**: 使用訓練資料，得到的損失函式誤差值（值越小代表準確率越高）。

- **accuracy**: 使用訓練資料，得到的評估準確率（值在 0~1，越大代表準確率越高）。

- **val_loss**: 使用驗證資料，得到的損失函式誤差值（越小代表準確率越高）。

- **val_accuracy**: 使用驗證資料，得到的評估準確率（值在 0~1，越大代表準確率越高）。

訓練 10 次得到訓練資料的準確率達 0.988，驗證資料的準確也有 0.970，可見模型效果相當不錯。

10.3.6 評估準確率及存取模型

evaluate() 方法可以評估模型的損失函式誤差值和準確率，語法為：

> 評估變數 **＝** 模型變數 **.evaluate(x=** 特徵值 **,y=** 標籤 **,verbose=** 顯示模式 **)**

■ **x**：設定評估資料特徵值。

■ **y**：設定評估資料標籤值。

■ **verbose**：此參數非必填。設定是否顯示訓練過程，可能值有 0 為不顯示，1 為詳細顯示，2 為簡易顯示，auto 為由系統決定。預設值為 1。

完成後會傳回串列，第 1 個元素為損失函式誤差值，第 2 個元素為評估準確率。

例如，評估變數為 score，使用 10000 筆測試資料評估模型的準確率：

```
[18]  1 score = model.evaluate(x=test_feature, y=test_label, verbose=2)
      2 print('\n準確率=',score[1])

313/313 - 1s - loss: 0.0861 - accuracy: 0.9756 - 546ms/epoch - 2ms/step

準確率= 0.975600004196167
```

測試資料的準確率有 0.975，還略高於驗證資料。

模型儲存

當訓練資料很龐大時，訓練一次可能需要很長的時間，在資料訓練完成後所產生的模型可以儲存起來，這樣以後就不用再花費時間重新訓練。

Keras 使用 HDF5 檔案系統來儲存模型，模型儲存一般使用 .h5 為副檔名，語法為：

> 模型變數 **.save(** 檔名 **)**

例如，模型變數為 model，將模型存為 <mnist_model.h5> 檔：

```
📄 TaipeiSansTCBeta-R...
📄 mnist_model.h5        ✓ [19]   1 model.save('mnist_model.h5')
📄 testMnist.h5          0s
```

執行後會在 Colab 根目錄產生 <mnist_model.h5> 模型檔。

載入模型

當需要使用已儲存為模型檔案的模型時,就可以直接載入已訓練好的模型作為預測,減少重複訓練的時間。

1. 首先載入載入模型模組:

```
from tensorflow.keras.models import load_model
```

2. 載入模型的語法為:

```
模型變數 = load_model( 模型檔名 )
```

例如,此處將載入前面儲存的 <mnist_model.h5> 模型檔存於新的模型變數 model2 中,然後用新的模型變數對 10000 筆測試資料進行模型評估:

```
[ ]    1  from keras.models import load_model
       2  model2 = load_model('mnist_model.h5')
       3  score = model2.evaluate(x=test_feature, y=test_label, verbose=2)
       4  print('\n準確率=',score[1])

      313/313 - 1s - loss: 0.0962 - accuracy: 0.9720 - 972ms/epoch - 3ms/step

      準確率= 0.972000002861023
```

10.3.7 完整手寫數字模型程式碼

```
1   from keras.datasets import mnist
2   from keras.utils import np_utils
3   from keras.models import Sequential
4   from keras.layers import Dense
5
6   (train_feature, train_label), (test_feature, test_label) = mnist.load_data()
7   train_feature =train_feature.reshape(len(train_feature),784)
8   test_feature = test_feature.reshape(len(test_feature),784)
9   train_feature = train_feature/255
10  test_feature = test_feature/255
11  train_label = np_utils.to_categorical(train_label)
12  test_label = np_utils.to_categorical(test_label)
13
14  model = Sequential()
15  model.add(Dense(units=50, input_dim=784, activation='relu'))
16  model.add(Dense(units=100, activation='relu'))
17  model.add(Dense(units=200, activation='relu'))
18  model.add(Dense(units=10, activation='softmax'))
19  model.compile(loss='categorical_crossentropy',
20                optimizer='adam', metrics=['accuracy'])
21  model.fit(x=train_feature, y=train_label,
22            validation_split=0.2, epochs=10,
23            batch_size=200, verbose=2)
24  score = model.evaluate(x=test_feature, y=test_label, verbose=2)
25  print('\n測試資料準確率：',score[1])
26  model.save('mnist_model.h5')
```

程式說明

- 1-4   載入相關模組。

- 6   建立訓練資料和測試資料，包括訓練特徵集、訓練標籤和測試特徵集、
          測試標籤。

- 7-8   將特徵值轉換為 784 個數值的 1 維向量。

- 9-10   將特徵值標準化。

- 11-12   將標籤值轉換為 One-Hot 編碼。

- 14   建立模型物件。

- 15   模型中加入 784 個輸入資料的輸入層及神經元數目有 50 個的隱藏層，
          激勵函式使用 ReLU。

- 16-17   模型中加入 100 及 200 個神經元數目的兩層隱藏層，激勵函式都使用
          ReLU。

- ■ 18　　模型中加入神經元數目有 10 個的輸出層，激勵函式為 SoftMax。
- ■ 19-20　設定模型訓練方式。
- ■ 21-23　進行模型訓練。
- ■ 24-25　評估測試資料準確率。
- ■ 26　　儲存模型。

執行結果：

10.3.8 預測自己的數字圖片

前面評估準確率使用的預測圖片是 MNIST 測試資料的數字圖片，其與訓練圖片的相似程度較高。現在要改用自己繪製的數字圖片來預測，這些圖片都已製作成 28*28 的灰階圖片，圖片檔名中第 1 個字元為圖片的標籤值，例如：<9_1.jpg>、<9_2.jpg> 圖片檔的標籤值為 9。自己繪製的數字圖片和檔名如下：

下面程式會讀取 Colab 根目錄的所有圖片檔案，使用自行訓練的模型進行預測，並顯示預測結果。

- ◉ **注意**：因為這裡要使用的是自己訓練的模型檔，如果還沒有產生 <mnist_model. h5>，請先完成前一小節的範例再進行這個程式。

```
1   import numpy as np
2   import matplotlib.pyplot as plt
3   from keras.models import load_model
4   import glob, cv2
5
6   def show_images_labels_predictions(images, labels,
7                                      predictions, start_id, num=10):
8       plt.figure(figsize=(12, 14))
9       if num>25: num=25
10      for i in range(0, num):
11          ax=plt.subplot(5,5, 1+i)
12          ax.imshow(images[start_id], cmap='binary')
13          if( len(predictions) > 0 ) :
14              title = 'ai = ' + str(predictions[start_id])
15              title += (' (o)' if predictions[start_id]== \
16                          labels[start_id] else ' (x)')
17              title += '\nlabel = ' + str(labels[start_id])
18          else :
19              title = 'label = ' + str(labels[start_id])
20          ax.set_title(title,fontsize=12)
21          ax.set_xticks([]);ax.set_yticks([])
22          start_id+=1
23      plt.show()
24
25  files = glob.glob("/content/*.jpg" )
26  test_feature=[]
27  test_label=[]
28  for file in files:
29      img=cv2.imread(file)
30      img=cv2.cvtColor(img,cv2.COLOR_BGR2GRAY)
31      _, img = cv2.threshold(img, 127, 255, cv2.THRESH_BINARY_INV)
32      test_feature.append(img)
33      label=file[9:10]
34      test_label.append(int(label))
35
36  test_feature=np.array(test_feature)
37  test_label=np.array(test_label)
38  test_feature_v = test_feature.reshape(len(test_feature), 784)
39  test_feature_n = test_feature_v/255
40  model = load_model('mnist_model.h5')
41  prediction=model.predict(test_feature_n)
42  prediction=np.argmax(prediction,axis=1)
43
44  show_images_labels_predictions(test_feature, test_label,
45                                 prediction, 0, len(test_feature))
```

程式說明

■ 6-23　自訂函式 show_images_labels_predictions，參數 images 是數字圖片，labels 是標籤值，predictions 是預測值，start_id 是開始顯示的索引編號，num 是要顯示的圖片個數，預設為 10 張。

■ 9　　最多可顯示 25 張圖片。

■ 13-19　若有預測結果資料才在標題顯示預測結果。

■ 14　　顯示預測值。

■ 15-16　預測正確顯示 (o)，錯誤顯示 (x)。

■ 17　　顯示標籤值。

■ 18-19　若沒有預測結果資料，只在標題顯示標籤值。

■ 25　　讀取根目錄的所有圖片檔案。

■ 29-31　載入圖片後作灰階、反相黑白處理。

■ 33　　圖片檔名如 </content/9_1.jpg> 的標籤值為第 10 個字元「9」，可以 file[9:10] 取得該字元。

■ 34　　標籤值必須轉換為 int。

■ 36-37　將串列轉為矩陣。

■ 38-39　圖片預處理：轉為 1 維陣列及標準化。

■ 40　　載入模型檔。

■ 41-42　對圖片進行預測。

■ 44-45　顯示預測結果。

執行結果：

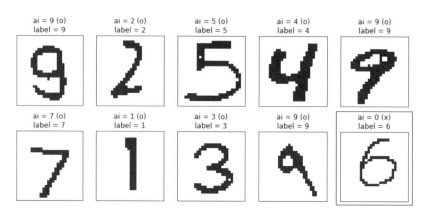

除了第 10 張圖片預測錯誤，其餘皆正確，可見模型效果還不錯！

10.4 Gradio 模組：深度學習成果展示

當你完成一個機器學習模型時，要如何讓親朋好友分享看這個模型的成果呢？Gradio 是史坦福大學開發的模組，只要幾列程式碼就可以創造一個簡單的網頁，親朋好友就能在各自電腦或手機的瀏覽器中操作體驗你的機器學習模型，神奇吧！

10.4.1 Gradio 模組基本操作

Gradio 模組的原理非常簡單，可經由下面四個重點來完成：

■ **網頁**：系統會建立一個網頁。

■ **輸入**：使用者藉由輸入界面傳入資料，資料可以是文字、圖形、影片、聲音等。

■ **處理函式**：經過使用者自行定義的函式處理資料。

■ **輸出**：在輸出界面中顯示最後結果。

Gradio 模組的安裝

安裝 Gradio 模組的語法為：

```
!pip install gradio
```

Gradio 模組的使用步驟

1. **載入 Gradio 模組**：載入後再建立別名 gr。

```
import gradio as gr
```

2. **建立處理函式**：是目前程式開發很流行的模式，除了一開始的輸入與展示結果的輸出，最重要的就是將輸入的資料化為展示結果的處理函式。

   Gradio 模組在設定輸入介面時，必須要設定處理函式，所以一般在開發時都會先將處理函式先建立好，再設定到輸入介面中。

3. **建立互動網頁**：在建立互動網頁時，重點在於輸入及輸出的方式，還有處理的函式的設定。語法為：

```
Gradio 物件變數 = gr.Interface(  fn = 處理函式 ,
        inputs = 輸入欄位 ,
        outputs = 輸出欄位 )
Gradio 物件變數 .launch()
```

■ **輸入欄位**：文字、圖形、影片、聲音等。

■ **輸出欄位**：文字、圖形、影片、聲音等。

輸入欄位及輸出欄位的設定方式將在之後進行詳細的說明。

例如，程式執行時，使用者在輸入文字之後送出，程式會自動將文字中的「morning」改為「evening」，最後顯示在畫面上。

```
[4]   1   import gradio as gr
      2
      3   def replace1(text):
      4     return text.replace('morning', 'evening')
      5
      6   grobj = gr.Interface(fn=replace1,
      7                        inputs=gr.inputs.Textbox(),
      8                        outputs=gr.outputs.Textbox())
      9   grobj.launch()
```

```
Colab notebook detected. To show errors in colab notebook, set `debug=True` in `launch()`
Running on public URL: https://25060.gradio.app ←── 程式執行網址

This share link expires in 72 hours. For free permanent hosting, check out Spaces (https://h
```

程式說明

■ 1 載入 Gradio 模組。

■ 3-4 建立 replace1() 函式，將字串的「morning」改為「evening」後再回傳。

■ 6-8 建立 Gradio 物件，輸入為文字欄位「gr.inputs.Textbox()」，輸出也是文字欄位「gr.outputs.Textbox()」

■ 9 執行 Gradio 物件。

執行結果：

TEXT		OUTPUT	0.0s
Good morning, David.		Good evening, David.	

Clear	**Submit**	Flag

於左方 **TEXT** 欄位輸入文字後按 **Submit** 鈕後右方 **OUTPUT** 欄位會顯示結果，為自訂函式的替換結果，按 **Clear** 鈕可清除輸入欄位重新輸入。

最重要的是下方的網址，即是目前這個程式執行服務的網址，任何人只要在瀏覽器開啟這個網址就可使用此應用程式，真是太方便了！網址有效時間為 72 小時。

10.4.2 Gradio 模組輸入欄位

Gradio 模組輸入欄位種類非常豐富，這裡將介紹常用的幾種。

○ 備註：Gradio 模組的詳細使用方法請參考 https://github.com/gradio-app/gradio。

輸入欄位設定的通用語法為：

```
inputs = gr.inputs.種類名稱 ( 參數 1 = 值 1, 參數 2 = 值 2, ......)
```

文字輸入欄位：Textbox

建立文字輸入欄位的語法為：

```
gr.inputs.Textbox(lines= 數值 , default= 預設值 , label= 欄位名稱 )
```

■ **lines**：輸入欄位列數。預設值為 1。

■ **default**：預設值，使用者未輸入時的值。預設值為空字串。

■ **label**：欄位名稱。預設值為「TEXT」。

例如，設定可輸入 5 列文字，預設值為「good morning」，欄位名稱為「輸入文句」：

```
gr.inputs.Textbox(lines=5,
                  default='good morning',
                  label='輸入文句'),
```

輸入文句

good morning

文字輸入欄位是最常使用的輸入欄位，也可以使用以下二種快速設定：

1. **text**：為單行文字輸入欄。

```
gr.Interface(fn=replace1,
             inputs="text",
             outputs=gr.outputs.Textbox())
```

TEXT

2. **textbox**：為多行文字輸入欄。

```
gr.Interface(fn=replace1,
             inputs="textbox",
             outputs=gr.outputs.Textbox())
```

TEXT

圖片輸入欄位：Image

建立圖片輸入欄位的語法為：

> **gr.inputs.Image(shape=** 解析度 **, image_mode=** 色彩模式 **,**
> **invert_colors=** 布林值 **, source=** 來源 **, label=** 欄位名稱 **)**

- **shape**：圖片解析度。

- **image_mode**：RGB 表示彩色圖片，L 表示黑白圖片。預設值為 RGB。

- **invert_colors**：True 表示進行圖片反向處理，False 為預設值表示不處理。

- **source**：upload 表示上傳圖片，canvas 表示畫板，可讓使用者在畫板中自由
  繪畫，預設值為 upload。

- **label**：欄位名稱。

例如，加入 28X28 的彩色圖片，欄位名稱為「加入圖片」，加入方式如下：

1. **圖片上傳**：設定「source = 'upload'」，即用上傳的方式，可以將圖片拖曳到上傳區，或是點選後開啟對話方塊選取圖片上傳。

2. **畫板**：設定「source = 'canvas'」，即用畫板可讓使用者在畫板中自由繪畫。

```
gr.inputs.Image(shape=(28,28),
                label=' 加入圖片',
                source='upload'),
```

```
gr.inputs.Image(shape=(28,28),
                label=' 加入圖片',
                source='canvas'),
```

▲ 圖片上傳　　　　　　　　　　　　　▲ 畫板

圖片輸入欄位也可以使用以下二種快速設定：

1. **圖片上傳**：設定「inputs='image'」，即可用圖片上傳。

2. **畫板**：設定「inputs='sketchpad'」，即可用畫板讓使用者繪圖。

滑桿欄位：Slider

建立滑桿欄位的語法為：

```
gr.inputs.Slider(minimum= 最小值 , maximum= 最大值 , step= 間隔值 ,
                 default= 預設值 , label= 欄位名稱 )
```

- **minimum**：設定最小值。預設值為 0。
- **maximum**：設定最大值。預設值為 100。
- **step**：設定間隔值，即拖曳滑桿時時每次變動的數值。預設值為 1。
- **default**：設定預設值。若省略此參數，預設為最小值。

例如，建立最小值為 20、最大值為 200、間隔值為 5、預設值為 100，欄位名稱為「選擇你的幸運數字」的滑桿：

```
gr.inputs.Slider(minimum=20, maximum=200,
                 step=5, default=100,
                 label=' 選擇你的幸運數字'),
```

選擇你的幸運數字

100

滑桿欄位的快速設定語法為：「inputs='slider'」。

10.4.3 Gradio 模組輸出欄位

Gradio 模組輸出欄位種類也很豐富，較常用的只有 Textbox 及 Label 兩種。

輸出欄位設定的通用語法為：

> **outputs = gr.outputs. 種類名稱 (參數 1 = 值 1, 參數 2 = 值 2, ...)**

文字輸出欄位：Textbox

文字輸出欄位可輸出字串或數值，建立文字輸出欄位的語法為：

> **gr.outputs.Textbox(type = 型態 , label = 欄位名稱)**

- **type**：str 表示輸出字串，number 表示輸出數值，auto 表示由系統自行決定。
  預設值為 auto。

例如，建立輸出欄位，型態由系統決定，欄位名稱為「輸出文字或數值」：

```
gr.outputs.Textbox(label=' 輸出文字或數值'))
```

輸出文字或數值   0.0s
good evening

文字輸出欄位的快速設定方式，有兩種語法：

1. **文字輸出**：可以設定為「outputs='text'」為單行文字，「outputs='textbox'」為
   多行文字。

2. **數值輸出**：可以設定為「outputs='number'」。

分類標籤輸出欄位：**Label**

分類標籤輸出欄位是 Gradio 專為機器學習製作的輸出欄位，是使用最多的輸出欄位。只要傳入機器學習模型預測結果的各分類標籤及信心指數組成的字典，分類標籤輸出欄位就能顯示分類名稱，並以百分比圖形顯示信心指數。

建立分類標籤輸出欄位的語法為：

gr.outputs.Label(num_top_classes= 數值 **, type=** 型態 **, label=** 欄位名稱 **)**

- **num_top_classes**：設定顯示標籤的數量。若省略此參數，則會顯示所有分類標籤及信心指數。

- **type**：value 表示輸出分類標籤，confidences 表示輸出信心指數，auto 表示由系統自行決定。預設值為 auto。

例如，建立預測手寫數字的分類標籤輸出欄位，顯示前 3 個預測結果，型態由系統決定，欄位名稱為「預測結果」：

預測結果

4

```
out = gr.outputs.Label(num_top_classes=3,
                       label='預測結果')
```

4	100%
0	0%
1	0%

分類標籤輸出欄位的快速設定語法為：「outputs='label'」。

▌10.4.4 範例：手寫數字辨識線上展示

Gradio 模組圖片輸入欄位的畫板是針對手寫數字模型設計，其解析度也是 28X28，所以利用 Gradio 畫板繪製的圖形進行手寫數字辨識，解析度完全相符，不需再進行轉換。

在範例中 <testMnist.h5> 模型檔是預先完成訓練的模型，若要使用自己的模型檔，可修改第 4 列程式的檔案路徑。

範例程式碼為：

```
[ ]  1   from tensorflow.keras.models import load_model
     2   import gradio as gr
     3
     4   model = load_model("testMnist.h5")
     5
     6   def mnist(image):
     7       image = image.reshape(1, -1)
     8       prediction = model.predict(image).tolist()[0]
     9       return {str(i): prediction[i] for i in range(10)}
    10
    11   out = gr.outputs.Label(num_top_classes=3,
    12                          label='預測結果')
    13   grobj = gr.Interface(fn=mnist,
    14                        inputs="sketchpad",
    15                        outputs=out, title="手寫數字")
    16   grobj.launch()
```

程式說明

- ■ 4　　　　載入手寫數字模型。
- ■ 6-9　　　處理函式。
- ■ 7　　　　將 (28,28) 陣列轉為 (1,784) 以符合模型格式。
- ■ 8　　　　進行預測。
- ■ 9　　　　將分類名稱及信心指數組合成字典傳回。
- ■ 11-12　　建立分類標籤輸出欄位：顯示信心指數最高的 3 個類別。
- ■ 13-15　　建立以畫板為輸入欄位，程式標題為「手寫數字」的 Gradio 物件。
- ■ 16　　　　啟動應用程式。

執行結果：

使用者在畫板書寫數字後按 Submit 鈕，右方預測結果欄會顯示預測的數字，並以圖形顯示信心指數最高的 3 個數字及信心指數。

10.5 過擬合

過擬合 (Overfitting) 通常是在模型學習能力過強的情況中出現，此時的模型學習能力太強，以至於將訓練集中的資料特點全都捕捉到，並將其認為是「一般規律」，導致模型對於未知資料的預測能力下降。

10.5.1 觀察過擬合現象

究竟什麼是過擬合呢？下圖中圓形與方形是兩種資料，希望藉由深度學習分辨它們。黑色實線曲線是正常學習訓練後找到的較佳曲線，雖然有部分錯誤，但預測資料會有較佳效果；但常因過度訓練而得到如下的虛線曲線，此虛線曲線固然可以完全正確分辨訓練資料，但預測資料的效果卻不佳。這條虛線曲線即為過擬合現象。

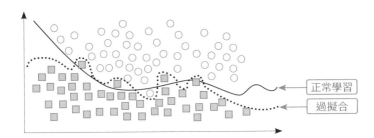

實作過擬合現象

在深度學習訓練過程中，如何得知模型可能過擬合呢？如果在訓練時，**訓練資料的準確度** (accuracy) 不斷增加，但 **驗證資料的準確度** (val_accuracy) 卻沒有增加，這可能就是過擬合的現象。

Keras 訓練模型時，會將每次 (Epoch) 訓練的訓練資料準確率及驗證資料準確率傳回。為了觀察這些準確率，這裡將前面手寫數字辨識程式以 fitmodel 變數接收訓練傳回值，並將訓練次數改為 40 次，改寫後程式碼為：

```
1  from tensorflow.keras.datasets import mnist
2  from keras.utils import np_utils
3  from tensorflow.keras.models import Sequential
4  from tensorflow.keras.layers import Dense
5
```

```
 6  (train_feature, train_label), (test_feature, test_label) = mnist.load_data()
 7  train_feature =train_feature.reshape(len(train_feature),784)
 8  test_feature = test_feature.reshape(len(test_feature),784)
 9  train_feature = train_feature/255
10  test_feature = test_feature/255
11  train_label = np_utils.to_categorical(train_label)
12  test_label = np_utils.to_categorical(test_label)
13
14  model = Sequential()
15  model.add(Dense(units=50, input_dim=784, activation='relu'))
16  model.add(Dense(units=100, activation='relu'))
17  model.add(Dense(units=200, activation='relu'))
18  model.add(Dense(units=10, activation='softmax'))
19  model.compile(loss='categorical_crossentropy', optimizer='adam',
20              metrics=['accuracy'])
21  fitmodel = model.fit(x=train_feature, y=train_label, validation_split=0.2,
22                      epochs=40,
23                      batch_size=200, verbose=2)
```

下圖為部分執行結果：

```
⯈  Epoch 1/40
    240/240 - 4s - loss: 0.4708 - accuracy: 0.8645 - val_loss: 0.2129 - val_accuracy: 0.9380 -
    Epoch 2/40
    240/240 - 1s - loss: 0.1813 - accuracy: 0.9456 - val_loss: 0.1568 - val_accuracy: 0.9562 -
    Epoch 3/40
    240/240 - 2s - loss: 0.1332 - accuracy: 0.9600 - val_loss: 0.1368 - val_accuracy: 0.9613 -
    Epoch 4/40
    240/240 - 2s - loss: 0.1087 - accuracy: 0.9676 - val_loss: 0.1265 - val_accuracy: 0.9628 -
    Epoch 5/40
    240/240 - 1s - loss: 0.0890 - accuracy: 0.9722 - val_loss: 0.1148 - val_accuracy: 0.9678 -
    Epoch 6/40
    240/240 - 1s - loss: 0.0735 - accuracy: 0.9774 - val_loss: 0.1162 - val_accuracy: 0.9665 -
    Epoch 7/40
    240/240 - 1s - loss: 0.0651 - accuracy: 0.9799 - val_loss: 0.1050 - val_accuracy: 0.9695 -
    Epoch 8/40
    240/240 - 1s - loss: 0.0552 - accuracy: 0.9828 - val_loss: 0.1085 - val_accuracy: 0.9693 -
```

可看出第 5 次訓練以後訓練資料準確率仍不斷上升，而驗證資料準確率則呈現震盪。

訓練資料準確率數值存於傳回值的 **history['accuracy']** 屬性，驗證資料準確率則存於傳回值的 **history['val_accuracy']** 屬性，下面程式可顯示這些準確率：

```
1  print('訓練資料正確率：\n{}'.format(fitmodel.history['accuracy']))
2  print('驗證資料正確率：\n{}'.format(fitmodel.history['val_accuracy']))
```

訓練資料正確率：
[0.8645208477973938, 0.9455833435058594, 0.9600208401679993, 0.9675833582878113, 0.9722291827201843, 0.977437491853
驗證資料正確率：
[0.9380000233650208, 0.956166684627533, 0.9612500071525574, 0.9628333449363708, 0.9678333401679993, 0.96649998426437

單純數值不易看出差異，最好繪製成圖形觀察。

下面程式以 Epoch 為橫坐標，訓練資料準確率及驗證資料準確率為縱坐標畫兩條曲線做為比較：

```
1   import matplotlib as mpl
2   import matplotlib.pyplot as plt
3   from matplotlib.font_manager import fontManager
4
5   !wget -O TaipeiSansTCBeta-Regular.ttf \
6   https://drive.google.com/uc?id=1eGAsTN1HBpJAkeVM57_C7ccp7hbgSz3_&export=download
7   fontManager.addfont('TaipeiSansTCBeta-Regular.ttf')
8   mpl.rc('font', family='Taipei Sans TC Beta')
9   plt.figure(figsize=(10, 4))
10  plt.plot(fitmodel.history['accuracy'])
11  plt.plot(fitmodel.history['val_accuracy'])
12  plt.title('手寫數字訓練正確率')
13  plt.xlabel('Epoch')
14  plt.ylabel('正確率')
15  plt.legend(['訓練', '驗證'])
16  plt.show()
```

程式說明

■ 5-6   下載中文字型。

■ 7-8   設定中文字型。

■ 10   繪製訓練資料準確率曲線。

■ 11   繪製驗證資料準確率曲線。

執行結果：

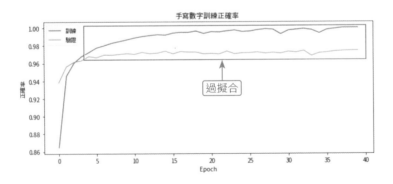

藍色曲線為訓練資料準確率，橙色曲線為驗證資料準確率，可看出第 4 次訓練以後訓練資料準確率仍不斷上升，而驗證資料準確率則改變不大，呈現過擬合現象。

▊ 10.5.2 加入拋棄層避免過擬合

通常解決過擬合的方法是降低神經元數量，或加入適當的 **拋棄層** (DropOut)。

1. 此處示範加入拋棄層方式，建立拋棄層需載入 DropOut 模組，語法為：

```
from tensorflow.keras.layers import Dropout
```

2. 接著建立拋棄層，語法為：

```
模型變數 .add(Dropout( 放棄比率 ))
```

例如，模型變數為 model，設定放棄 20% 神經元資料：

```
model.add(Dropout(0.2))
```

例如，下面程式為 3 個隱藏層都加入拋棄層：

```
1   from keras.datasets import mnist
2   from keras.utils import np_utils
3   from keras.models import Sequential
4   from keras.layers import Dense, Dropout
5   import matplotlib as mpl
6   import matplotlib.pyplot as plt
7   from matplotlib.font_manager import fontManager
8
9   (train_feature, train_label), (test_feature, test_label) = mnist.load_data()
10  train_feature =train_feature.reshape(len(train_feature),784)
11  test_feature = test_feature.reshape(len(test_feature),784)
12  train_feature = train_feature/255
13  test_feature = test_feature/255
14  train_label = np_utils.to_categorical(train_label)
15  test_label = np_utils.to_categorical(test_label)
16
17  model = Sequential()
18  n = 0.2
19  model.add(Dense(units=50, input_dim=784, activation='relu'))
20  model.add(Dropout(n))
21  model.add(Dense(units=100, activation='relu'))
22  model.add(Dropout(n))
23  model.add(Dense(units=200, activation='relu'))
24  model.add(Dropout(n))
25  model.add(Dense(units=10, activation='softmax'))
26  model.compile(loss='categorical_crossentropy',
27                  optimizer='adam', metrics=['accuracy'])
```

```
28  fitmodel = model.fit(x=train_feature, y=train_label,
29                       validation_split=0.2, epochs=40,
30                       batch_size=200, verbose=2)
31  !wget -O TaipeiSansTCBeta-Regular.ttf \
32  https://drive.google.com/uc?id=1eGAsTN1HBpJAkeVM57_C7ccp7hbgSz3_&export=download
33  fontManager.addfont('TaipeiSansTCBeta-Regular.ttf')
34  mpl.rc('font', family='Taipei Sans TC Beta')
35  plt.figure(figsize=(10, 4))
36  plt.plot(fitmodel.history['accuracy'])
37  plt.plot(fitmodel.history['val_accuracy'])
38  plt.title('手寫數字訓練正確率')
```

執行結果：

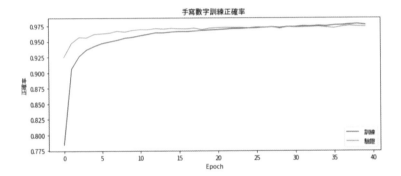

過擬合現象已明顯改善。

11

深度學習：卷積神經網路 (CNN)

- ⊙ **認識卷積神經網路 (CNN)**
  - 為什麼需要卷積神經網路？
  - 卷積層
  - 池化層
- ⊙ **實作貓狗圖片辨識**
  - 蒐集資料：貓狗資料集
  - 資料預處理
  - 建立卷積神經網路模型
  - 訓練模型及評估準確率
  - 完整貓狗辨識模型程式碼
  - 預測自己的貓狗圖片
  - 使用 Gradio 模組展示貓狗圖片辨識

11.1 認識卷積神經網路 (CNN)

卷積神經網路 (Convolutional Neural Network) 簡稱 CNN，它在圖片辨別上甚至可以做到比人類還精準的程度。CNN 也是模仿人類大腦的認知方式，例如辨識一個圖像，會先注意到顏色鮮明的點、線、面，然後再將它們構成一個個不同的形狀，如眼睛、鼻子等，這種抽象化的過程就是 CNN 演算法建立模型的方式。卷積層就是由點的比對轉成局部的比對，透過一塊塊的特徵研判，逐步堆疊綜合比對結果，就可以得到比較好的辨識結果。

11.1.1 為什麼需要卷積神經網路？

深度神經網路處理圖片時，是將圖片中的每一個像素 (Pixel) 排成一列非常長的向量輸入到神經網路中處理，這樣的方式有兩大缺點：

■ **權重數量龐大**：當圖片較大時，像素很多，造成需要調整的權重非常多。以一張長寬皆為 512 像素的彩色圖片，第一層隱藏層有 100 個神經元為例，該層隱藏層的權重數為 512 X 512 X 3 X 100 = 39321600，將近四千萬個權重，可怕吧！

■ **破壞圖片結構**：深度神經網路輸入層是一維向量，所以需先將二維圖片轉換為一維才傳送給神經網路，此時二維圖片中許多像素就失去原先在圖片中的特性，導致部分圖片特徵遺失。

為了解決這些問題，於是卷積神經網路誕生了！卷積神經網路不是將整張圖片輸入神經網路，而是先對局部圖片提取特徵，再將特徵輸入神經網路，這樣就保持了圖片二維像素的特性，同時使用許多局部特徵來辨識圖片，比直接辨識整張圖片的效果更精確。

卷積神經網路在深度神經網路新增了兩種演算方法，來達成提取局部圖片特徵的目的：

■ **卷積層**：提取局部圖片特徵。

■ **池化層**：降低維度。

這兩種演算方法會交替使用，最後再連接深度神經網路，構成卷積神經網路。

深度神經網路與卷積神經網路結構比較：(以 2 層卷積層及池化層為例)

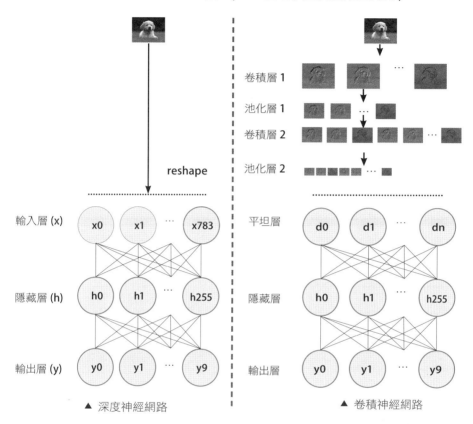

▲ 深度神經網路　　　　　　　　▲ 卷積神經網路

11.1.2 卷積層

卷積層 (Convolution Layer) 是不斷對局部圖片提取特徵，實作時是以 **卷積核** (kernel) 對圖片局部區塊進行運算提取特徵，接著移動卷積核對另一個局部區塊提取特徵。

卷積核 (kernel) 與移動幅度 (stride)

卷積核是每次提取圖片特徵的區塊大小，通常會使用 3X3、5X5 或 7X7 區塊。移動幅度是指卷積核完成一次區塊特徵提取後，向右或向下移動指定像素繼續進行區塊特徵提取，通常是使用 1 或 2 個像素。

卷積核數值代表要擷取的特徵，以 3X3 卷積核為例：

1	1	1
0	0	0
0	0	0

▲ 橫線

1	0	0
1	0	0
1	0	0

▲ 直線

1	0	0
0	1	0
0	0	1

▲ 斜線

下面以 5X5 黑白圖片，3X3 卷積核，移動幅度為 1 像素，擷取橫線特徵做為範例，進行運算過程為：

首先將原始圖片左上角 3X3 區塊與卷積核對應的元素相乘後計算總和，做為運算結果矩陣的第 1 個元素：

```
1X1 + 1X1 + 1X1 + 0X0 + 1X0 + 0X0 + 0X0 + 0X0 + 1X0 = 3
```

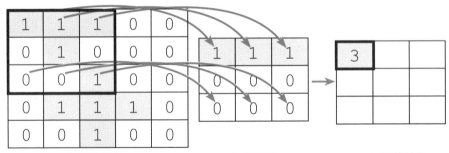

▲ 原始圖片　　　　　▲ 卷積核　　　　　▲ 運算結果

第 1 個區塊計算完成後，因移動幅度為 1 像素，所以將原始圖片 3X3 區塊向右移 1 像素，再與卷積核對應的元素相乘後計算總和，做為運算結果矩陣的第 2 個元素：

```
1X1 + 1X1 + 0X1 + 1X0 + 0X0 + 0X0 + 0X0 + 1X0 + 0X0 = 2
```

1	1	1	0	0
0	1	0	0	0
0	0	1	0	0
0	1	1	1	0
0	0	1	0	0

1	1	1
0	0	0
0	0	0

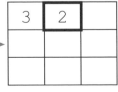

▲ 原始圖片　　　　　▲ 卷積核　　　　　▲ 運算結果

依此類推，依序每次向右或向下移動 1 像素，直到右下角為止，就可以計算出所有運算結果：

1	1	1	0	0
0	1	0	0	0
0	0	1	0	0
0	1	1	1	0
0	0	1	0	0

1	1	1
0	0	0
0	0	0

3	2	1
1	1	0
1	1	1

▲ 原始圖片　　　　　　▲ 卷積核　　　　　　▲ 運算結果

運算結果中，數字越大表示特徵越強。

圖片填補

上面運算結果維度為 3X3，而原始圖片為 5X5，通常會希望運算結果的維度維持與原始圖片相同。

要解決這個問題，可在進行卷積核運算之前，先為原始圖片長及寬各填補一列「0」再進行運算，例如上面範例原始圖片填補「0」後為：

1	1	1	0	0
0	1	0	0	0
0	0	1	0	0
0	1	1	1	0
0	0	1	0	0

0	0	0	0	0	0	0
0	1	1	1	0	0	0
0	0	1	0	0	0	0
0	0	0	1	0	0	0
0	0	1	1	1	0	0
0	0	0	1	0	0	0
0	0	0	0	0	0	0

▲ 原始圖片　　　　　　　　▲ 填補 0 後圖片

將填補 0 後的圖片左上角 3X3 區塊與卷積核運算得到矩陣的第 1 個元素：

```
0X1 + 0X1 + 0X1 + 0X0 + 1X0 + 1X0 + 0X0 + 0X0 + 1X0 = 0
```

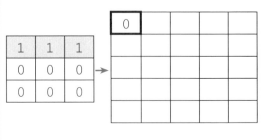

▲ 填補 0 後圖片　　　　　　▲ 卷積核　　　　　　▲ 運算結果

依序每次向右或向下移動 1 像素，直到右下角為止，就可以計算出所有運算結果：

▲ 填補 0 後圖片　　　　　　▲ 卷積核　　　　　　▲ 運算結果

11.1.3 池化層

池化是在指定區塊中所有元素取一個數值來代表該區塊。

池化層 (Pooling Layer) 的優點是可以大幅減少下一層的資料輸入數量，加快執行速度，而且根據實際測試結果，大部分情況下，池化層並不會影響特徵擷取的效果，對於圖片辨識的結果影響不大。

實施池化動作，選取一個數值來代表該區塊的方式有兩種：**最大值** (Max Pooling) 或**平均值** (Average Pooling)。通常使用選取最大值的方式較多，表示以最顯著的特徵來代表該區塊元素。

池化層指定區塊大小通常使用 2X2、3X3 或 4X4。

下面以原始資料為 4X4，池化層指定區塊大小為 2X2，池化方式為選取最大值做為範例，池化效果為：

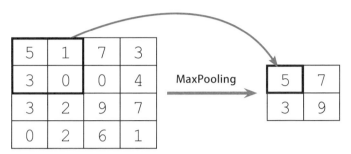

原始資料為 4X4，池化層指定區塊大小為 2X2，池化後變為 2X2，資料量減為原來的 1/4。若池化層指定區塊大小為 3X3，則資料量減為原來的 1/9；依此類推。

實作貓狗圖片辨識

Kaggle Cats and Dogs Dataset 資料集是著名的貓狗影像資料集，包含貓與狗的圖片各 12500 張。資料集的圖片為彩色圖片，使用深度神經網路時，權重參數太龐大，非常適合以卷積神經網路訓練模型。

11.2.1 蒐集資料：貓狗資料集

在這裡使用 Kaggle Cats and Dogs Dataset 資料集進行卷積神經網路模型訓練，省去收集、整理資料等繁瑣的工作。Kaggle Cats and Dogs Dataset 資料集是微軟公司蒐集製作。

下載貓狗資料集

如果要下載 Kaggle Cats and Dogs Dataset 資料集到本機儲存，可到微軟下載中心下載：開啟「https://www.microsoft.com/en-us/download/details.aspx?id=54765」網頁，按 **Download** 鈕即可下載 <kagglecatsanddogs_3367a.zip> 檔，解壓縮後即可取得貓及狗各 15000 張圖片。

如果要在 Colab 中使用，可利用「wget」命令下載資料集的壓縮檔，但微軟網頁會檢查授權，需用「--no-check-certificate」參數取消微軟網頁的授權檢查，命令為：

```
!wget --no-check-certificate "https://download.microsoft.com/download/3/E/
    1/3E1C3F21-ECDB-4869-8368-6DEBA77B919F/kagglecatsanddogs_3367a.zip"
```

執行後在 Colab 根目錄會產生 <kagglecatsanddogs_3367a.zip> 檔，這就是包含貓狗圖片的壓縮檔：

接著以「unzip」命令解壓縮：

解壓縮後會建立 <PetImages> 目錄，該目錄中含有 <Cat> 和 <Dog> 兩個子目錄，<Cat> 目錄包含 15000 張貓的圖片，<Dog> 目錄包含 15000 張狗的圖片。

讀取貓狗資料集

逐一讀取 <Cat> 和 <Dog> 目錄中的所有圖片，由於原始影像大小不一，因此以 resize 將所有圖片都調整為長及寬皆為 80 像素的圖片，然後存入 images 串列，同時也將標籤存入 labels 串列，因為只有貓、狗兩個類別，所有標籤內容是 0 和 1。

- **注意**：有許多圖片檔案在讀取時會發生錯誤，所以在讀取檔案時必須加入 try~except 錯誤捕捉，移除這些錯誤圖片檔案，否則執行時會產生錯誤。

讀取圖片的程式為：

```
[3]   1 import os, cv2, glob
      2
      3 images=[]
      4 labels=[]
      5 dict_labels = {"Cat":0, "Dog":1}
      6 for folders in glob.glob("/content/PetImages/*"):
      7     print(folders,"圖片讀取中…")
      8     for filename in os.listdir(folders):
      9         label=folders.split("/")[-1]
     10         try:
     11             img=cv2.imread(os.path.join(folders,filename))
     12             img = cv2.resize(img,dsize=(80,80))
     13             if img is not None:
     14                 images.append(img)
     15                 labels.append(dict_labels[label])
     16         except:
     17             pass
     18 print("圖片讀取完畢!")
```

```
/content/PetImages/Cat 圖片讀取中…  ◄─── 讀取狗圖片
/content/PetImages/Dog 圖片讀取中…  ◄─── 讀取貓圖片
圖片讀取完畢!
```

程式說明

■ 1　　　　載入相關模組。

■ 3-4　　　建立 images、labels 串列儲存圖片和標籤。

■ 5　　　　建立字典，依 Cat、Dog 類別名稱，取得 0、1 的值。

■ 6　　　　逐一讀取 PetImages 目錄中所有圖片。

■ 8-17　　讀取所有圖片檔案，如果讀取錯誤，該張圖不予處理，繼續讀取下一張圖片。

■ 9　　　　取得貓狗圖片資料夾的目錄名稱，例如：folders="/content/PetImages/Cat"，「folders.split("/")[-1]」取得「Cat」。

■ 11　　　先以目錄名稱及檔案名稱組合圖片檔案完整路徑，再以以 OpenCV 讀取圖片。

■ 12　　　調整圖片的大小，這裡為 80X80。注意：若圖片太大，訓練會佔用太多記憶體，甚至會因記憶體不足而無法訓練。

■ 13-15　如果讀入圖片的結果不是空值，將調整後的圖片加入 images 串列，標籤加入 labels 串列。

■ 16-17　若讀取產生錯誤就跳過該圖片。

查看圖片和標籤的筆數

<Cat> 和 <Dog> 目錄各有 15000 張圖片，實際讀取圖片時，有些圖片格式不符被剔除，實際讀取的圖片是 24946 張。

可以使用 len() 函式查看圖片和標籤的筆數，圖片和標籤的筆數皆為 24946 筆：

```
[4]  1 print('圖片數量：{}'.format(len(images)))
     2 print('標籤數量：{}'.format(len(labels)))
```

```
圖片數量：24946
標籤數量：24946
```

11.2.2 資料預處理

資料集資料分割

資料載入完畢之後要進行預處理，首先進行訓練程測試資料分割：

```
[4]   1  from sklearn.model_selection import train_test_split
      2  import numpy as np
      3  from keras.utils import np_utils
      4
      5  train_feature,test_feature,train_label,test_label = \
      6  train_test_split(images, labels, test_size=0.2)
      7
      8  train_feature=np.array(train_feature)
      9  test_feature=np.array(test_feature)
     10  train_label=np.array(train_label)
     11  test_label=np.array(test_label)
```

程式說明

- 1-3   載入相關模組。

- 5-6   依比率將資料分為訓練特徵集 train_feature，測試特徵集 test_feature，
         訓練標籤 train_label 和測試標籤 test_label，「test_size=0.2」表示測
         試資料佔 20%，訓練資料佔 80%。

- 8-11   原來的資料格式是串列，必須以「np.array() 」方法轉換為 numpy
         陣列格式才能進行訓練。

顯示訓練和測試資料內容

訓練資料和測試資料都是由彩色貓、狗圖片 (images) 和貓、狗圖片標籤值 (labels) 所組成，可以使用 shape 屬性查看其維度。首先查看訓練資料的維度：

```
[8]    1 print('訓練資料維度：{}'.format(train_feature.shape))
       2 print('訓練標籤維度：{}'.format(train_label.shape))
```

```
訓練資料維度：(19956, 80, 80, 3)
訓練標籤維度：(19956,)
```

訓練資料維度「(19956, 80, 80, 3)」，表示有 19956 張長寬皆為 80 像素的彩色圖片，「3」表示圖片色彩為 RGB 三通道，故為彩色圖片。訓練標籤維度「(19956,)」是「(19956,1)」之意，表示有 19956 個標籤值。

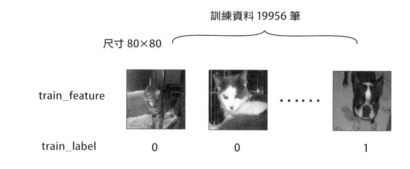

同樣方式可查看測試資料維度：

```
[9]    1 print('測試資料維度：{}'.format(test_feature.shape))
       2 print('測試標籤維度：{}'.format(test_label.shape))
```

```
測試資料維度：(4990, 80, 80, 3)
測試標籤維度：(4990,)
```

測試資料有 4990 張長寬皆為 80 像素的彩色圖片及 4990 個標籤。

圖片資料標準化

圖片資料為 0~255 的數字，將圖片資料數值除以 255 進行標準化，圖片資料轉換為 0~1 之間浮點數，可提高模型預測的準確度。

```
[ ]    1  train_feature = train_feature/255
       2  test_feature = test_feature/255
```

標籤轉換為 One-Hot 編碼

標籤為分類結果，需以 np_utils 模組的 to_categorical 方法將訓練和測試標籤轉換為 One-Hot 編碼。

```
[ ]   1  train_label = np_utils.to_categorical(train_label)
      2  test_label = np_utils.to_categorical(test_label)
```

11.2.3 建立卷積神經網路模型

這裡建立 3 個卷積層及池化層，1 個平坦層及 1 個隱藏層的卷積神經網路來訓練貓狗辨識模型。由於執行過程發現有過擬合現象，因此模型中會加入拋棄層。

建立模型物件

1. 要建立模型需先載入模型相關模組，語法為：

```
from keras.models import Sequential
from keras.layers import Conv2D, MaxPooling2D, Dropout,
                          Flatten, Dense
```

2. 接著建立 Sequential 物件，語法為：

```
模型變數 = Sequential()
```

這裡先加入模組再建立模型物件：

```
[4]   1  from keras.models import Sequential
      2  from keras.layers import Conv2D, MaxPooling2D
      3  from keras.layers import Dropout, Flatten, Dense
      4
      5  model = Sequential()
```

建立第一層卷積層

建立卷積層的語法為：

> 模型變數 **.add(Conv2D(filters=** 數值 **, kernel_size=** 二維元組 **,**
>   **padding=** 填充方式 **, strides=** 數值 **, input_shape=** 三維元組 **,**
>   **activation=** 激勵函式 **))**

- **filters**: 設定濾鏡個數，每一個 filter 會使用特定卷積核來擷取局部特徵。

- **kernel_size**: 設定卷積核尺寸，一般為 3X3 或 5X5。

- **padding**: 此參數非必填。設定卷積運算前圖片周圍填充方式，可能值有兩個：「same」表示在圖片周圍填充 0，卷積後圖片與原始圖片相同大小；「valid」表示不填充，卷積後圖片會比原始圖片小。預設值為 valid。

- **strides**: 此參數非必填。設定移動幅度。預設值為 1。

- **input_shape**: 此參數非必填。若設定此參數，表示建立輸入層及第一層卷積層，參數值為原始圖片的大小；若未設定此參數，表示建立卷積層。

- **activation**: 設定激勵函式。

在建立完模型後，接著建立輸入層及第 1 層卷積層：濾鏡個數為 8 個，卷積核尺寸為 5X5，填充方式為「same」，輸入維度為 80X80 彩色圖片，激勵函式為 ReLU，移動幅度為 1 像素。

```
[ ]   1  model.add(Conv2D(filters=8, kernel_size=(5,5), padding='same',
      2                   input_shape=(80, 80, 3), activation='relu'))
```

因為有 8 個濾鏡，因此會產生 8 張 80X80 的卷積運算圖片。

建立第一層池化層

建立池化層的語法為：

> 模型變數 **.add(MaxPooling2D(pool_size= 二維元組))**

- ■ **pool_size**：設定池化區塊大小，一般使用 (2,2)、(3,3) 或 (4,4)。

建立池化區塊大小為 2X2 的池化層：

```
[ ]    1  model.add(MaxPooling2D(pool_size=(2, 2)))
```

因為 2X2 池化會將圖片長及寬各減一半，因此會產生 8 張 40 X 40 的圖片。

建立第一層拋棄層

建立拋棄 20% 資料的拋棄層：

```
[ ]    1  model.add(Dropout(0.2))
```

第二層卷積層、池化層及拋棄層

```
[ ]    1  model.add(Conv2D(filters=16, kernel_size=(5,5),
       2                   padding='same', activation='relu'))
       3  model.add(MaxPooling2D(pool_size=(2, 2)))
       4  model.add(Dropout(0.2))
```

通常卷積層的濾鏡個數會設定較前一卷積層多，前一卷積層濾鏡個數為 8 個，故此處設為 16 個。經此層卷積運算會產生 16 張 40 X 40 的圖片。經第二層池化層後產生 16 張 20 X 20 的圖片。

第三層卷積層、池化層及拋棄層

```
[ ]   1  model.add(Conv2D(filters=32, kernel_size=(5,5),
      2                   padding='same', activation='relu'))
      3  model.add(MaxPooling2D(pool_size=(2, 2)))
      4  model.add(Dropout(0.2))
```

此處濾鏡個數設為 32 個，運算後會產生 32 張 20 X 20 的圖片。經第三層池化層後產生 32 張 10 X 10 的圖片。

建立平坦層及拋棄層

所有卷積層及池化層都完成後，接著要建立平坦層：

```
[ ]   1  model.add(Flatten())
      2  model.add(Dropout(0.2))
```

平坦層的作用是將圖片資料轉換為一維向量。

建立全連結隱藏層

建立含有 128 個神經元的隱藏層，激活函式為 ReLU。

```
[ ]   1  model.add(Dense(units=128, activation='relu'))
```

建立輸出層

最後建立輸出層：輸出資料有 2 個，激勵函式為 SoftMax。

```
[ ]   1  model.add(Dense(units=2,activation='softmax'))
```

激勵函式 SoftMax 會計算所有輸出值的機率。通常分類深度學習的輸出層激勵函式都會使用 SoftMax，因為輸出值機率最大者就是模型預測的類別。

查看權重數量

查看模型權重數量的程式法為：

> 模型變數 **.summary()**

池化層、拋棄層及平坦層都沒有權重。

本模型的權重總數量大約四十餘萬，對彩色圖片而言，是相當少的權重數：

[22] 1 model.summary()

```
Model: "sequential"

Layer (type)                    Output Shape            Param #
=================================================================
conv2d (Conv2D)                 (None, 80, 80, 8)       608
                                                               ⬅ 5X5X3X8+16=608
max_pooling2d (MaxPooling2D     (None, 40, 40, 8)       0
)

dropout (Dropout)               (None, 40, 40, 8)       0

conv2d_1 (Conv2D)               (None, 40, 40, 16)      3216
                                                               ⬅ 5X5X8X16+16=3216
max_pooling2d_1 (MaxPooling     (None, 20, 20, 16)      0
2D)

dropout_1 (Dropout)             (None, 20, 20, 16)      0

conv2d_2 (Conv2D)               (None, 20, 20, 32)      12832
                                                               ⬅ 5X5X16X32+32=12832
max_pooling2d_2 (MaxPooling     (None, 10, 10, 32)      0
2D)

dropout_2 (Dropout)             (None, 10, 10, 32)      0

flatten (Flatten)               (None, 3200)            0

dropout_3 (Dropout)             (None, 3200)            0

dense (Dense)                   (None, 128)             409728
                                                               ⬅ 3200X128+128=409728
dense_1 (Dense)                 (None, 2)               258
                                                               ⬅ 128X2+2=258
=================================================================
Total params: 426,642          ⬅ 權重總數
Trainable params: 426,642
Non-trainable params: 0
```

▋11.2.4 訓練模型及評估準確率

訓練模型

模型架構建立完成後，就可進行模型訓練：訓練資料中保留 20% 作為驗證資料，因此訓練資料有 0.8 * 19956 = 15964 筆、驗證資料有 0.2 * 19956 = 3991 筆。訓練 20 次，每批次讀取 200 筆資料，顯示簡易的訓練過程。

```
[23]    1 model.compile(loss='categorical_crossentropy',
        2                optimizer='adam', metrics=['accuracy'])
        3 model.fit(x=train_feature, y=train_label, validation_split=0.2
        4          epochs=20, batch_size=200, verbose=2)
```

```
Epoch 1/20
80/80 - 112s - loss: 0.6640 - accuracy: 0.5957 - val_loss: 0.6288 - val_accuracy: 0.6631 - 1
Epoch 2/20
80/80 - 111s - loss: 0.6155 - accuracy: 0.6609 - val_loss: 0.5970 - val_accuracy: 0.6841 - 1
Epoch 3/20
80/80 - 112s - loss: 0.5791 - accuracy: 0.6934 - val_loss: 0.5505 - val_accuracy: 0.7189 - 1
Epoch 4/20
80/80 - 112s - loss: 0.5555 - accuracy: 0.7120 - val_loss: 0.5498 - val_accuracy: 0.7142 - 1
                                              val_loss: 0.5223 - val_accuracy: 0.7375
Epoch 18/20
80/80 - 111s - loss: 0.3752 - accuracy: 0.8314 - val_loss: 0.4156 - val_accuracy: 0.8104 - 1
Epoch 19/20
80/80 - 111s - loss: 0.3648 - accuracy: 0.8354 - val_loss: 0.4191 - val_accuracy: 0.8111 - 1
Epoch 20/20
80/80 - 112s - loss: 0.3477 - accuracy: 0.8472 - val_loss: 0.4122 - val_accuracy: 0.8094 - 1
```

訓練 20 次得到訓練資料的準確率為 0.8472，驗證資料的準確也有 0.8094，對於彩色圖片來說，算是不錯的效果。

評估準確率

模型訓練完成可用測試資料評估模型的損失函式誤差值和準確率：

```
[24]    1 scores = model.evaluate(test_feature, test_label)
        2 print('\n準確率=',scores[1])

156/156 [==============================] - 11s 73ms/step - loss: 0.4248 - accuracy: 0.8018

準確率= 0.8018035888671875
```

測試資料的準確率為 0.8018，與驗證資料準確率幾乎相同。

▌11.2.5 完整貓狗辨識模型程式碼

在進行建立模型之前，記得要先下載貓狗圖片資料，並且解壓放置在設定資料夾。

```python
[9]  1  import os, cv2, glob
     2  from sklearn.model_selection import train_test_split
     3  import numpy as np
     4  from keras.utils import np_utils
     5  from keras.models import Sequential
     6  from keras.layers import Conv2D, MaxPooling2D,
     7  from keras.layers import Dropout, Flatten, Dense
     8  images=[]
     9  labels=[]
    10  dict_labels = {"Cat":0, "Dog":1}
    11  for folders in glob.glob("/content/PetImages/*"):
    12      print(folders,"圖片讀取中…")
    13      for filename in os.listdir(folders):
    14          label=folders.split("/")[-1]
    15          try:
    16              img=cv2.imread(os.path.join(folders,filename))
    17              img = cv2.resize(img,dsize=(80,80))
    18              if img is not None:
    19                  images.append(img)
    20                  labels.append(dict_labels[label])
    21          except:
    22              pass
    23      print(folders,"圖片讀取完畢!")
    24  train_feature,test_feature,train_label,test_label = \
    25  train_test_split(images,labels,test_size=0.2)
    26  train_feature=np.array(train_feature)
    27  test_feature=np.array(test_feature)
    28  train_label=np.array(train_label)
    29  test_label=np.array(test_label)
    30  train_feature = train_feature/255
    31  test_feature = test_feature/255
    32  train_label = np_utils.to_categorical(train_label)
    33  test_label = np_utils.to_categorical(test_label)
    34
    35  model = Sequential()
    36  model.add(Conv2D(filters=8, kernel_size=(5,5), padding='same',
    37                   input_shape=(80, 80, 3), activation='relu'))
    38  model.add(MaxPooling2D(pool_size=(2, 2)))
    39  model.add(Dropout(0.2))
    40  model.add(Conv2D(filters=16, kernel_size=(5,5),
    41                   padding='same', activation='relu'))
```

```
42  model.add(MaxPooling2D(pool_size=(2, 2)))
43  model.add(Dropout(0.2))
44  model.add(Conv2D(filters=32, kernel_size=(5,5),
45                   padding='same', activation='relu'))
46  model.add(MaxPooling2D(pool_size=(2, 2)))
47  model.add(Dropout(0.2))
48  model.add(Flatten())
49  model.add(Dropout(0.2))
50  model.add(Dense(units=128, activation='relu'))
51  model.add(Dense(units=2,activation='softmax'))
52  model.compile(loss='categorical_crossentropy',
53                optimizer='adam', metrics=['accuracy'])
54  model.fit(x=train_feature, y=train_label,
55            validation_split=0.2, epochs=20,
56            batch_size=200, verbose=2)
57  scores = model.evaluate(test_feature, test_label)
58  print('\n準確率=',scores[1])
59  model.save('catdog_model.h5')
```

程式說明

- 1-7　　　載入相關模組。

- 10　　　　建立貓狗標籤字典。

- 11-23　　讀取貓狗圖片建立圖片資料集及標籤。

- 24-25　　建立訓練資料和測試資料，包括訓練特徵集、測試特徵集、訓練標籤和
　　　　　　測試標籤。

- 26-29　　將特徵集及標籤轉換為 numpy 陣列。

- 30-31　　將特徵集標準化。

- 32-33　　將標籤值轉換為 One-Hot 編碼。

- 35　　　　建立模型物件。

- 36-39　　建立第一層卷積層、池化層及拋棄層。

- 40-43　　建立第二層卷積層、池化層及拋棄層。

- 44-47　　建立第三層卷積層、池化層及拋棄層。

- 48-49　　建立平坦層及拋棄層。

- 50　　　　建立含有 128 個神經元的隱藏層。

- 51　　　　建立含有 2 個神經元的輸出層。

- 52-56　　進行模型訓練。

■ 57-58　　評估測試資料準確率。

■ 59　　　儲存模型。

執行結果：

```
                              ✓ [25]  Epoch 11/20
                              3m      80/80 - 4s - loss: 0.4233 - accuracy: 0.8019 - val_loss: 0.49
                                      Epoch 12/20
                                      80/80 - 4s - loss: 0.4129 - accuracy: 0.8085 - val_loss: 0.43
                                      Epoch 13/20
                                      80/80 - 4s - loss: 0.3929 - accuracy: 0.8185 - val_loss: 0.44
                                      Epoch 14/20
                                               loss: 0.3823 - accuracy: 0.8238 - val_loss: 0.41
                                      80/80 - 4s - loss: 0.           - 0.41
                                      Epoch 19/20
                                      80/80 - 4s - loss: 0.3241 - accuracy: 0.8562 - val_loss: 0.41
                                      Epoch 20/20
                                      80/80 - 4s - loss: 0.3195 - accuracy: 0.8591 - val_loss: 0.38
                                      156/156 [==============================] - 1s 8ms/step - loss

                                      準確率= 0.828657329082489
```

Files panel:
- ..
- ~~Cat9.jpg~~
- Dog1.jpg
- Dog10.jpg
- ~~Dog7.jpg~~
- Dog8.jpg
- Dog9.jpg
- MSR-LA - 3467.docx
- catdog_model.h5
- kagglecatsanddogs_3...
- readme[1].txt

11.2.6　預測自己的貓狗圖片

前面評估準確率使用的測試圖片是 20% 的貓狗資料集圖片，其與訓練圖片的相似程度較高。現在要改用自己的貓狗圖片來預測，以驗證模型的可靠度。

下面程式會讀取 Colab 根目錄的所有圖片檔案，使用自行訓練的模型進行預測，並顯示預測結果：

○ **注意**：因為這裡要使用的是自己訓練的模型檔，如果還沒有產生 <catdog_model. h5>，請先完成前一小節的範例再進行這個程式。

```python
 1  import numpy as np
 2  import matplotlib.pyplot as plt
 3  from keras.models import load_model
 4  import glob,cv2
 5
 6  def show_images_labels_predictions(images, labels,
 7                                     predictions,start_id, num=10):
 8      plt.figure(figsize=(12, 14))
 9      if num>25: num=25
10      for i in range(0, num):
11          ax=plt.subplot(5,5, 1+i)
12          ax.imshow(images[start_id])
```

```
13          if( len(predictions) > 0 ) :
14              title = 'ai = ' + str(predictions[start_id])
15              title += (' (o)' if predictions[start_id]== \
16                      labels[start_id] else ' (x)')
17              title += '\nlabel = ' + str(labels[start_id])
18          else :
19              title = 'label = ' + str(labels[start_id])
20          ax.set_title(title,fontsize=12)
21          ax.set_xticks([]);ax.set_yticks([])
22          start_id+=1
23      plt.show()
24
25  files = glob.glob("/content/*.jpg" )
26  test_feature=[]
27  test_label=[]
28  dict_labels = {"Cat":0, "Dog":1}
29  for file in files:
30      img=cv2.imread(file)
31      img = cv2.cvtColor(img, cv2.COLOR_BGR2RGB)
32      img = cv2.resize(img, dsize=(80,80))
33      test_feature.append(img)
34      label=file[9:12]
35      test_label.append(dict_labels[label])
36
37  test_feature=np.array(test_feature)
38  test_label=np.array(test_label)
39  test_feature_vector =test_feature.reshape(len(test_feature), 80,80,3)
40  test_feature_n = test_feature_vector/255
41  model = load_model('catdog_model.h5')
42  prediction=model.predict(test_feature_n)
43  prediction=np.argmax(prediction,axis=1)
44  show_images_labels_predictions(test_feature,test_label,
45                                 prediction,0,len(test_feature))
```

程式說明

- ■ 6-23 　自訂程式 show_images_labels_predictions 顯示貓狗圖片及標籤值、預測值。詳細說明參閱前一章。

- ■ 25-35 　讀取 Colab 根目錄的所有圖片檔案。

- ■ 28 　　建立貓狗標籤與數值對照字典。

- ■ 29-35 　逐一處理圖片。

- ■ 31 　　OpenCV 讀取的圖片色彩是 BGR，將其轉換為 RGB 才能顯示正確色彩。

- ■ 32 　　將圖片格式轉換為 80X80。

- ■ 34 　　圖片檔名如 </content/Cat1.jpg> 的標籤值為第 10~12 個字元「Cat」，可以 file[9:12] 取得。

- 37-38　將串列轉為矩陣。
- 39-40　圖片預處理：轉為彩色圖片陣列及標準化。
- 41　　　載入模型檔。
- 42-43　對圖片進行預測。
- 44　　　顯示預測結果。

執行結果：

20 張圖片有 4 張預測錯誤，正確率 80%，與測試圖片正確率接近。

▌11.2.7 使用 Gradio 模組展示貓狗圖片辨識

Gradio 模組的圖片輸入欄位可讓使用者以拖曳或選擇檔案方式上傳圖片，模型辨識圖片後會顯示辨識結果。在範例中 <testCatDog.h5> 模型檔是預先完成訓練的模型，若要使用自己的模型檔，可修改第 4 列程式的檔案路徑。

範例程式碼為：

```
[ ]    1  from tensorflow.keras.models import load_model
       2  import gradio as gr
       3
       4  model = load_model("testCatDog.h5")
       5
       6  def catdog(image):
       7      image = image.reshape(1, 80, 80, 3)
       8      prediction = model.predict(image).tolist()[0]
       9      class_names = ["Cat", "Dog"]
      10      return {class_names[i]: prediction[i] for i in range(2)}
      11
      12  inp = gr.inputs.Image(shape=(80, 80), source="upload")
      13  out = gr.outputs.Label(num_top_classes=2, label='預測結果')
      14  grobj = gr.Interface(fn=catdog, inputs=inp,
      15                       outputs=out, title="貓狗圖片辨識")
      16  grobj.launch()
```

程式說明

■ 4	載入貓狗辨識模型。
■ 6-10	Gradio 處理函式。
■ 7	將圖片格式轉為 (1, 80, 80, 3) 以符合模型格式。
■ 8	進行預測。
■ 9	建立標籤串列。注意此串列需配合模型訓練的標籤名稱：0 為 Cat，1 為 Dog。
■ 10	將分類名稱及信心指數組合成字典傳回。
■ 12	建立以上傳圖片為輸入欄位，同時將圖片格式轉換為 80X80。
■ 13	建立分類標籤輸出欄位：顯示信心指數最高的 2 個類別。
■ 14-15	建立程式標題為「貓狗圖片辨識」的 Gradio 物件。
■ 16	啟動應用程式。

程式執行後，拖曳圖片到圖片區或點選圖片區後選擇檔案即可上傳圖片：

然後按 **Submit** 鈕，右方 **預測結果** 欄會顯示預測的圖片名稱，並以圖形顯示信心指數最高的 2 個數字及信心指數。

12

深度學習：循環神經網路 (RNN)

- ⊙ **認識循環神經網路 (RNN)**
  - 為什麼需要循環神經網路？
  - 循環神經網路運作原理
- ⊙ **下載台灣股市資料**
  - 查詢歷史股票資料
  - 下載全年個股資料
- ⊙ **實作台灣股票市場股價預測**
  - 資料預處理
  - 建立及訓練循環神經網路
  - 完整股價預測程式碼
  - 預測股票收盤價

12.1 認識循環神經網路 (RNN)

有些人工智慧處理的問題，例如語言的表達是具有順序性的，通常必須考慮前後文的關係。當朋友說他家住在「埔里鎮」，然後說在「鎮公所上班」，就可以理解朋友是在「埔里鎮公所上班」。

循環神經網路 (Recurrent Neural Network)，簡稱 RNN，它是 **自然語言處理** (Natural Language Processing，簡稱 NLP) 領域最常使用的神經網路模型，因為 RNN 前面的輸入和後面的輸入具有關連性，因此最適合如語言翻譯、情緒分析、股票交易等。

12.1.1 為什麼需要循環神經網路？

深度神經網路處理資料時，有兩個缺點：

- **資料沒有順序性**：深度神經網路是將每一個資料都視為獨立資料輸入到神經網路中處理，這樣的方式對於有順序性的資料會產生錯誤的結果。例如要以神經網路理解文句的意義以進行下一步處理，首先要分解文句中的單字。例如，輸入的文句為「我愛貓」，另一句為「貓愛我」，這兩句分解後的單字皆為「我、愛、貓」三個單字，因此在一般神經網路這兩個文句是相同的，但事實上這兩句的意義是完全不同。

- **輸入及輸出資料為固定長度**：深度神經網路的輸入及輸出資料長度是固定的，例如 MNIST 手寫數字辨識模型，輸入為 784 個元素的一維陣列 (28X28 黑白圖片)，輸出為 10 個 one-hot 編碼陣列。若是要以神經網路處理語文翻譯時，要翻譯的輸入文字長度不固定，翻譯後輸出的文字長度也不固定，深度神經網路無法處理這類問題。

循環神經網路就是為了解決這些缺失誕生的神經網路。循環神經網路的神經元新增一個記錄狀態的單元，該單元會記錄資料目前的狀態，並將此狀態傳送給下一個神經元，這樣神經網路就知道資料的先後順序了！以前面兩個文句為例：循環神經網路處理「我愛貓」文句後，得知「我」在「愛」前面輸入，「貓」在「愛」之後輸入，就知道其意義為「我」是主詞，「貓」是受詞；同理，處理「貓愛我」文句後，知道其意義為「貓」是主詞，「我」是受詞。

循環神經網路的資料不是一次將全部資料輸入神經網路，而是逐一輸入，所以輸入資料個數可以不同，輸出資料也是如此。例如處理輸入文句「我愛貓」，是先輸入「我」進行處理，處理完後再輸入「愛」進行處理，直到所有文字都輸入為止。

深度神經網路與循環神經網路簡單結構比較：(圖中「S」為狀態處理單元)

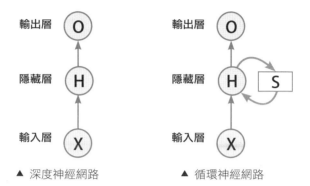

▲ 深度神經網路　　　　　▲ 循環神經網路

12.1.2 循環神經網路運作原理

剛才循環神經網路簡單結構圖將狀態處理單元以「循環」圖示表示，不易看出完整架構，將其展開如下：

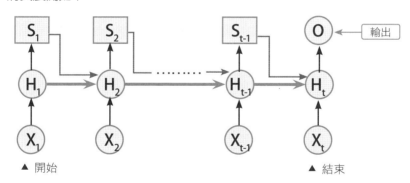

▲ 開始　　　　　　　　　　　　　　▲ 結束

1. 開始時，X_1 為第 1 個輸入資料，經 H_1 神經元處理後傳入下一個神經元 H_2，狀態處理單元 S_1 記錄目前狀態後也傳入下一個神經元 H_2。

2. 開始時，X_2 為第 2 個輸入資料，經 H_2 神經元處理後傳入下一個神經元 H_3，狀態處理單元 S_2 記錄目前狀態並與傳入的 S_1 運算後也傳入下一個神經元 H_3。

3. 逐一輸入資料，結束時，X_t 為最後 1 個輸入資料，傳入 H_t 神經元處理，狀態處理單元 S_t 記錄目前狀態並與傳入的 S_{t-1} 運算。最後輸出結果。

LSTM 循環神經網路

上述循環神經網路的神經元是在一個神經元中新增狀態神經元,這種結構是最簡單的循環神經網路,TensorFlow 中將這種循環神經網路模型稱為「SimpleRNN」。

由於狀態神經元會不斷傳入下一個神經元進行運算,SimpleRNN 模型訓練時會產生梯度不斷減小或增大的困擾,導致模型效果不佳,於是 Sepp Hochreiter 和 Jürgen Schmidhuber 模仿人類記憶模式,提出 **LSTM** (Long Short-Term Memory,長短期記憶) 循環神經網路:在一個神經元中新增 4 個神經元進行狀態閘門管控,避免梯度不斷減小或增大的問題。

LSTM 循環神經網路模型的效果遠較 SimpleRNN 模型效果好,因此目前大多數循環神經網路都使用 LSTM 循環神經網路進行訓練。本篇實作範例也是以 LSTM 循環神經網路進行操作。

12.2 下載台灣股市資料

這裡以台灣股市收盤價做為循環神經網路訓練資料，因此要先下載近幾年台灣股市資料。

12.2.1 查詢歷史股票資料

twstock 是台灣股市的專用模組，可以讀取指定股票的歷史記錄、股票分析和即時股票的買賣資訊等，這裡使用 twstock 模組來下載台灣股市資料。

1. 安裝 twstock 模組的命令：

```
!pip install twstock
```

2. 使用 twstock 模組必須先匯入模組程式庫，語法為：

```
import twstock
```

3. twstock 模組利用 Stock 方法查詢個股歷史股票資料，語法為：

```
歷史股票資料變數 = twstock.Stock('股票代號')
```

4. 利用 Stock 物件的屬性即可以讀取指定的歷史資料，其內容如下：

屬性	說明	屬性	說明
date	日期	low	最低價
capacity	總成交股數（單位：股）	price	收盤價
turnover	總成交金額（單位：元）	close	收盤價
open	開盤價	change	漲跌價差
high	最高價	transaction	成交筆數

5. Stock 物件也提供下列 fetch() 方法可以讀取指定期間的歷史資料。

方法	傳回資料
`fetch( 西元年 , 月 )`	傳回參數指定月份的資料。
`fetch_31()`	傳回最近 31 日的資料。
`fetch_from( 西元年 , 月 )`	傳回參數指定月份到現在的資料。

例如，想查詢鴻海股票 (代碼 2317) 的歷史資料，預設會讀取近 31 日的歷史記錄。

1. 載入模組，由「鴻海」股票代號新增 Stock 物件：

```
[ ]   1   import twstock
```

```
[ ]   1   stock = twstock.Stock('2317')
```

2. 顯示「鴻海」最近 31 筆收盤價資料：

```
[6]   1   print(stock.price)
```

```
[103.0, 103.5, 109.0, 107.0, 106.5, 104.5, 104.5, 104.5, 105.5, 103.5, 103.5, 103.5,
103.5, 103.0, 102.0, 103.0, 103.0, 102.0, 103.0, 105.5, 106.5, 106.5, 106.0, 104.0,
104.0, 105.5, 106.0, 105.5, 106.0, 104.5, 105.0]
```

3. 傳回結果為串列，可使用串列語法擷取部分資料，例如顯示最近 1 日開盤價、最高價、最低價、收盤價：

```
[5]   1 print("日期：",stock.date[-1])
      2 print("開盤價：",stock.open[-1])
      3 print("最高價：",stock.high[-1])
      4 print("最低價：",stock.low[-1])
      5 print("收盤價：",stock.price[-1])
```

```
日期： 2022-02-16 00:00:00
開盤價： 105.0
最高價： 106.0
最低價： 104.5
收盤價： 105.5
```

4. 接著可以利用 Stock 物件的 fetch() 方法讀取指定期間的歷史資料。例如，讀取 2021 年 8 月的資料：

[6]　　1 stock.fetch(2021,8)

```
[Data(date=datetime.datetime(2021, 8, 2, 0, 0), capacity=24500264, turnover=2735666103, oper
 Data(date=datetime.datetime(2021, 8, 3, 0, 0), capacity=24697233, turnover=2753719080, oper
 Data(date=datetime.datetime(2021, 8, 4, 0, 0), capacity=21287183, turnover=2383267724, oper
 Data(date=datetime.datetime(2021, 8, 5, 0, 0), capacity=20014604, turnover=2231990278, oper
 Data(date=datetime.datetime(2021,               capacity=41391590, turnover=4644148106
 Data(date=datetime.datetime(2021, 8, 26, 0, 0), 
 Data(date=datetime.datetime(2021, 8, 27, 0, 0), capacity=13875837, turnover=1495362654, ope
 Data(date=datetime.datetime(2021, 8, 30, 0, 0), capacity=14000606, turnover=1515530387, ope
 Data(date=datetime.datetime(2021, 8, 31, 0, 0), capacity=30641222, turnover=3368752300, ope
```

又如讀取 2021 年 12 月到今天的資料：

[7]　　1 stock.fetch_from(2021,12)

```
[Data(date=datetime.datetime(2021, 12, 1, 0, 0), capacity=22533336, turnover=2368450389, ope
 Data(date=datetime.datetime(2021, 12, 2, 0, 0), capacity=27492234, turnover=2908367984, ope
 Data(date=datetime.datetime(2021, 12, 3, 0, 0), capacity=18384929, turnover=1937921897, ope
 Data(date=datetime.datetime(                0, 0), capacity=22958298, turnover=2441979400, ope
 Data(date=datetime.datetime(2022, 2, 10, 0, 0), capacity=          turnover=
 Data(date=datetime.datetime(2022, 2, 11, 0, 0), capacity=16707627, turnover=1760438097, ope
 Data(date=datetime.datetime(2022, 2, 14, 0, 0), capacity=22517058, turnover=2344653736, ope
 Data(date=datetime.datetime(2022, 2, 15, 0, 0), capacity=13542993, turnover=1413403014, ope
 Data(date=datetime.datetime(2022, 2, 16, 0, 0), cape  今天日期  turnover=1421385079, ope
```

解決台灣證券交易所網站堵爬蟲問題

實務上在向台灣證券交易所網頁讀取資料時，如果資料量太大，很容易被視為攻擊而被鎖定 IP 而無法連上該網站，也就無法繼續讀取資料，必須等待幾個小時，才能再次連上該網站。建議下載時應分時間、分批下載，避免一次下載太多資料，而且每次下載的時間最好有點間隔。

當見到下面訊息時，表示 IP 已被鎖定：

```
TimeoutError                              Traceback (most recent call last)
/usr/local/lib/python3.7/dist-packages/urllib3/connection.py in _new_conn(self)
   158              conn = connection.create_connection(
--> 159                  (self._dns_host, self.port), self.timeout, **extra_kw)
   160

                          ⌃ 23 frames
TimeoutError: [Errno 110] Connection timed out
```

在 Colab 中有一個方法可以輕鬆解除 IP 鎖定：由於每次重啟時 Colab 就會分派新的運行機器，因此其 IP 位址就和原來機器不同，也就沒有 IP 鎖定的問題。重啟機器的操作方法為：

1. 點選右上角 **RAM** 的下拉選單，再點選 **管理工作階段**。

2. 於 **執行中的工作階段** 對話方塊中按目前使用的筆記本右方 **終止** 鈕，目前的機器會停止運作，再按 **關閉** 鈕關閉對話方塊。回到 Colab 筆記本點選 **重新連線**，就會開啟新的機器了！

12.2.2 下載全年個股資料

twstock 沒有提供下載全年個股資料功能，所以可使用「fetch(年 , 月)」下載單月個股資料功能來下載。由於一次下載 12 個月份資料，會因為網頁伺服器的防護機制鎖定 IP，因此採用變通的方式，採用分次下載。經實測，一次最多下載 3 個月資料後 IP 就會被鎖定，所以分 4 次下載，累積成全年個股資料。

1. 下載個股資料的程式為：

```
1   import csv, os, time
2   import twstock
3
4   datayear = 2021
5   startmonth = 1 #可改為4,7,10
6   filepath = 'twstock' + str(datayear) + '.csv'
7   title=["日期","成交股數","成交金額","開盤價",
8          "最高價","最低價","收盤價","漲跌價差",
9          "成交筆數"]
```

```
10  for i in range(startmonth, 13):
11      outputfile = open(filepath, 'a', newline='', encoding='big5')
12      outputwriter = csv.writer(outputfile)
13      stock = twstock.Stock('2317')
14      stocklist=stock.fetch(datayear,i)
15      data=[]
16      for stock in stocklist:
17          strdate=stock.date.strftime("%Y-%m-%d")
18          li=[strdate,stock.capacity,stock.turnover,
19              stock.open,stock.high,stock.low,stock.close,
20              stock.change,stock.transaction]
21          data.append(li)
22      if i==1:
23          outputwriter.writerow(title)
24      for dataline in (data):
25          outputwriter.writerow(dataline)
26      time.sleep(2)
27      outputfile.close()
```

程式說明

■ 4　　　設定要下載的西元年份。若要下載其他年份，修改此數值即可。

■ 5　　　設定下載的開始月份。因為要分次下載資料，需修改此數值，第一次執行為 1 （下載 1~3 月），第二次執行為 4 （下載 4~6 月），第三次執行為 7 （下載 7~9 月），第四次執行為 10 （下載 10~12 月）。

■ 6　　　組合下載的 CSV 檔案名稱。

■ 7-9　　設定下載資料標題。

■ 10　　　以迴圈由起始月份逐一讀取單月資料。

■ 11　　　開啟檔案，第 2 個參數為「a」，表示寫入資料時是將資料附加到檔案後面。注意此列程式及 23 列程式為開啟及關閉檔案，本來應放在迴圈外部，即開啟及關閉檔案一次即可，但本程式執行時會發生 IP 被鎖定而無法連線錯誤，若放在迴圈外部將導致 23 列程式未執行，使得在緩衝區資料沒有寫入檔案而得到空的 CSV 檔案。

■ 12　　　設定以 CSV 格式寫入檔案。

■ 14　　　讀取單月資料。

■ 15-21　逐筆將單日資料加入 data 串列中。

■ 22-23　判斷是否為 1 月份資料，如果是就寫入欄位名稱（標題）。

■ 24-25　逐一將單日資料寫入檔案。

■ 26　　延遲 2 秒，避免檔案來不及寫入：根據實測，若沒有加入此列程式，執行時大部分成功，但偶而會失敗，若發生偶而執行失敗的情況，可適度調整延遲時間。

■ 27　　關閉檔案。

2. 第一次執行，下載 1 月到 3 月資料後會產生無法連線的錯誤，並產生 <twstock2021.csv> 檔案。在 <twstock2021.csv> 按滑鼠右鍵，於快顯功能表點選 **下載** 可將檔案下載到本機儲存。

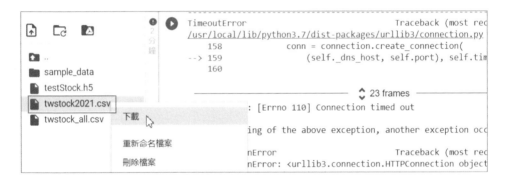

3. 於本機使用 Excel 查看 <twstock2021.csv> 內容，確認為 1~3 月股市資料。

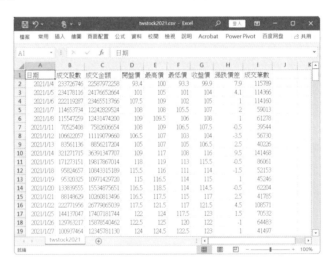

4. 於 Colab 中重啟機器：點選右上角 **RAM** 的下拉選單，再點選 **管理工作階段**。於 **執行中的工作階段** 對話方塊中按目前使用的筆記本右方 **終止** 鈕，再按 **關閉** 鈕關閉對話方塊。回到 Colab 筆記本點選 **重新連線**。

5. 重新連線 Colab 的主機後上傳剛才下載的 <twstock2021.csv> 檔，修改第 5 列程式碼 startmonth 變數值為「4」，重新安裝 twstock 模組後執行程式，就可下載 4~6 月股市並附加在原來 <twstock2021.csv> 檔案中。

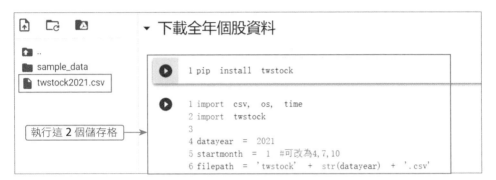

5. 再重複兩次下載操作，分別修改第 5 列程式碼 startmonth 變數值為「7」及「10」，就完成全年股市資料下載。使用者可修改第 4 列程式的西元年份以下載其他年份股市資料。

本書所附範例資料 <twstock2015.csv> ~ <twstock2021.csv> 為 2015 ~ 2021 年股市資料，並將這 7 年的股市資料結合成 <twstock_all.csv> 檔，做為循環神經網路模型的訓練資料。

12.3 實作台灣股票市場股價預測

在這裡將建立循環神經網路模型,先從證券交易所取得股票資料訓練模型,然後儲存訓練完成的模型,最後利用模型預測股價。

這裡的資料將使用 <twstock_all.csv> 檔,內容為 2015 年到 2021 年的鴻海股價資料。預測的模型為 <testStock.h5>,在執行程式前請先上傳到 Colab 的檔案資料夾中以便讓程式使用。

12.3.1 資料預處理

取得收盤價資料

1. 首先匯入需要的模組並讀取股票資料:

```
[ ]  1  import pandas as pd
     2  import numpy as np
     3  from sklearn.preprocessing import MinMaxScaler
     4  from keras.models import Sequential
     5  from keras.layers import LSTM, Dense
     6
     7  df = pd.read_csv('twstock_all.csv', encoding='big5')
```

程式說明

■ 1-5　　　載入相關模組。

■ 7　　　　利用 pandas 模組讀取 <twstock_all.csv> 中的股票資料。

2. 然後取得其中「收盤價」欄位的資料存於 dfprice 變數中:資料共有 1672 筆。

```
[12]  1 dfprice = pd.DataFrame(df['收盤價'])
      2 dfprice
```

	收盤價	
0	87.2	
1		
1671	104.0	

1672 rows × 1 columns

建立 RNN 資料串列

循環神經網路模型與資料的時間序列有關，這裡利用前面 10 天的收盤價來預測第 11 天的收盤價，所以需以前面 10 天的收盤價做為「特徵」，第 11 天的收盤價做為標籤值。

<twstock_all.csv> 股票資料為：

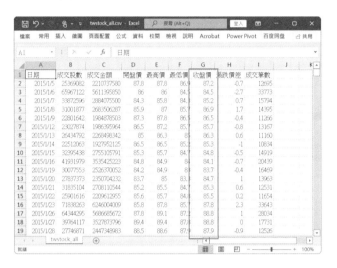

建立一個二維串列：每個第一維元素有 11 個值，前 10 個值為前面 10 天的收盤價，即「特徵」，第 11 個值為第 11 天的收盤價，即標籤值。程式碼為：

```
[13]  1 sequence_length = 10
      2 data = []
      3 for i in range(len(dfprice) - sequence_length):
      4     data.append(dfprice[i: i + sequence_length + 1])
      5 print(data[0])
```

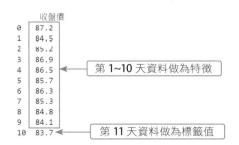

上面顯示的是第 1 筆資料，完整資料串列 (data) 為：

```
[[87.2, 84.5, 85.2, 86.9, 86.5, 85.7, 86.3, 85.3, 84.8, 84.1, 83.7],
 [84.5, 85.2, 86.9, 86.5, 85.7, 86.3, 85.3, 84.8, 84.1, 83.7, 84.7],
 ...
]
```

第 1~10 天資料為第 1 個特徵　　第 11 天資料為第 1 個標籤值
第 2~11 天資料為第 2 個特徵　　第 12 天資料為第 2 個標籤值

資料標準化

上面說明是以原始股價資料呈現，這樣才看得到真實股價；深度學習訓練時需將資料標準化以增進訓練效果。下面是標準化程式碼：

```
[ ]   1  sequence_length = 10
      2  scaler = MinMaxScaler()
      3  dfprice = scaler.fit_transform(dfprice)
      4  data = []
      5  for i in range(len(dfprice) - sequence_length):
      6      data.append(dfprice[i: i + sequence_length + 1])
```

分割訓練及測試資料

原始資料有 1672 筆，建立的 RNN 串列有 1662 個元素 (1672-10=1662)。我們將資料分為兩部分：80% 做為訓練用，20% 做為訓練完成後模型的預測用，以觀察模型的優劣。

首先將資料分為特徵陣列及標籤陣列：

```
[ ]   1  reshaped_data = np.array(data)
      2  x = reshaped_data[:, :-1]
      3  y = reshaped_data[:, -1]
```

先將串列轉為 Numpy 陣列，x 為特徵陣列：取得除最後一欄以外的所有資料，即 1 到 10 欄資料；y 為標籤陣列：取得最後一欄資料，即第 11 欄資料。

然後計算訓練資料的數量，訓練資料佔 80%，即 1662X0.8=1329 筆。再將特徵陣列及標籤陣列分別區分為訓練陣列與測試陣列：

```
[16]   1 split_boundary = int(reshaped_data.shape[0] * 0.8)
       2 train_x = x[: split_boundary]
       3 test_x = x[split_boundary:]
       4 train_y = y[: split_boundary]
       5 test_y = y[split_boundary:]
       6 print('訓練資料數量：{}'.format(len(train_x)))
       7 print('測試資料數量：{}'.format(len(test_x)))
```

訓練資料數量：1329
測試資料數量：333

12.3.2 建立及訓練循環神經網路

這裡為 LSTM 循環神經網路模型，僅包含兩層：一個是輸入及 LSTM 層，另一個是輸出層。

建立輸入及 **LSTM** 層

1. 首先以 Sequential() 建立模型。

```
model = Sequential()
```

2. 再用模型物件建立 LSTM 層，語法為：

```
模型變數 .add(LSTM(input_shape=(TIME_STEPS, INPUT_SIZE),
            units= 數值 , unroll= 布林值 ))
```

- **input_shape**：設定每一筆資料讀取次數，每次讀取多少個像素，也就是每一筆輸入資料的維度 (shape)。

- **TIME_STEPS**：總共讀取多少個時間點的數據。例如這裡為 10 個數值，一次讀取一個數值，需要 10 次。

- **INPUT_SIZE**：每次讀取多少資料。例如這裡一次讀取一個數值，INPUT_SIZE 為 1。

- **units**：設定神經元數目。

- **unroll**：True 表示計算時會展開結構，展開可以縮短計算時間，但它會占用更多的記憶體，False 表示不展開結構。預設為 False。

這裡先加入模組再建立模型物件,這裡的 LSTM 層含有 256 個神經元,輸入資料的維度為 (10,1):

```
[ ]  1  model = Sequential()
     2  model.add(LSTM(input_shape=(10,1), units=256, unroll=False))
```

建立輸出層

然後建立含有 1 個神經元數目的輸出層:

```
[ ]  1  model.add(Dense(units=1))
```

查看權重數量

查看模型權重數量,語法為:

```
1 model.summary()
```

```
Model: "sequential"

Layer (type)               Output Shape            Param #
=================================================================
lstm (LSTM)                (None, 256)             264192 ◄── 4X(256+(256+1)+256)=264192

dense (Dense)              (None, 1)               257 ◄── 256X1+1=257
=================================================================
Total params: 264,449
Trainable params: 264,449
Non-trainable params: 0
```

LSTM 層權重計算公式:

$$權重數 = g \ X \ (n \ X \ (n+i) \ + \ n)$$

- **g**:狀態閘門數。simpleRNN 為 1,LSTM 為 4。
- **n**:神經元數量。
- **i**:每次讀取多少資料,即 INPUT_SIZE 值。

訓練及儲存模型

模型架構建立完成後，就可進行模型訓練：訓練資料中保留 20% 作為驗證資料，訓練 100 次，每批次讀取 100 筆資料，顯示簡易的訓練過程。最後將訓練好的模型儲存於 <stock_model.h5> 檔。

```
1 model.compile(loss="mse", optimizer="adam",
2                 metrics=['accuracy'])
3 model.fit(train_x, train_y, batch_size=100,
4           epochs=100, validation_split=0.2,
5           verbose=2)
6 model.save('stock_model.h5')
```

```
Epoch 1/100
11/11 - 4s - loss: 0.0407 - accuracy: 0.0000e+00 - val_loss: 0.0023
Epoch 2/100
11/11 - 1s - loss: 0.0062 - accuracy: 0.0000e+00 - val_loss: 0.0032
Epoch 3/100
11/11 - 1s - loss: 0.0031 - accuracy: 0.0000e+00 - val_loss: 0.0018
Epoch 95/...
11/11 - 1s - loss: 6.9604...              _____loss: 7.
Epoch 96/100
11/11 - 1s - loss: 6.9788e-04 - accuracy: 0.0000e+00 - val_loss: 7.
Epoch 97/100
11/11 - 1s - loss: 6.8526e-04 - accuracy: 0.0000e+00 - val_loss: 7.
Epoch 98/100
```

這裡是迴歸問題，預測的股價不可能與真實股價完全相同，因此正確率幾乎為 0，正確率無觀察價值，只要看損失函式值 (loss) 逐漸降低即可。

12.3.3 完整股價預測程式碼

```
1  import pandas as pd
2  import numpy as np
3  from sklearn.preprocessing import MinMaxScaler
4  from keras.models import Sequential
5  from keras.layers import LSTM, Dense
6
7  df = pd.read_csv('twstock_all.csv', encoding='big5')
8  dfprice = pd.DataFrame(df['收盤價'])
9  sequence_length = 10
10 scaler = MinMaxScaler()
11 dfprice = scaler.fit_transform(dfprice)
```

```
12   data = []
13   for i in range(len(dfprice) - sequence_length):
14       data.append(dfprice[i: i + sequence_length + 1])
15   reshaped_data = np.array(data)
16   x = reshaped_data[:, :-1]
17   y = reshaped_data[:, -1]
18   split_boundary = int(reshaped_data.shape[0] * 0.8)
19   train_x = x[: split_boundary]
20   test_x = x[split_boundary:]
21   train_y = y[: split_boundary]
22   test_y = y[split_boundary:]
23
24   model = Sequential()
25   model.add(LSTM(input_shape=(10,1), units=256, unroll=False))
26   model.add(Dense(units=1))
27   model.compile(loss="mse", optimizer="adam", metrics=['accuracy'])
28   model.fit(train_x, train_y, batch_size=100,
29           epochs=100, validation_split=0.2, verbose=2)
30   model.save('stock_model.h5')
```

程式說明

- **7-8** 取得股票收盤價資料。

- **9** 設定特徵資料個數。

- **10-11** 將資料標準化。

- **12-14** 建立 RNN 資料串列。

- **15** 將 RNN 資料串列轉為 Numpy 陣列。

- **16-17** 建立特徵陣列及標籤陣列。

- **18** 計算訓練資料數量。

- **19-22** 建立訓練及測試的特徵資料及標籤資料。

- **24-26** 建立 LSTM 層及輸出層模型。

- **27** 定義 Loss 損失函式、Optimizer 最佳化方法和 metrics 評估準確率方法。

- **28-29** 進行訓練。

- **30** 儲存訓練完成的模型。

12.3.4 預測股票收盤價

模型建立完成後，可運用此模型預測股票收盤價。

這裡以剛才建立的測試收盤價資料進行預測股票收盤價，並與真實值做比較。範例資料夾中的 <testStock.h5> 模型檔是已經訓練好的模型，供這裡測試用，若要使用自己的模型檔，可修改第 24 列程式的檔案路徑。

程式碼大部分與前一節完整股價預測程式碼相同，不同處為預測及繪圖部分。

```python
1  import pandas as pd
2  import numpy as np
3  import matplotlib.pyplot as plt
4  from sklearn.preprocessing import MinMaxScaler
5  from keras.models import load_model
6
7  df = pd.read_csv('twstock_all.csv', encoding='big5')
8  dfprice = pd.DataFrame(df['收盤價'])
9  sequence_length = 10
10 scaler = MinMaxScaler()
11 dfprice = scaler.fit_transform(dfprice)
12 data = []
13 for i in range(len(dfprice) - sequence_length):
14     data.append(dfprice[i: i + sequence_length + 1])
15 reshaped_data = np.array(data)
16 x = reshaped_data[:, :-1]
17 y = reshaped_data[:, -1]
18 split_boundary = int(reshaped_data.shape[0] * 0.8)
19 train_x = x[: split_boundary]
20 test_x = x[split_boundary:]
21 train_y = y[: split_boundary]
22 test_y = y[split_boundary:]
23
24 model = load_model('testStock.h5')
25 predict = model.predict(test_x)
26 predict = scaler.inverse_transform(predict)
27 test_y = scaler.inverse_transform(test_y)
28
29 plt.figure(figsize=(12,6))
30 plt.plot(predict, 'b-')
31 plt.plot(test_y, 'r-')
32 plt.legend(['predict', 'realdata'])
33 plt.show()
```

程式說明

■ 24　　載入模型。

■ 25　　進行預測。

■ 26　　預測值是經標準化後的數值，將預測值以 `inverse_transform` 方法還原為原始值。

■ 27　　將真實資料還原為原始值。

■ 29　　設定繪圖區尺寸。

■ 30　　以藍色繪製預測值圖形。

■ 31　　以紅色繪製真實值圖形。

■ 32-33　設定圖例及顯示圖形。

執行結果：

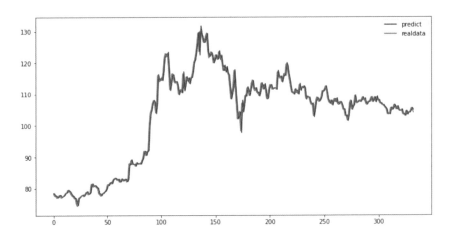

紅色曲線與藍色曲線幾乎重疊，預測效果頗佳。

13

預訓練模型及遷移學習

13.1 預訓練模型

要訓練一個功能強大的深度學習模型，需耗費大量時間及計算資源，通常不可能總是從頭開始建立模型。**預訓練模型** (Pre-Trained Model) 是他人已經建立完成的模型，只要取得預訓練模型，就能立刻開始使用該模型進行預測，非常方便。Keras 預設已內建多個預訓練模型，可以直接取用。

13.1.1 認識 ImageNet

Keras 模組內建的預訓練模型都是基於 ImageNet 圖片資料集訓練得到。

ImageNet 是美國斯坦福大學的電腦科學家，模擬人類的識別系統建立的，是目前世界上最大的圖片識別資料庫。ImageNet 已手動標記了 1400 多萬張圖片，以指出圖片中的物件，包含 2 萬多個類別。

自 2010 年開始，ImageNet 負責機構每年舉辦一次軟體競賽，即 ImageNet 的 ILSVRC 大規模視覺辨識挑戰賽。在挑戰賽使用中的圖片超過 1000000 張，共分 1000 個類別，用於打分數的圖片有 100000 張，比賽以模型預測的正確分類和檢測目標來評分。

ILSVRC 歷屆比賽的得獎模型非常精彩，例如 2012 年冠軍 AlexNet 錯誤率比前一年減少超過 10%，且首度引用 Dropout 層；2014 年亞軍 VGGNet 建立更多層的模型，達到 16 及 19 個隱藏層 (即 VGG16 及 VGG19)；2015 年冠軍 ResNet 提出以 **殘差** (Residual) 方式來最佳化模型。

ILSVRC 這些得獎模型的隱藏層數都非常多，訓練圖片資料超過百萬張，必須要配備相當高檔的電腦才能執行，而且一次訓練常要花費數天時間，因此 Keras 將研發團隊精心調校的模型及執行結果收集進來，一般使用者就不用自己訓練模型，可以直接套用，成為 Keras 內建的預訓練模型。

Keras 官網列出支援的預訓練模型多達 20 種，並製作表格說明預訓練模型的結構資訊，讓使用者做為選擇模型的參考。

常用的 Keras 預訓練模型如下：

名稱	大小	TOP1 準確率	TOP5 準確率	參數數量
Xception	88MB	0.790	0.945	22910480
VGG16	528MB	0.713	0.901	138357544
VGG19	549MB	0.713	0.900	143667240
ResNet50	98MB	0.749	0.921	25636712
InceptionV3	92MB	0.779	0.937	23851784
MobileNet	16MB	0.704	0.895	4253864
DenseNet121	80MB	0.750	0.923	8062504

■ **TOP1 準確率**：預測一次正確的機率。

■ **TOP5 準確率**：預測五次正確的機率。

13.1.2 使用 InceptionV3 預訓練模型

Keras 各種預訓練模型的使用方法都相同，此處以 InceptionV3 做為示範。

建立 InceptionV3 預訓練模型

建立預訓練模型的第一步是載入該模型的模組，語法為：

```
from tensorflow.keras.applications.應用模型 import 模型名稱
```

常用的預訓練模型的應用模型及模型名稱如下：

模型名稱	應用模型
Xception	xception
VGG16	vgg16
VGG19	vgg19
ResNet50	resnet50

模型名稱	應用模型
InceptionV3	inception_v3
MobileNet	mobilenet
DenseNet121	densenet

載入模組後就可建立預訓練模型，語法為：

> 模型變數 = 模型名稱(weights= 權重, include_top= 布林值)

- **weights**：只有兩種設定值：「imagenet」表示載入在 ImageNet 預訓練的權重值，「None」表示不載入權重值，隨機初始化。

- **include_top**：預訓練模型的結構是底部為若干層卷積層，然後在最頂部加入全連結層。此參數值為 True 表示建立模型時包含全連結層，False 表示不包含全連結層。

例如，載入 InceptionV3 預訓練模型模組，設定模型變數後載入 ImageNet 預訓練的權重值，包含全連結層：

```
1  from tensorflow.keras.applications.inception_v3 import InceptionV3
2  model = InceptionV3(weights='imagenet', include_top=True)
```

查看 InceptionV3 模型摘要

使用模型時需知道輸入資料的格式、維度及輸出的格式，才能正確使用模型，否則執行時會產生錯誤。Keras 預訓練模型則是他人建立的模型，使用前需查看其模型摘要，除了參考設計模型的精華，並可取得使用模型必要資訊。查詢程式如下：

```
1 model.summary()
```

Model: "inception_v3"

```
Layer (type)              Output Shape          Param #    Connected to

input_1 (InputLayer)      [(None, 299, 299, 3    0         ←── 輸入資料維度
                          )]

conv2d  ←輸入層           (None, 149, 149, 32    864        ['input_1[0][0]']
                          )
                                                            ←── 一百多層隱藏層
                          149, 32   96          ['conv2d[0][0]']

avg_p    輸出層  AveragePooling  (None, 2048)             ...
2D)

predictions (Dense)       (None, 1000)  ←── 輸出 1000 個類別   ol[0][0]']

Total params: 23,851,784  ←── 參數總數量
Trainable params: 23,817,352
Non-trainable params: 34,432
```

輸入資料為長寬 299 x 299 的彩色圖片，輸出為 1000 個類別的 one-hot 編碼。

顯示測試圖片

Keras 有內建顯示圖片功能,首先載入模組,語法為:

```
from tensorflow.keras.preprocessing import image
```

然後以 load_img() 方法讀取圖片,語法為:

```
圖片變數 = image.load_img( 圖片路徑 , target_size= 尺寸 ,
                color_mode= 色彩模式 )
```

■ **target_size**:資料格式為「(長 , 寬)」,例如 (299,299) 為 299 x 299 的圖片。

■ **color_mode**:可能值有 grayscale(灰階)、rgb (彩色)、rbga (彩色及透明度)。
預設值為 rgb。

例如,以下程式即可在 Colab 上顯示測試圖片。在測試圖片顯示前,請先將相關的
圖片上傳到 Colab 檔案資料夾中。

[4]
```
1 from tensorflow.keras.preprocessing \
2     import image
3 import matplotlib.pyplot as plt
4 img = image.load_img('daisy1.jpg',
5              target_size=(299, 299))
6 plt.imshow(img)
7 plt.show()
```

檔案清單:
- flagged
- flower
- sample_data
- daisy1.jpg
- daisy2.jpg
- dandelion1.jpg
- dandelion2.jpg
- flower.zip
- flower_model.h5
- roses1.jpg
- roses2.jpg
- sunflowers1.jpg
- sunflowers2.jpg
- transfer_model.h5
- tulips1.jpg
- tulips2.jpg

InceptionV3 模型預測圖片

InceptionV3 模型預測圖片時，必須先對圖片進行預處理，預測後還要對預測結果進行解碼，才能取得物件標籤。

例如，想要取得圖片物件標籤值：

```
1 from tensorflow.keras.applications.inception_v3 \
2     import preprocess_input, decode_predictions
3 import numpy as np
4 img = image.img_to_array(img)
5 img = np.expand_dims(img, axis=0)
6 img = preprocess_input(img)
7 pred = model.predict(img)
8 print('預測結果；\n{}'.format(decode_predictions(pred, top=3)[0]))
```

```
Downloading d ┌─────────────────────┐ googleapis.com/download.tensorflow.org/data/imagenet_class_ind
40960/35363 [  │ daisy 的機率為 0.96  │ ===========] - 0s 0us/step
49152/35363 [══╪═══════════════════╪══════════════════════] - 0s 0us/step
預測結果；      │                     │
[('n11939491', │ 'daisy', 0.9603648),│ ('n03937543', 'pill_bottle', 0.0009715434), ('n03658185', 'lette
               └─────────────────────┘
```

程式說明

- **1-2** 　載入 Keras 圖片預處理及預測結果解碼的模組。

- **4** 　將圖片轉換為 Numpy 陣列。

- **5** 　圖片維度為 (299,299,3)，而 InceptionV3 的輸入圖片維度為四維，故以 np.expand_dims 在最前面增加一維成為 (1,299,299,3)。參數「axis=0」表示在「0 維」處增加一個維度。

- **6** 　進行圖片預處理。

- **7** 　對圖片進行預測。

- **8** 　對預測結果進行解碼，並顯示機率最大的前 3 個標籤名稱及機率。參數「top=3」設定取機率最大的 3 個。

結果預測為雛菊 (daisy) 的機率為 0.96，預測結果正確。

13.1.3 Gradio 中使用 InceptionV3 模型

在以下的範例中,將使用 Gradio 模組讓使用者上傳圖片,再以 InceptionV3 模型預測圖片中物件。

如果沒有安裝 Gradio 模組請先安裝:

```
!pip install gradio
```

程式碼的內容為:

```
1  import numpy as np
2  import gradio as gr
3  from keras.applications.inception_v3 \
4  import InceptionV3, preprocess_input, decode_predictions
5
6  model = InceptionV3()
7
8  def classify(img):
9    img = np.expand_dims(img, 0)
10   img = preprocess_input(img)
11   pred = model.predict(img)
12   depred = decode_predictions(pred)[0]
13   return {depred[i][1]: float(depred[i][2]) for i in range(len(depred))}
14
15 image = gr.inputs.Image(shape=(299, 299))
16 label = gr.outputs.Label(num_top_classes=3, label='預測結果')
17 grobj = gr.Interface(fn=classify, inputs=image,
18                      outputs=label, title='Inception物件偵測')
19 grobj.launch()
```

程式說明

- ■ 1-4　　載入需要的模組

- ■ 6　　　讀入 InceptionV3 模型。

- ■ 8-13　 Gradio 處理函式。

- ■ 9-10　 進行圖形預處理以符合模型格式。

- ■ 11　　 進行預測。

- ■ 12-13　將分類名稱及信心指數組合成字典傳回。

- ■ 15　　 InceptionV3 模型圖形解析度為 299X299。

■ 16　　建立分類標籤輸出欄位：顯示信心指數最高的 3 個類別。

■ 17-18　建立程式標題為「Inception 物件偵測」的 Gradio 物件。

■ 19　　啟動 Gradio 應用程式。

執行結果：

在使用者點選圖片輸入欄位後，於 **開啟** 對話方塊選取要上傳的圖片檔案，然後按
Submit 鈕，右方 **預測結果** 欄會顯示預測的物件名稱，並以圖形顯示信心指數最高
的 3 個項目及信心指數。

13.2 遷移學習

遷移學習 (Transfer Learning) 是將一個場景中學到的知識「遷移」到另一個場景中。以貓狗分類的模型為例,將其遷移到其他相似的任務上,例如用來分辨麻雀與燕子,因為它們都是以圖片來辨識物件,所以屬於相同領域,抽取特徵的方法是相同的。

13.2.1 認識遷移學習

使用深度學習解決問題的過程中,最常見的障礙有兩個:

■ **模型有海量的參數需要訓練**:以 Keras 內建的預訓練模型為例,參數數量少則數千萬個,VGG16 及 VGG19 則達到一億四千萬個,如此龐大數量的參數,必須效能相當良好的電腦設備才能執行,而訓練一次可能要花費數天時間,這樣的設備及時間是一般使用者無法負荷的。

■ **需要海量資料進行訓練**:以訓練辨識圖片中物件的模型為例,通常一個物件的圖片需要超過 1000 張,才能有較佳訓練結果。以 Keras 內建的預訓練模型為例,ILSVRC 挑戰賽使用的圖片共分 1000 個類別,圖片超過 1000000 張,一般使用者應無能力蒐集如此大量的圖片資料。

人類可以將以前學到的知識應用於解決新的問題,這樣就可更快解決問題或取得更好效果。以同樣原理推論:是否有可能存在一個已經訓練好的模型,並將其學習得到的特徵應用到我們所需要預測的資料上呢?於是遷移學習誕生了!我們將已訓練模型所得到的參數鎖定,直接將這些訓練好的特徵「遷移」到需要進行下一步訓練的模型當中,這樣就能以少量資料在短時間輕易訓練出效果不錯的新模型。

了解遷移學習的原理後,要如何實作呢?首先需取得一個良好的模型,例如要製作辨識圖片物件的模型,Keras 預訓練模型就是非常適合的模型。進行遷移模型訓練時,移掉最頂層,例如 Keras 預訓練模型的頂層就是 1000 個輸出的全連結層,換上新的頂層,例如要訓練辨識 5 個物件的模型,需為 5 個輸出的全連結層。訓練模型時,只訓練新更換的全連結輸出層。這樣的操作就是將 Keras 預訓練模型的底層神經網路當做特徵提取器來使用。

遷移學習示意圖如下：

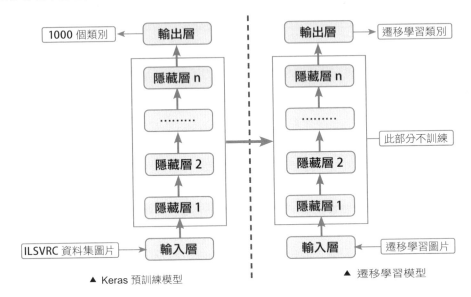

▲ Keras 預訓練模型　　　　　　▲ 遷移學習模型

▋13.2.2 蒐集資料：花朵資料集

這裡使用 Tensorflow 官網提供的花朵資料集進行遷移學習模型訓練。花朵資料集包含雛菊 (daisy)、蒲公英 (dandelion)、玫瑰 (rose)、向日葵 (sunflower)、鬱金香 (tulip) 5 種花朵圖片，每種花朵圖片數量在 600 張到 900 張之間，這裡利用這些花朵圖片做為遷移學習模型訓練資料。

下載花朵資料集

如果要在本機中使用，請由瀏覽器開啟下載網址：「http://download.tensorflow.org/example_images/flower_photos.tgz」，此時會自動下載圖片壓縮檔 <flower_photos.tgz>。解壓縮後會產生 <flower_photos> 資料夾，其中含有 <daisy>、<dandelion>、<roses>、<sunflowers>、<tulips> 5 個資料夾，分別存放所屬花朵圖片。

如果要在 Colab 中使用，可利用「wget」命令下載資料集的壓縮檔，命令為：

```
!wget http://download.tensorflow.org/example_images/flower_photos.tgz
```

執行後在 Colab 根目錄會產生 <flower_photos.tgz> 檔。

接著在 Colab 中以「tar」命令解壓縮：

```
!tar -xvf "flower_photos.tgz"
```

```
✓[17]   1   !tar -xvf "flower_photos.tgz"
3s
        flower_photos/dandelion/8963359346_65ca69c59d_n.jpg
        flower_photos/dandelion/8915661673_9a1cdc3755_m.jpg
        flower_photos/dandelion/3372748508_e5a4eacfcb_n.jpg
        flower_photos/dandelion/2569516382_9fd7097b9b.jpg
        flower_photos/dandelion/4573886520_09c984ecd8_m.jpg
        flower_photos/dandelion/5140791232_52f2c5b41d_n.jpg
        flower_photos/dandelion/5762590366_5cf7a32b87_n.jpg
        flower_photos/dandelion/8223949_2928d3f6f6_n.jpg
        flower_photos/dandelion/13887031789_97437f246b.jpg
        flower_photos/dandelion/10946896405_81d2d50941_m.jpg
        flower_photos/dandelion/14085038920_2ee4ce8a8d.jpg
        flower_photos/dandelion/8707349105_6d06b543b0.jpg
        flower_photos/dandelion/23192507093_2e6ec77bef_n.jpg
        flower_photos/dandelion/8805314187_1aed702082_n.jpg
        flower_photos/dandelion/4607183665_3472643bc8.jpg
        flower_photos/dandelion/17161833794_e1d92259d2_m.jpg
```

刪除非圖片檔

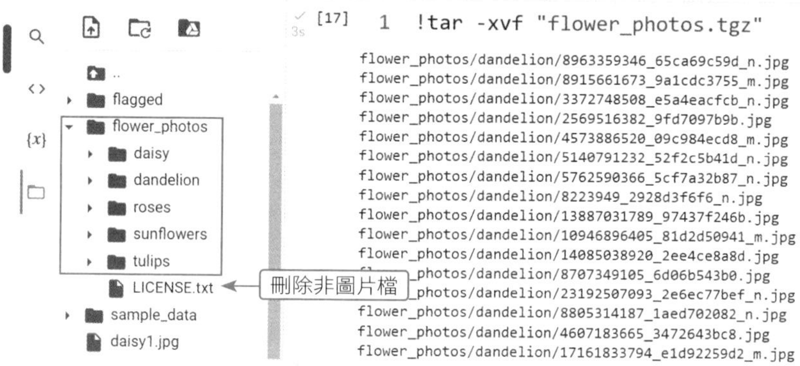

解壓縮後會產生 <flower_photos> 資料夾，其中含有 5 個資料夾。為了不干擾等一下圖片的模型訓練，請刪除該資料夾之下的非圖片檔：<LICENSE.txt>。

讀取花朵資料集

程式將讀取 5 種花朵圖片資料夾中的所有圖片，InceptionV3 模型的輸入圖片尺寸需為 299 x 299，因此以 resize 方法將所有圖片都調整為長及寬皆為 299 像素的圖片，然後存入 images 串列，同時也將標籤存入 labels 串列。因為有 5 個類別，所有標籤內容是 0 到 4 的數值。讀取圖片的程式為：

```python
1   import os, cv2, glob
2
3   images=[]
4   labels=[]
5   dict_labels = {"daisy":0, "dandelion":1, "roses":2,
6                  "sunflowers":3, "tulips":4}
7   for folders in glob.glob("/content/flower_photos/*"):
8       print(folders,"圖片讀取中…")
9       for filename in os.listdir(folders):
10          label=folders.split("/")[-1]
11          img=cv2.imread(os.path.join(folders,filename))
12          img = cv2.resize(img,dsize=(299,299))
13          if img is not None:
14              images.append(img)
15              labels.append(dict_labels[label])
16  print("圖片讀取完畢!")
```

程式說明

■ 1　　　　載入相關模組。

■ 3-4　　　建立 images、labels 串列儲存圖片和標籤。

■ 5-6　　　建立字典，依 5 個花朵類別名稱，設定為 0 到 4 的值。

■ 7　　　　逐一讀取 flower 資料夾中所有圖片。

■ 9-15　　讀取所有圖片檔案。

■ 10　　　取得花朵類別資料夾名稱做為圖片標籤。

■ 11　　　先以資料夾名稱及檔案名稱組合圖片檔案完整路徑，再以以 OpenCV 讀取圖片。

■ 12　　　調整圖片的大小，這裡為 299x299，這是 InceptionV3 模型輸入圖片的尺寸。

■ 13-15　如果讀入圖片的結果不是空值，將調整後的圖片加入 images 串列，標籤加入 labels 串列。

▌13.2.3　資料預處理

製作好訓練圖片資料集後，還要對圖片進行預處理，以及標籤進行 one-hot 編碼。由於每個類別只有 50 張圖片，因此訓練時不進行驗證，所有圖片都做為訓練資料進行訓練。

將串列資料轉換為陣列

1. 首先載入需要的模組：

```
[ ]   1  import numpy as np
      2  from keras.utils import to_categorical
      3  from keras.applications.inception_v3 import preprocess_input
```

to_categorical 為 one-hot 編碼的模型，preprocess_input 是 InceptionV3 的資料預處理模組。

2. 原來的資料格式是串列，必須以「np.array()」方法轉換為 numpy 陣列格式才能進行訓練。

```
[ ]    1  images = np.array(images)
       2  labels = np.array(labels)
```

顯示訓練資料內容

訓練資料是由 5 種花朵彩色圖片 (images) 及其標籤值 (labels) 所組成，可以使用 shape 屬性查看其維度，並顯示所有標籤值：

```
[6]    1  print('圖片shape：{}'.format(images.shape))
       2  print('標籤shape：{}'.format(labels.shape))
       3  print('標籤值：\n{}'.format(labels))
```

```
圖片shape：(3670, 299, 299, 3)
標籤shape：(3670,)
標籤值：
[3 3 3 ... 4 4 4]
```

圖片資料標準化

Keras 有提供 preprocess_input 模組對輸入圖片進行資料預處理，非常方便：

```
[ ]    1  trainX = preprocess_input(images)
```

標籤轉換為 one-Hot 編碼

標籤為分類結果，以 to_categorical 模組即可將標籤轉換為 one-Hot 編碼：

```
[ ]    1  trainY = to_categorical(labels)
```

下面程式顯示第 1 個標籤的原始值與 one-Hot 編碼做為對照：

```
[15]   1 print('第1個標籤值：{}'.format(labels[0]))
       2 print('第1個one-hot值：{}'.format(trainY[0]))
```

```
第1個標籤值：1
第1個one-hot值：[0. 1. 0. 0. 0.]
```

13.2.4 花朵辨識卷積神經網路模型

圖形物件辨識需要極大量圖片做為訓練資料才能得到較佳的效果：手寫數字辨識 (Mnist) 模型使用六萬張圖片，貓狗圖片辨識使用近三萬張圖片，Keras 預訓練模型則使用超過百萬張圖片。花朵辨識圖片 5 個類別全部只有 3670 張圖片，是否能用來訓練模型？這裡將以卷積神經網路來訓練花朵圖片辨識模型，做為遷移學習模型的對照。

建立花朵辨識卷積神經網路模型

```
1  from keras.models import Sequential
2  from keras.layers import Conv2D, MaxPooling2D, \
3                          Dropout, Flatten, Dense
4
5  model = Sequential()
6  model.add(Conv2D(filters=8, kernel_size=(5,5), padding='same',
7                   input_shape=(299, 299, 3), activation='relu'))
8  model.add(MaxPooling2D(pool_size=(2, 2)))
9  model.add(Dropout(0.2))
10 model.add(Conv2D(filters=16, kernel_size=(5,5), padding='same',
11                  activation='relu'))
12 model.add(MaxPooling2D(pool_size=(2, 2)))
13 model.add(Dropout(0.2))
14 model.add(Conv2D(filters=32, kernel_size=(5,5), padding='same',
15                  activation='relu'))
16 model.add(MaxPooling2D(pool_size=(2, 2)))
17 model.add(Dropout(0.2))
18 model.add(Flatten())
19 model.add(Dropout(0.2))
20 model.add(Dense(units=128, activation='relu'))
21 model.add(Dense(units=5, activation='softmax'))
22 model.compile(loss='categorical_crossentropy', optimizer='adam',
23               metrics=['accuracy'])
24 model.fit(x=trainX, y=trainY, epochs=20, batch_size=10, verbose=2)
25 model.save('flower_model.h5')
```

程式說明

■ 6　　　　輸入圖片尺寸為 299x299 的彩色圖片。

■ 21　　　 輸出層為 5 個類別。

■ 24　　　 訓練時沒有「validation_split」參數，表示沒有驗證資料，全部資料都做為訓練資料。

■ 25　　　 訓練完成後儲存的模型檔案為 <flower_model.h5>。

執行結果：

```
Files                    □ ×      + Code   + Text
                                ✓ [10]  Epoch 12/20
 📤  🔄  📁                    4m     367/367 - 14s - loss: 0.0868 - accuracy: 0.9741 - 14s/epo
                                       Epoch 13/20
 📁 ..                                 367/367 - 14s - loss: 0.0673 - accuracy: 0.9782 - 14s/epo
 ▼ 📁 flower_photos                    Epoch 14/20
   ▸ 📁 daisy                          367/367 - 14s - loss: 0.0692 - accuracy: 0.9812 - 14s/epo
                                       Epoch 15/20
   ▸ 📁 dandelion                      367/367 - 14s - loss: 0.0629 - accuracy: 0.9812 - 14s/epo
   ▸ 📁 roses                          Epoch 16/20
   ▸ 📁 sunflowers                     367/367 - 14s - loss: 0.0804 - accuracy: 0.9755 - 14s/epo
   ▸ 📁 tulips                         Epoch 17/20
 ▸ 📁 sample_data                      367/367 - 14s - loss: 0.0401 - accuracy: 0.9875 - 14s/epo
                                       Epoch 18/20
   📄 flower_model.h5                  367/367 - 14s - loss: 0.0407 - accuracy: 0.9839 - 14s/epo
   📄 flower_photos.tgz                Epoch 19/20
                                       367/367 - 14s - loss: 0.0494 - accuracy: 0.9869 - 14s/epo
                                       Epoch 20/20
                                       367/367 - 14s - loss: 0.0994 - accuracy: 0.9763 - 14s/epo
```

因為沒有驗證資料，顯示的訓練資訊沒有驗證損失函式值及驗證資料正確率。上圖資訊顯示訓練 20 次後，對訓練資料的正確率達到 0.9763。

預測未知花朵圖片：卷積模型

模型的優劣必須以預測未知資料是否準確做為依據，範例資料夾中的 10 張圖片，是分別在 5 個類別中各選取 2 張與訓練圖片不同的圖片組成，做為測試模型效果之用。

程式碼如下：

```
[ ]  1   import numpy as np
     2   import matplotlib.pyplot as plt
     3   from keras.models import load_model
     4   import glob,cv2
     5   from keras.applications.inception_v3 import preprocess_input
     6
     7   def show_images_labels_predictions(images, labels,
     8                                      predictions,start_id, num=10):
     9       plt.figure(figsize=(12, 14))
     10      if num>25: num=25
     11      for i in range(0, num):
     12          ax=plt.subplot(5,5, 1+i)
     13          ax.imshow(images[start_id])
     14          if( len(predictions) > 0 ) :
     15              title = 'ai = ' + str(predictions[start_id])
     16              title += (' (o)' if predictions[start_id]==
     17                      labels[start_id] else ' (x)')
     18              title += '\nlabel = ' + str(labels[start_id])
```

```
19          else :
20              title = 'label = ' + str(labels[start_id])
21          ax.set_title(title,fontsize=12)
22          ax.set_xticks([]);ax.set_yticks([])
23          start_id+=1
24      plt.show()
25
26  files = glob.glob("/content/*.jpg" )
27  test_feature=[]
28  test_label=[]
29  dict_labels = {"daisy":0, "dandelion":1, "roses":2,
30                 "sunflowers":3, "tulips":4}
31  for file in files:
32      img=cv2.imread(file)
33      img = cv2.cvtColor(img, cv2.COLOR_BGR2RGB)
34      img = cv2.resize(img, dsize=(299,299))
35      test_feature.append(img)
36      label=file[9:-5]
37      test_label.append(dict_labels[label])
38
39  test_feature=np.array(test_feature)
40  test_label=np.array(test_label)
41  test_feature_vector =test_feature.reshape(len(test_feature),
42                                          299,299,3)
43  test_feature_n = preprocess_input(test_feature_vector)
44  model = load_model('flower_model.h5')
45  prediction=model.predict(test_feature_n)
46  prediction=np.argmax(prediction,axis=1)
47  show_images_labels_predictions(test_feature,test_label,
48                                 prediction,0,len(test_feature))
```

程式說明

- 5　　　　載入資料預處理模組。

- 29-30　建立類別名稱與數值字典。

- 34,41　圖片尺寸為 299x299。

- 36　　　取得資料夾名稱做為類別名稱。

- 43　　　進行資料預處理。

- 44　　　載入花朵辨識卷積模型檔。

執行結果：

可見到只有 4 張圖片預測正確，準確率只有 **40%**，而在 5 個類別情況下，任意猜測的準確率也有 **20%**（即 1/5)，此模型準確率僅比亂猜高一點。訓練資料準確率達 100%，未知資料準率只有 30%，這是由於訓練資料數量太少所造成的過擬合所致。

13.2.5 花朵辨識遷移學習模型

這裡將用遷移學習以 InceptionV3 模型做為基礎模型，移除其最上層的全連結輸出層，再加入辨識 5 種花朵的全連結輸出層，並以原來的花朵圖片進行訓練。

1. 首先載入模型相關模組：

```
[14]    1   from keras.applications.inception_v3 import InceptionV3
        2   from keras.models import Sequential
        3   from keras.layers import Dense
```

2. 建立 InceptionV3 模型：

```
[15]    1   inception = InceptionV3(weights='imagenet',
        2                           include_top=False, pooling="avg")
```

「include_top = False」表示不載入最頂部全連結層，相當於移除模型的最頂部全連結層。「pooling = avg」是配合 InceptionV3 使用 AveragePooling。

3. 接著設定保留載入的 InceptionV3 權重不必訓練：

```
[16]    1  inception.trainable = False
```

4. 建立 Sequential 模型物件：

```
[17]    1  model = Sequential()
```

5. 將剛才建立的 InceptionV3 模型加入 Sequential 模型物件中：

```
[18]    1  model.add(inception)
```

建立全連結輸出層

輸出資料有 5 個，激勵函式為 SoftMax：

```
[19]    1  model.add(Dense(5, activation='softmax'))
```

查看權重數量

查看模型權重數量，程式為：

```
[24]    1 model.summary()
```

```
Model: "sequential_1"
_____
Layer (type)                 Output Shape              Param #
=================================================================
inception_v3 (Functional)    (None, 2048)              21802784  ◀──── 不必訓練的權重數量
dense_2 (Dense)              (None, 5)                 10245     ◀──── 需要訓練的權重數量
=================================================================
Total params: 21,813,029
Trainable params: 10,245  ◀──── 需要訓練的權重數量
Non-trainable params: 21,802,784  ◀──── 不必訓練的權重數量
_____
```

從上圖可知，兩千多萬個參數是由 InceptionV3 模型而來，不必重新訓練，要訓練的只有新增加的全連結輸出層約一萬個參數，所以訓練速度非常快。

訓練及儲存模型

模型架構建立完成後，就可進行模型訓練：

```
[21]  1  model.compile(loss='categorical_crossentropy',
      2                  optimizer='adam', metrics=['accuracy'])
      3  model.fit(trainX, trainY, batch_size=10, epochs=20)
```

最後將訓練好的模型存為 <transfer_model.h5> 檔：

```
[23]  1  model.save('transfer_model.h5')
```

預測未知花朵圖片：遷移學習模型

同樣的，接著再以 10 張未知花朵圖片來測試遷移學習模型的效果：只要將前一節「預測未知花朵圖片：卷積模型」程式第 44 列的模型名稱改為「transfer_model.h5」即可。

```
44 model = load_model('transfer_model.h5')
```

執行結果：

可見到只有 2 張圖片預測錯誤，準確率達 80%，遷移學習的效果相當驚人！

完整遷移學習程式碼

```
[26]  1  from keras.applications.inception_v3 import InceptionV3
      2  from keras.models import Sequential
      3  from keras.layers import Dense
      4  from tensorflow.keras.utils import to_categorical
      5  from keras.applications.inception_v3 import preprocess_input
      6  import os, cv2, glob
      7  import numpy as np
      8
      9  images=[]
     10  labels=[]
     11  dict_labels = {"daisy":0, "dandelion":1, "roses":2,
     12                 "sunflowers":3, "tulips":4}
     13  for folders in glob.glob("/content/flower_photos/*"):
     14      print(folders,"圖片讀取中…")
     15      for filename in os.listdir(folders):
     16          label=folders.split("/")[-1]
     17          img=cv2.imread(os.path.join(folders,filename))
     18          img = cv2.resize(img,dsize=(299,299))
     19          if img is not None:
     20              images.append(img)
     21              labels.append(dict_labels[label])
     22  print("圖片讀取完畢!")
     23  images = np.array(images)
     24  labels = np.array(labels)
     25  trainX = preprocess_input(images)
     26  trainY = to_categorical(labels)
     27
     28  inception = InceptionV3(weights='imagenet',
     29                          include_top=False, pooling="avg")
     30  inception.trainable = False
     31  model = Sequential()
     32  model.add(inception)
     33  model.add(Dense(5, activation='softmax'))
     34  model.compile(loss='categorical_crossentropy',
     35                optimizer='adam', metrics=['accuracy'])
     36  model.fit(trainX, trainY, batch_size=10, epochs=20)
     37  model.save('transfer_model.h5')
```

14

深度學習參數調校

- ⊙ hyperas 模組：參數調校神器
  深度學習的參數
  hyperas 參數調校語法
  hyperas 模組參數範圍設定
- ⊙ 手寫數字辨識參數調校
  主要參數調校
  細部參數調校
  手寫數字辨識最佳模型程式

14.1 hyperas 模組：參數調校神器

所有機器學習演算法都有許多參數可以設定，Scikit-Learn 提供 **交叉驗證** 與 **網格搜索** 來完成參數調校，但深度學習的參數更多，要如何進行參數調校呢？

14.1.1 深度學習的參數

深度學習從建立模型到進行訓練，每個過程都有參數要設定。以下是一般深度學習中最常調整的參數：

■ **隱藏層層數**：一個深度學習的隱藏層要設定多少層才適當？是否層數越多就是越好的神經網路？

■ **神經元數量**：每一個隱藏層要設定多少個神經元效果最好？是否神經元數量越多，該層隱藏層的效果就越佳？

■ **激勵函式 (activation)**：激勵函式讓神經元輸出資料轉為非線性資料，常用的激勵函式有 relu、sigmoid、tanh 等。

■ **最佳化函式 (optimizer)**：最佳化函式提供神經網路達到最好的梯度下降方式，常用的最佳化函式有 adam、sgd、rmsprop 等。

■ **損失函式 (loss)**：損失函式是計算預測值與真實值的差異，常用的損失函式有 mean_squared_error、categorical_crossentropy 等。

■ **放棄比率 (Dropout)**：放棄比率是為了避免模型過擬合，隨機拋棄一定比率的神經元運算結果。當發生過擬合時，要在哪些隱藏層加入拋棄層呢？拋棄的比率設為多少才會達到最好模型效果呢？

■ **批次大小 (batch_size)**：批次大小是訓練時每次處理多少筆資料。是否每次處理越少資料，模型的效果就越好？

過去學習率也常是調整的參數，但目前最佳化函式多已內建學習率，且會動態調整學習率數值，所以現在較少調整學習率。

▌14.1.2 hyperas 參數調校語法

hyperas 模組的功能是進行深度學習參數調校，採用貝氏最佳化原理尋找最佳參數組合。貝氏最佳化方法可能在一開始會找到一些準確率較低的參數組合，但此方法會依據過去探尋歷史進行演算法改進，因此可以相當有效率的找出高準確率的參數組合。

要使用 hyperas 模組進行參數調校前請先安裝 hyperas 模組，語法如下：

```
!pip install hyperas
```

hyperas 模組參數調校的語法為：

1. **資料處理函式**：包含讀取深度學習使用的資料集與資料預處理的程式，傳回值為訓練及測試的資料，包含了訓練特徵、訓練標籤、測試特徵及測試標籤。

```
def 資料處理函式名稱 ():
    程式
    ………
    return 訓練特徵 , 訓練標籤 , 測試特徵 , 測試標籤
```

2. **建立模型函式**：包含建立輸入層、隱藏層、輸出層，與訓練模型的程式，參數為資料處理函式建立的訓練特徵、訓練標籤、測試特徵及測試標籤，利用這些資料進行訓練。

```
def 建立模型函式名稱 ( 訓練特徵 , 訓練標籤 , 測試特徵 , 測試標籤 ):
    程式
    ………
    return {'loss': -val_acc,
            'status': STATUS_OK,
            'model': 模型變數 }
```

3. **optim.minimize()**：hyperas 模組進行參數調校的函式，傳回值即為最佳參數組合及最佳模型。

```
最佳參數 , 最佳模型 = optim.minimize(model= 建立模型函式名稱 ,
                    data= 資料處理函式名稱 ,
                    algo=tpe.suggest,
                    max_evals= 數值 ,
                    trials=Trials(),
                    notebook_name=Colab 程式路徑 )
```

■ **model**：建立模型函式。

■ **data**：資料處理函式。

■ **algo**：設定分析使用的演算法。

■ **max_evals**：進行訓練的次數。hyperas 每次會由各種參數範圍取值進行訓練，再從其中選取最佳模型，所以此參數值不宜太小，一般在 50 到 100 之間較適宜。

■ **trials**：檢查搜尋計算的傳回值。

■ **notebook_name**：如果是在本機執行，不必設定此參數，若是在 Jupyter Notebook 型態系統，需將此參數設為 <ipynb> 檔的路徑。注意：路徑不可加附加檔名。以 Colab 為例，因存於 Google 雲端硬碟，若程式名稱為 < 參數調校 .ipynb>，則此參數值為「"drive/My Drive/Colab Notebooks/ 參數調校 "」。

14.1.3 hyperas 模組參數範圍設定

在模組中要設定資料處理函式與建立模型函式中，必須要為檢測設定範圍，常用的參數值範圍設定函式有：

choice 函式

choice 函式是在幾個參數值中隨機挑選 1 個，語法為：

```
{{choice([ 項目 1，項目 2，………])}}
```

例如，設定最佳化函式在 adam 或 rmsprop 中隨機選取 1 個：

```
optimizer={{choice(['adam', 'rmsprop'])}}
```

uniform 函式

uniform 函式是在一定數值範圍中以亂數挑選 1 個數值，語法為：

```
{{uniform( 下限值 ，上限值 )}}
```

例如，設定拋棄層的放棄比率為 0.1 到 0.3 之間的任意數值：

```
model.add(Dropout({{uniform(0.1, 0.3)}}))
```

quniform 函式

quniform 函式與 uniform 函式類似，只是 quniform 函式多了遞增值，語法為：

```
{{quniform( 下限值 ，上限值 ，遞增值 )}}
```

參數值為下限值每次增加遞增值，直到上限值為止。

例如，設定拋棄層的放棄比率為 0.1、0.15、0.2、0.25 或 0.3 其中 1 個：

```
model.add(Dropout({{quniform(0.1, 0.3, 0.05)}}))
```

神經網路層數

參數神經網路層數並非單一數值或字串,無法以上述 3 個函式來設定其參數範圍,必須以「if ... elif」的多向判斷式進行設定,語法為:

```
if      {{choice([ 項目1, 項目2, ……])}} == 項目1:
        建立第 1 種神經網路
elif    {{choice([ 項目1, 項目2, ……])}} == 項目2:
        建立第 2 種神經網路
……
```

例如,設定參數可能建立 1、2 或 3 層全連結層神經網路:

```
if {{choice(['1', '2', '3'])}} == '1':        #建立1層全連結層
    model.add(Dense(256, activation='relu'))
elif {{choice(['1', '2', '3'])}} == '2':      #建立2層全連結層
    model.add(Dense(256, activation='relu'))
    model.add(Dense(128, activation='relu'))
elif {{choice(['1', '2', '3'])}} == '3':      #建立3層全連結層
    model.add(Dense(256, activation='relu'))
    model.add(Dense(128, activation='relu'))
    model.add(Dense(64, activation='relu'))
```

14.2 手寫數字辨識參數調校

深度學習需要調校的參數很多,如果對所有參數同時進行調校操作,常導致部分參數調校效果不佳。通常參數調校會分階段進行,先對準確率影響較大的參數進行調整,再依序調整其他參數。

● **注意**:本專案需開啟 Colab 的 GPU 功能,並連結 Google 雲端硬碟。

14.2.1 主要參數調校

影響神經網路效能最大的參數就是神經網路的結構,包括神經網路的層數及每層網路的神經元數量,所以在主要參數調校程式就針對神經網路結構進行調校,順便尋找較佳的最佳化函式與批次大小數值。

在執行前,請先確認是否安裝了 hyperas 模組。在 Colab 執行 hyperas 模組程式需連結 Google 雲端硬碟,若尚未連結請執行下面程式進行連結:

```
[ ]  1  !pip install hyperas
```

```
[ ]  1  from google.colab import drive
     2  drive.mount('/content/drive')
```

主要參數調校程式碼為:

```
1   import numpy as np
2   from tensorflow.keras.datasets import mnist
3   from keras.layers.core import Dense, Dropout, Activation
4   from tensorflow.keras.models import Sequential
5   from keras.utils import np_utils
6   from hyperopt import Trials, STATUS_OK, tpe
7   from hyperas import optim
8   from hyperas.distributions import choice, uniform
9
10  def data():
11      (trainX, trainY), (testX, testY) = mnist.load_data()
12      trainX = trainX.reshape(60000, 784)
13      testX = testX.reshape(10000, 784)
14      trainX = trainX.astype('float32')
15      testX = testX.astype('float32')
```

```
16      trainX /= 255
17      testX /= 255
18      trainY = np_utils.to_categorical(trainY, 10)
19      testY = np_utils.to_categorical(testY, 10)
20      return trainX, trainY, testX, testY
21
22  def create_model(trainX, trainY, testX, testY):
23      model = Sequential()
24      model.add(Dense( {{choice([256, 512])}},
25                      input_dim=trainX.shape[1], activation='relu'))
26      if {{choice(['0', '1', '2', '3'])}} == '0':
27          pass
28      elif {{choice(['0', '1', '2', '3'])}} == '1':
29          model.add(Dense({{choice([128, 256])}}, activation='relu'))
30      elif {{choice(['0', '1', '2', '3'])}} == '2':
31          model.add(Dense({{choice([128, 256])}}, activation='relu'))
32          model.add(Dense({{choice([64, 128])}}, activation='relu'))
33      elif {{choice(['0', '1', '2', '3'])}} == '3':
34          model.add(Dense({{choice([128, 256])}}, activation='relu'))
35          model.add(Dense({{choice([64, 128])}}, activation='relu'))
36          model.add(Dense({{choice([32, 64])}}, activation='relu'))
37      model.add(Dense(10, activation="softmax"))
38      model.compile(loss="categorical_crossentropy",
39          optimizer={{choice(['adam', 'rmsprop'])}},
40          metrics=["accuracy"])
41      result = model.fit(trainX, trainY,
42              batch_size={{choice([100, 200])}},
43              epochs=10,
44              verbose=2,
45              validation_split=0.2)
46      val_acc = np.amax(result.history['val_accuracy'])
47      print('此epoch最佳驗證正確率：{}'.format(val_acc))
48      print('=====================================\n')
49      return {'loss': -val_acc, 'status': STATUS_OK, 'model': model}
50
51  best_run, best_model = optim.minimize(model=create_model,
52                      data=data,
53                      algo=tpe.suggest,
54                      max_evals=60,
55                      trials=Trials(),
56                      notebook_name= \
57                      'drive/My Drive/Colab Notebooks/深度學習參數調校')
```

程式說明

■ 1-8　　匯入需要的模組。

■ 10-20　data 函式讀取手寫數字資料集並進行資料預處理。

■ 11　　讀取手寫數字資料集。

■ 12-13　將二維圖片資料轉換為一維資料。

■ 14-15　將資料轉換為浮點數。

■ 16-17　將資料進行標準化。

■ 18-19　將標籤轉換為 one-hot 編碼。

■ 20　　傳回訓練特徵、訓練標籤、測試特徵及測試標籤資料。

■ 22-49　create_model 函式建立神經網路模型並訓練模型。

■ 24-25　建立輸入層及第一層全連結層，神經元數量參數為 256 或 512 個。

■ 26-36　建立神經網路層數參數為 0、1、2 或 3 層全連結層。

■ 26-27　若參數值為「0」就不建立任何全連結層。

■ 28-29　若參數值為「1」就建立 1 層全連結層，神經元數量參數為 128 或 256 個。

■ 30-36　若參數值為「2」或「3」就建立 2 層或 3 層全連結層。

■ 37　　建立 10 個神經元的輸出層。

■ 38-40　設定模型的訓練方式，最佳化函式參數為 adam 或 rmsprop。

■ 41-45　開始訓練模型，批次大小參數為 100 或 200。

■ 46-47　取得該次訓練的最佳驗證正確率並顯示。

■ 49　　傳回損失函式值、訓練狀態及模型。

■ 51-57　進行參數調校。

■ 51　　傳回值 best_run 為最佳參數組合，best_model 為最佳模型。

■ 56-57　設定 <ipynb> 檔的路徑。如果不是使用本書範例程式，需將「深度學習參數調校」改為自己的 <ipynb> 檔案名稱。

這個調校程式的執行時間大約要 20 分鐘才能完成。

執行結果：

```
>>> Hyperas search space:

def get_space():
    return {
        'Dense': hp.choice('Dense', [256, 512]),
        'Dense_1': hp.choice('Dense_1', ['0', '1', '2', '3']),
        'Dense_2': hp.choice('Dense_2', ['0', '1', '2', '3']),
        'Dense_3': hp.choice('Dense_3', [128, 256]),
        'Dense_4': hp.choice('Dense_4', ['0', '1', '2', '3']),
        'Dense_5': hp.choice('Dense_5', [128, 256]),
        'Dense_6': hp.choice('Dense_6', [64, 128]),
        'Dense_7': hp.choice('Dense_7', ['0', '1', '2', '3']),
        'Dense_8': hp.choice('Dense_8', [128, 256]),
        'Dense_9': hp.choice('Dense_9', [64, 128]),
        'Dense_10': hp.choice('Dense_10', [32, 64]),
        'optimizer': hp.choice('optimizer', ['adam', 'rmsprop']),
        'batch_size': hp.choice('batch_size', [100, 200]),
    }
```

← 所有參數候選值

```
Epoch 9/10

240/240 - 1s - loss: 0.0137 - accuracy: 0.9954 - val_loss: 0.1317 - val_accuracy: 0.9745 -

Epoch 10/10

240/240 - 1s - loss: 0.0113 - accuracy: 0.9961 - val_loss: 0.1199 - val_accuracy: 0.9773 -
```

此epoch最佳驗證正確率：0.9782500267028809
==

執行時會顯示每次訓練的最佳驗證準確率。請特別觀察 def get_space() 的傳回值：它包含了所有參數的候選值。

最佳模型架構

執行完參數調校後會傳回最佳模型 (best_model)，可用 summary 方法顯示最佳模型的神經網路架構：

```
[4]    1 best_model.summary()
```

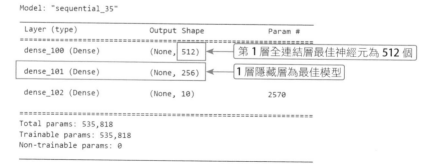

```
Model: "sequential_35"

_____
Layer (type)            Output Shape              Param #
=================================================================
dense_100 (Dense)       (None, 512)          ← 第 1 層全連結層最佳神經元為 512 個
_____
dense_101 (Dense)       (None, 256)          ← 1 層隱藏層為最佳模型
_____
dense_102 (Dense)       (None, 10)                 2570
=================================================================
Total params: 535,818
Trainable params: 535,818
Non-trainable params: 0
_____
```

可看到最佳模型只有 1 層隱藏層，其神經元個數為 256。而第 1 層全連結層最佳神經元數量為 512 個。

模型最佳參數

執行完參數調校後傳回的另一個結果是最佳參數組合(best_run)，將其列印結果如下：

```
[ ]    1  print(best_run)
```

```
{'Dense': 1, 'Dense_1': 3, 'Dense_10': 0, 'Dense_2': 1, 'Dense_3': 1, 'Dense_4': 1,
 'Dense_5': 0, 'Dense_6': 1, 'Dense_7': 0, 'Dense_8': 0, 'Dense_9': 1,
 'batch_size': 0, 'optimizer': 1}
```

前面「Dense_xx」是各隱藏層的最佳參數。「batch_size」的最佳參數為 0，表示第 1 個參數值，即「100」；「optimizer」的最佳參數為 1，表示第 2 個參數值，即「rmsprop」。

評估最佳模型準確率

既然已得到最佳模型，就可用測試資料評估模型的效果。首先取得測試資料：

```
[ ]    1  trainX, trainY, testX, testY = data()
```

然後以模型的 evaluate() 方法評估測試資料準確率：

```
[7]    1 print("以測試資料評估模型：")
       2 print(best_model.evaluate(testX, testY))
```

```
以測試資料評估模型：
313/313 [==============================] - 2s 4ms/step - loss: 0.1202 - accuracy: 0.9800
[0.12022314220666885, 0.9800000190734863]  ◄── 測試資料準確率
```

▎14.2.2 細部參數調校

前一小節參數調校確認了下列參數值：第 1 層全連結層有 512 個神經元，只有一個隱藏層，神經元數量為 128 個，批次大小為 100，最佳化函式為 rmsprop。接著可在這些參數架構下，繼續對激勵函式、拋棄層、損失函式等參數進行調校。

細部參數調校的程式碼為：

```
1   import numpy as np
2   from tensorflow.keras.datasets import mnist
3   from keras.layers.core import Dense, Dropout, Activation
4   from tensorflow.keras.models import Sequential
5   from keras.utils import np_utils
6   from hyperopt import Trials, STATUS_OK, tpe
7   from hyperas import optim
8   from hyperas.distributions import choice, uniform
9
10  def data():
11      (trainX, trainY), (testX, testY) = mnist.load_data()
12      trainX = trainX.reshape(60000, 784)
13      testX = testX.reshape(10000, 784)
14      trainX = trainX.astype('float32')
15      testX = testX.astype('float32')
16      trainX /= 255
17      testX /= 255
18      trainY = np_utils.to_categorical(trainY, 10)
19      testY = np_utils.to_categorical(testY, 10)
20      return trainX, trainY, testX, testY
21
22  def create_model(trainX, trainY, testX, testY):
23      model = Sequential()
24      model.add(Dense(512,
25          input_dim=trainX.shape[1],
26          activation={{choice(['relu', 'tanh', 'sigmoid'])}},
27      ))
28      model.add(Dropout({{quniform(0.1, 0.4, 0.05)}}))
29      model.add(Dense(256,
30          activation={{choice(['relu', 'tanh', 'sigmoid'])}},
31      ))
32      model.add(Dropout({{quniform(0.1, 0.4, 0.05)}}))
33      model.add(Dense(10, activation="softmax"))
34      model.compile(loss={{choice(['categorical_crossentropy',
35                                  'mean_squared_error'])}},
36                  optimizer='rmsprop',
37                  metrics=["accuracy"])
```

```
38        result = model.fit(trainX, trainY,
39                  batch_size=100,
40                  epochs=10,
41                  verbose=2,
42                  validation_split=0.2)
43      val_acc = np.amax(result.history['val_accuracy'])
44      print('此epoch最佳驗證正確率：{}'.format(val_acc))
45      print('====================================\n')
46      return {'loss': -val_acc, 'status': STATUS_OK, 'model': model}
47
48  best_run, best_model = optim.minimize(model=create_model,
49                          data=data,
50                          algo=tpe.suggest,
51                          max_evals=60,
52                          trials=Trials(),
53                          notebook_name=\
54                          'drive/My Drive/Colab Notebooks/深度學習參數調校')
```

程式說明

■ 26、30　設定激勵函式可能為 relu、tanh 或 sigmoid。

■ 28、32　加入拋棄層，設定放棄比率為 0.1、0.15、0.2、0.25、0.3、0.35
　　　　　 或 0.4 其中一個。

■ 34-35　設 定 損 失 函 式 可 能 為 categorical_crossentropy 或 mean_
　　　　　 squared_error。

程式執行後，顯示最佳參數組合：

```
[ ]   1  print(best_run)
```

```
{'Dropout': 0.2, 'Dropout_1': 0.1, 'activation': 0, 'activation_1': 1, 'loss': 0}
```

1. 第 1 個拋棄層最佳參數為 0.2，第 2 個拋棄層最佳參數為 0.1。

2. 第 1 個 activation 的最佳參數為 0，表示「relu」；第 2 個的最佳參數為 1，表示
　「tanh」。意為全連結層的激勵函式為「relu」，隱藏層的激勵函式為「tanh」。

3. loss 的最佳參數為 0，表示第 1 個參數值，即損失函式值為「categorical_
　crossentropy」。

評估最佳模型準確率

以最佳模型的 evaluate 方法評估測試資料準確率：

```
[10]  1 print("以測試資料評估模型：")
      2 print(best_model.evaluate(testX, testY))
```

```
以測試資料評估模型：
313/313 [==============================] - 1s 4ms/step - loss: 0.0663 - accuracy: 0.9835
[0.06630870699882507, 0.9835000038146973]
```

準確率略為提高。

14.2.3 手寫數字辨識最佳模型程式

經過兩次參數調校，綜合兩次最佳參數可得到最佳模型程式：第 1 層全連結層有 512 個神經元，激勵函式為 relu；只有一個隱藏層，神經元數量為 256 個，激勵函式為 tanh；批次大小為 100，最佳化函式為 rmsprop，損失函式值為「categorical_ crossentropy」，第 1 個拋棄層最佳參數為 0.2，第 2 個拋棄層最佳參數為 0.1。

手寫數字辨識最佳模型程式為：

```
1   import numpy as np
2   from tensorflow.keras.datasets import mnist
3   from keras.layers.core import Dense, Dropout, Activation
4   from tensorflow.keras.models import Sequential
5   from keras.utils import np_utils
6
7   def data():
8       (trainX, trainY), (testX, testY) = mnist.load_data()
9       trainX = trainX.reshape(60000, 784)
10      testX = testX.reshape(10000, 784)
11      trainX = trainX.astype('float32')
12      testX = testX.astype('float32')
13      trainX /= 255
14      testX /= 255
15      trainY = np_utils.to_categorical(trainY, 10)
16      testY = np_utils.to_categorical(testY, 10)
17      return trainX, trainY, testX, testY
18
19  trainX, trainY, testX, testY = data()
20  model = Sequential()
```

```
21  model.add(Dense(512,
22      input_dim=trainX.shape[1],
23      activation='relu'
24  ))
25  model.add(Dropout(0.2))
26  model.add(Dense(256,
27      activation='tanh'
28  ))
29  model.add(Dropout(0.1))
30  model.add(Dense(10, activation="softmax"))
31  model.compile(loss='categorical_crossentropy',
32      optimizer='rmsprop',
33      metrics=["accuracy"])
34  model.fit(trainX, trainY,
35      batch_size=100,
36      epochs=10,
37      verbose=2,
38      validation_split=0.2)
39  print("以測試資料評估模型：")
40  print(model.evaluate(testX, testY))
```

執行結果：

```
Epoch 1/10
480/480 - 3s - loss: 0.2496 - accuracy: 0.9236 - val_loss: 0.1114 - val_accuracy: 0.9653 -
Epoch 2/10
480/480 - 2s - loss: 0.1063 - accuracy: 0.9674 - val_loss: 0.1021 - val_accuracy: 0.9712 -
Epoch 3/10
480/480 - 2s - loss: 0.0772 - accuracy: 0.9759 - val_loss: 0.0951 - val_accuracy: 0.9735 -
Epoch 4/10
480/480 - 2s - loss: 0.0587 - accuracy: 0.9815 - val_loss: 0.0867 - val_accuracy: 0.9767 -
Epoch 5/10
480/480 - 2s - loss: 0.0478 - accuracy: 0.9852 - val_loss: 0.0845 - val_accuracy: 0.9772 -
Epoch 8/10
480/480 - 2s - loss: 0.0294 - accuracy: 0.9908 - val_loss: 0.0832 - val_accuracy: 0.9783 - 2
Epoch 9/10
480/480 - 2s - loss: 0.0255 - accuracy: 0.9916 - val_loss: 0.0857 - val_accuracy: 0.9789 - 2
Epoch 10/10
480/480 - 2s - loss: 0.0206 - accuracy: 0.9934 - val_loss: 0.0904 - val_accuracy: 0.9787 - 2
以測試資料評估模型：
313/313 [==============================] - 1s 4ms/step - loss: 0.0756 - accuracy: 0.9816
[0.07560355961322784, 0.9815999865531921]
```

Python 資料科學自學聖經：不只是建模！用實戰帶你預測趨勢、找出問題與發現價值

作　　　者：文淵閣工作室 編著 / 鄧文淵 總監製
企劃編輯：王建賀
文字編輯：詹祐甯
設計裝幀：張寶莉
發 行 人：廖文良

發 行 所：碁峰資訊股份有限公司
地　　址：台北市南港區三重路 66 號 7 樓之 6
電　　話：(02)2788-2408
傳　　真：(02)8192-4433
網　　站：www.gotop.com.tw
書　　號：ACL065700
版　　次：2022 年 05 月初版
　　　　　2023 年 06 月初版二刷
建議售價：NT$580

國家圖書館出版品預行編目資料

Python 資料科學自學聖經 / 文淵閣工作室編著. -- 初版. -- 臺北市：碁峰資訊, 2022.05
　　面；　公分
　　ISBN 978-626-324-165-7(平裝)
　　1.CST：Python(電腦程式語言)
312.32P97　　　　　　　　　　　　111005381